铁酸锌基

电极材料及储锂性能

TIESUANXINJI DIANJI CAILIAO
JI CHULI XINGNENG

姚金环　李延伟

著

化学工业出版社

·北京·

内容简介

本书以铁酸锌基电极材料的结构、简单制备及储锂性能调控三个方面作为研究主线，重点介绍了：铁酸锌和金属离子掺杂铁酸锌的几何和电子结构；三种简单制备铁酸锌基电极材料的方法及其储锂性能研究；以及利用湿法炼锌废液（铁矾渣硫酸浸出液）直接制备高性能铁酸锌基电极材料及其储锂性能研究。本书具体内容包括铁酸锌的结构与储锂性能、铁酸锌及金属（Mn、Cu、Ni、Mo 和 Co）离子掺杂铁酸锌的晶格结构与电子结构、均相沉淀法制备铁酸锌基电极材料及其储锂性能研究、化学共沉淀法制备铁酸锌基电极材料及其储锂性能研究、液相一步焙烧法制备铁酸锌基电极材料及其储锂性能研究、利用铁矾渣硫酸浸出液制备铁酸锌基电极材料及其储锂性能研究。

本书可以作为高等院校化学、化工、能源、材料等相关专业的本科生、研究生的学习参考书，也可供研究所、生产企业中从事化学电源新材料研究与开发的科技人员阅读。

图书在版编目（CIP）数据

铁酸锌基电极材料及储锂性能/姚金环，李延伟著 . 一北京：化学工业出版社，2021. 2（2022.10 重印）

ISBN 978-7-122-38603-8

Ⅰ.①铁…　Ⅱ.①姚…②李…　Ⅲ.①锂离子电池-电极-材料　Ⅳ.①TM912

中国版本图书馆 CIP 数据核字（2021）第 035579 号

责任编辑：仇志刚　高　宁　杨欣欣
责任校对：王素芹
装帧设计：刘丽华

出版发行：化学工业出版社
　　　　　（北京市东城区青年湖南街 13 号　邮政编码 100011）
印　　装：北京印刷集团有限责任公司
710mm×1000mm　1/16　印张 14　字数 251 千字
2022 年 10 月北京第 1 版第 3 次印刷

购书咨询：010-64518888
售后服务：010-64518899
网　　址：http://www.cip.com.cn
凡购买本书，如有缺损质量问题，本社销售中心负责调换。

定　　价：98.00 元　　　　　　　　版权所有　违者必究

　　锂离子电池具有工作电压高、能量密度大、循环性能好、自放电小、无记忆效应以及环境友好等众多突出优点，被广泛应用于便携式电子设备、电动出行工具、电网储能等领域，已成为人们生活中不可或缺的一部分。锂离子电池的性能，如工作电压、能量密度、容量、循环性能、倍率性能等，与组成锂离子电池的正、负极材料的性能密切相关。目前，商业上普遍采用石墨等各种碳材料作为锂离子电池负极材料，但其理论比容量（372mA·h/g）较低，且其实际比容量已经接近理论比容量，基本无开发潜力。因此，探索和开发新型负极材料，进一步提高锂离子电池的容量、快速充放电能力、安全性和寿命已成为目前锂离子电池领域的研究热点之一。过渡金属氧化物具有高可逆容量，被认为是一种极具竞争力的锂离子电池新型负极材料。在众多过渡金属氧化物负极材料中，铁基尖晶石型双过渡金属氧化物 AFe_2O_4（A 为 Zn、Co、Ni、Cu 等金属）因具有 $800 \sim 1000mA·h/g$ 的高理论比容量而备受关注。尤其是尖晶石型 $ZnFe_2O_4$，理论比容量高达 $1072mA·h/g$，被认为是最有应用前景的新一代锂离子电池负极材料之一。与一般过渡金属氧化物负极材料相比：$ZnFe_2O_4$ 中含有两种过渡金属，二者的协同作用可以调整材料能量密度和工作电压；$ZnFe_2O_4$ 材料的储锂反应不仅涉及 $ZnFe_2O_4$ 与 Li^+ 反应生成 Zn、Fe 和 Li_2O 的转化反应，而且 Zn 和 Li 可以进一步发生合金化反应生成 $ZnLi_x$ 合金，从而提供额外的容量；除此之外，$ZnFe_2O_4$ 还具有无毒、环境友好、原材料来源广泛、价格低廉等优点。但是，较差的循环稳定性和倍率性能是目前制约 $ZnFe_2O_4$ 作为锂离子电池负极材料实际应用的关键问题，这与 $ZnFe_2O_4$ 材料自身导电性差和充放电过程中显著的体积效应密切相关。形貌调控、与碳材料复合、金属离子掺杂、与金属氧化物复合等方法已经被证实是改善 $ZnFe_2O_4$ 电极材料储锂性能的有效方法，但是现有的文献报道大多数存在制备工艺复杂、过程不易控制、成本较高、不易于大规模生产等缺点。另外，目前对金属离子掺杂铁酸锌以及铁酸锌与金属氧化物复合提高铁酸锌的储锂性能方面的研究报道还较少。

本书围绕铁酸锌的微观结构、简易制备和储锂性能调控三个方面对我们近年来开展的工作和取得的最新成果进行了系统的介绍。首先，对铁酸锌材料的晶体结构、储锂反应机理、性能调控及制备方法进行了简述；在此基础上，采用第一性原理计算方法研究了铁酸锌及金属离子掺杂铁酸锌的晶格结构和电子结构，为高性能铁酸锌及金属掺杂铁酸锌的改性设计提供理论基础；阐述了采用简便的均相沉淀法、化学共沉淀法、液相一步焙烧法，并通过调控原料的成分和加入辅助剂的策略，设计制备各种高性能的铁酸锌基电极材料的方法，以及对其储锂性能及机理的研究，为高性能铁酸锌基电极材料的简易制备提供了新方法，对深入理解铁酸锌基电极材料的微观结构和电化学性能构/效关系，进而促进 $ZnFe_2O_4$ 电极材料性能提升和实际应用具有重要的理论和实际意义；最后，介绍了以工业废渣（铁矾渣）硫酸浸出液为原料制备高性能的铁酸锌基负极材料的方法，以及对其储锂性能的研究，为含锌、铁的工业废渣或废液的高值化利用和降低环境污染提供了新途径和技术参考。

本书的研究工作受到了国家自然科学基金（项目批准号：51964012 和 51464009）、中国博士后科学基金（2016M590754）和广西自然科学基金（2017GXNSFAA198117）的资助，在此我们深表感谢。另外还要感谢宋晓波、张玉芳、严靖、郑远远等为本书所做的贡献。

由于时间仓促和水平有限，本书作为学术探讨，难免存在疏漏和不严谨之处，恳请读者批评指正。

著者
2021 年 1 月

目录

第1章
铁酸锌的结构与储锂性能

随着环境污染和能源危机的日益加剧，环保和节能减排已成为当今社会面临的重要课题。由于环境和能源涉及多个学科领域，单一功能的材料越来越难以满足实际应用的需要。因此，研究具有多重特殊功能的新型材料，对于推进环境改善、建立可持续发展的能源体系具有重要意义。尖晶石型纳米铁酸锌（$ZnFe_2O_4$）是一种具有多重功能的新型材料，不仅可以作为重要的软磁材料、介电材料和光催化材料，在锂离子电池领域也具有潜在的应用前景，因此近年来尖晶石型纳米铁酸锌又吸引了科学界新一轮的广泛关注[1,2]。纳米铁酸锌用作锂离子电池负极材料时，其不仅具有相应的转化反应，而且生成的 Zn 单质还能与 Li^+ 进一步发生合金化反应，因此具有高达 $1072mA \cdot h/g$ 的理论比容量（单位质量电极材料所能放出的电量），远高于传统石墨基负极材料的理论比容量（$372mA \cdot h/g$）；$ZnFe_2O_4$ 作为双过渡金属氧化物，其中的两种过渡金属元素（Zn 和 Fe）具有协同作用，故与铁的氧化物相比，其工作电位略有降低；此外，$ZnFe_2O_4$ 还具有安全性好、原料来源广泛、环境友好、价格低廉、容易制备等突出优点[3,4]。但 $ZnFe_2O_4$ 材料自身导电性差，在储锂反应过程中存在显著的体积效应，因此作为锂离子电池负极材料时循环性能和倍率性能都很差，严重限制了其实际应用和发展。如何对 $ZnFe_2O_4$ 材料进行合理的结构设计和调控，进而提升其储锂电化学性能已成为目前的研究热点。

1.1
铁酸锌的晶体结构和分类

$ZnFe_2O_4$ 与尖晶石型 $MgAl_2O_4$ 具有相同的晶体结构，因此被称为尖晶石型铁氧体，属于立方晶系，空间群为 $Fd3m$。图 1-1 为尖晶石型 $ZnFe_2O_4$ 的晶体结构示意。在 $ZnFe_2O_4$ 晶体结构中，32 个 O^{2-} 按立方紧密堆积排列，在立方晶格结构中共形成 96 个间隙，其中包括 64 个四面体（A）位和 32 个八面体（B）位，然而仅有 8 个 A 位和 16 个 B 位被阳离子占据，剩余的 72 个间隙均为空位。另外，这些空位易于被其他金属离子填充和替代，这为纳米 $ZnFe_2O_4$ 材料的掺杂改性提供了结构基础。将微量杂质元素掺入 $ZnFe_2O_4$ 晶体中可形成置换缺陷或间隙杂质原子缺陷，从而对 $ZnFe_2O_4$ 的磁性能[5-10]、光催化性能[11,12]、吸波性能[13,14]、电化学性能[15,16] 等产生影响。$ZnFe_2O_4$ 中的 Zn^{2+} 和 Fe^{3+} 都有可能占据 $ZnFe_2O_4$

晶体结构中的 A 位或 B 位。若 A 位全部被 Zn^{2+} 占据，B 位全部被 Fe^{3+} 占据，对应的是正尖晶石型 $ZnFe_2O_4$；若 A 位全部被 Fe^{3+} 占据，而 B 位被 8 个 Zn^{2+} 和 8 个 Fe^{3+} 占据，对应的是反尖晶石型 $ZnFe_2O_4$；A 位和 B 位都既有 Zn^{2+} 又有 Fe^{3+} 的 $ZnFe_2O_4$ 则称为混合尖晶石型 $ZnFe_2O_4$。

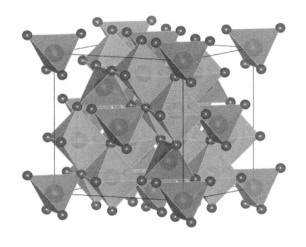

图 1-1　尖晶石型 $ZnFe_2O_4$ 的晶体结构示意 ❶

1.2

铁酸锌电极材料的储锂反应机理

$ZnFe_2O_4$ 电极的储锂反应包括相转化反应和合金化反应两个过程，具体反应机理如下[17,18]：在首圈放电过程中，首先发生的是 Li^+ 嵌入引起的由 $ZnFe_2O_4$ 到 $Li_{0.5}ZnFe_2O_4$ 和 $Li_2ZnFe_2O_4$ 的相变反应 [如式（1-1）和式（1-2）所示]；接下来进行的是 $Li_2ZnFe_2O_4$ 进一步锂化生成 Zn 和 Fe 单质以及 Li_2O [如式（1-3）所示]；转化反应生成的 Zn 可与 Li^+ 发生合金化反应生成 LiZn 合金 [如式（1-4）所示]。在充电过程中，LiZn 发生去合金化反应生成 Zn 单质 [如式（1-5）所示]；Zn 单质和 Fe 单质氧化分别生成 ZnO 和 Fe_2O_3 [如式（1-6）和式（1-7）所示]，释放

---

❶　扫描封底二维码，可以查看全书部分图片的彩色原图。

出 Li^+。因此，经过首圈放电/充电循环后 $ZnFe_2O_4$ 不再具有初始的晶体结构；在接下来的循环中，材料按式(1-5)～式(1-7)进行可逆的锂化和去锂化反应。

在首圈放电过程中，其反应式如下：

$$ZnFe_2O_4 + 0.5Li^+ + 0.5e^- \longrightarrow Li_{0.5}ZnFe_2O_4 \tag{1-1}$$

$$Li_{0.5}ZnFe_2O_4 + 1.5Li^+ + 1.5e^- \longrightarrow Li_2ZnFe_2O_4 \tag{1-2}$$

$$Li_2ZnFe_2O_4 + 6Li^+ + 6e^- \longrightarrow Zn + 2Fe + 4Li_2O \tag{1-3}$$

$$Zn + Li^+ + e^- \longrightarrow LiZn(合金) \tag{1-4}$$

在充电过程中，其反应如下：

$$LiZn(合金) \longrightarrow Li^+ + Zn + e^- \tag{1-5}$$

$$Li_2O + Zn \longrightarrow ZnO + 2Li^+ + 2e^- \tag{1-6}$$

$$3Li_2O + 2Fe \longrightarrow Fe_2O_3 + 6Li^+ + 6e^- \tag{1-7}$$

1.3

铁酸锌电极材料的储锂性能调控

目前制约 $ZnFe_2O_4$ 作为锂离子电池负极材料实际应用的关键问题，在于其较差的循环稳定性和倍率性能。这主要与 $ZnFe_2O_4$ 本身的导电性差以及充放电过程中体积变化导致颗粒粉化等有关。目前，改善 $ZnFe_2O_4$ 作为锂离子电池负极材料的电化学性能的方法策略主要如下：①形貌调控，主要包括制备低维度纳米结构的铁酸锌电极材料和中空微/纳结构的铁酸锌电极材料；②用导电材料进行包覆；③将 $ZnFe_2O_4$ 材料与导电性能较好的碳材料复合，制备复合电极材料；④掺杂改性；⑤与金属氧化物复合。然而，关于掺杂改性和与金属氧化物复合的研究相对较少。

颗粒的纳米化会增大材料的比表面积，缩短 Li^+ 的迁移路径，缓解 $ZnFe_2O_4$ 活性材料在锂化和去锂化过程中产生的结构内应力，因此是提高 $ZnFe_2O_4$ 电极材料循环稳定性和倍率性能的有效方法之一。Ding 等[18]采用聚合物热解法制备了大小为 30～70nm 的尖晶石型 $ZnFe_2O_4$ 纳米立方颗粒。该纳米 $ZnFe_2O_4$ 立方颗粒的首圈放电和充电比容量分别为 1419.6mA·h/g 和 957.7mA·h/g；首圈的不可

铁酸锌基电极材料
及储锂性能

逆容量损失为 31%。首圈较大的容量损失主要是由电解液的分解以及生成固体电解质界面（SEI）膜引起的。从第 2 圈开始，该材料表现出较高的库仑效率。第 50 圈的放电和充电比容量分别为 833.6mA·h/g 和 818.1mA·h/g，库仑效率达到 85%。该材料在较大的电流密度❶ 3712mA/g 的条件下表现出 400mA·h/g 的可逆比容量。Zhao 等[19] 采用水热法成功制备出类球形纳米 $ZnFe_2O_4$ 颗粒，颗粒直径大小约 30～40nm。该材料初始放电比容量高达 1287.5mA·h/g（电流密度 0.2mA/cm²❷），电压范围为 0.0～3.0V），随后衰减很快，第 2 圈衰减至 746.0mA·h/g，第 3 圈衰减至560.3mA·h/g。Sharma 等[20] 采用尿素 $[CO(NH_2)_2]$ 燃烧法制备出颗粒大小为100～300nm 的立方尖晶石结构的 $ZnFe_2O_4$，该纳米 $ZnFe_2O_4$ 颗粒作为锂离子电池负极材料表现出较好的可逆比容量及稳定性，循环 50 圈其比容量维持在 615mA·h/g±10mA·h/g（电流密度 60mA/g，电压范围 0.05～3.0V，室温），初始可逆比容量高达 810mA·h/g。该研究发现，去合金化反应-合金化反应以及 $LiZn-Fe-Li_2O$ 之间的转化反应都贡献部分比容量。Zhang 等[21] 采用甘氨酸-硝酸盐燃烧法制备出颗粒大小为 50～100nm 的类球形纳米 $ZnFe_2O_4$ 材料。该材料在电流密度为100mA/g（约 0.1C）下充放电 100 圈，放电比容量仍能保持在 873.8mA·h/g，平均每圈的比容量衰减率仅为 0.06%。除此之外，该材料还表现出较好的倍率性能。在高倍率 1C 的条件下，该材料仍具有 627.6mA·h/g 的可逆比容量。作者分析该材料在高倍率下容量降低的可能原因是：活性材料的快速体积变化使得活性材料和电极之间的结构稳定性降低。颗粒的纳米化可以增大颗粒的比表面积，使电极与电解液充分接触，提高活性物质的利用率，使其拥有高于理论比容量的首圈放电比容量。但是颗粒的比表面积大，产生的表面能也大，从而使纳米颗粒产生团聚现象。另外，铁酸锌在充放电过程中结构不稳定，颗粒容易粉化[22,23]。这些原因使得 $ZnFe_2O_4$ 电极材料在经历了多次充放电循环后其可逆比容量不能维持较高水平。一维结构纳米 $ZnFe_2O_4$ 材料的出现，在一定程度上可以克服这一问题。例如，Teh 等[24] 采用静电纺丝技术制备出由纳米纤维交互编织而成的、具有多孔纳米网络结构的 $ZnFe_2O_4$ 负极材料，并与合成的纳米棒结构的 $ZnFe_2O_4$ 的电化学性能进行了对比。研究表明，通过调节前驱体溶液的黏性，能够获得纳米棒或纳米纤维结构的 $ZnFe_2O_4$。纳米纤维结构的 $ZnFe_2O_4$ 较纳米棒结构的 $ZnFe_2O_4$ 具有

---

❶ 指通过单位质量活性物质的电流，即"质量电流密度"，行业内习惯将其简称为"电流密度"。本书中以"mA/g"为单位的"电流密度"均指"质量电流密度"。

❷ 指面积电流。

更高的可逆比容量、更好的倍率性能和循环性能。在电流密度为 60mA/g 下，纳米纤维结构的 $ZnFe_2O_4$ 的首圈充电比容量为 925mA·h/g，充放电循环 30 圈后，可逆比容量保持在 733mA·h/g，库仑效率高达 95%，甚至随着充放电的不断进行而缓慢增加。纳米棒结构的 $ZnFe_2O_4$ 首圈充电比容量虽与纳米纤维结构的 $ZnFe_2O_4$ 相当，但循环 30 圈后，可逆比容量仅有约 200mA·h/g。纳米纤维结构的 $ZnFe_2O_4$ 电极材料，由于自身结构相对稳定，同时又能使 Li^+ 的迁移路径缩短至纤维直径，可缓解 Li^+ 脱嵌过程中由于体积变化产生的结构内应力[22]。

中空微/纳结构被认为是解决过渡金属氧化物作为锂离子电池负极材料时"粉化"问题的重要途径之一[25]。中空微/纳结构材料有如下优点：中空结构能够缓解电极材料在充放电时由于体积变化而产生的结构内应力，从而抑制颗粒的团聚或粉化，有利于提高其循环稳定性；中空结构的材料比表面积大，能够缩短 Li^+ 迁移距离，有利于提高材料的倍率性能；电解液可进入中空结构内部，使活性材料的内外两侧都能与电解液充分接触，增大了电化学反应活性表面；中空微球是由大量纳米颗粒组合而成的，颗粒彼此之间的结合力强，结构相对更稳定，因此微/纳结构材料的比容量和循环稳定性较低维度纳米结构材料一般都会有所提高[22,23]。陈晓梅等[25] 设计并开发了一种气泡模板辅助合成中空微/纳结构 $ZnFe_2O_4$ 电极材料的新方法。该方法制备的铁酸锌中空微球尺寸约为 350nm，其作为锂离子电池负极材料组装成电池后，在 2A/g 的电流密度下进行充放电测试，结果发现其首圈充、放电比容量分别为 817mA·h/g 和 1120mA·h/g，经过 20 圈充放电循环后，充电比容量保持在 450mA·h/g。Guo 等[26] 采用水热法制备出分散性好且直径小于 $1\mu m$ 的 $ZnFe_2O_4$ 空心微球，这些空心微球由初级颗粒大小为 10～20nm 的纳米颗粒组成。该材料在 65mA/g 下充放电循环 50 圈后放电比容量稳定在 900mA·h/g，表现出较好的循环稳定性。Fang 等[27] 采用水热法结合退火工艺制备了由纳米片组装的中空 $ZnFe_2O_4$ 微球，该材料在 100mA/g 的电流密度下循环 120 圈可以获得 1200mA·h/g 的放电比容量，在 500mA/g 电流密度下循环 250 圈，放电比容量仍保持在 533mA·h/g。图 1-2 为几种具有代表性的纳米结构 $ZnFe_2O_4$ 的表面形貌。

电极材料表面结构是影响其电化学性能的一个重要因素。在电极材料表面进行包覆，往往可以提高电极材料的电导率，从而改善其循环稳定性和倍率性能。用于表面包覆的材料主要是导电性能较好的碳材料。Yue 等[28] 采用乙醇燃烧法和独特的碳包覆技术合成了 N 掺杂碳包覆的铁酸锌（$ZnFe_2O_4$@NC）电极材料。

铁酸锌基电极材料
及储锂性能

(a) 聚合物热解法制备的纳米ZnFe$_2$O$_4$颗粒[18]　　(b) 水热法制备的纳米ZnFe$_2$O$_4$颗粒[19]

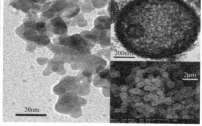

(c) 静电纺丝法制备的纳米ZnFe$_2$O$_4$纤维[21]　　(d) 水热法制备的ZnFe$_2$O$_4$空心微球[24]

图 1-2　不同纳米结构的 ZnFe$_2$O$_4$ 表面形貌

该材料具有独特的孔结构，大的比表面积（151.6m^2/g）。其独特的孔结构有利于缓解充放电循环过程中引起的体积变化，同时为电解液提供了传输路径。这些特点非常有利于提高 ZnFe$_2$O$_4$ 的电化学性能。例如，该材料在 100mA/g 下充放电循环 100 圈，放电比容量仍能稳定在 1477mA·h/g；在 1A/g 下充放电循环 1000 圈，放电比容量稳定在 705mA·h/g。碳包覆可以有效抑制 ZnFe$_2$O$_4$ 颗粒之间的团聚，同时碳包覆还可以大大提高 ZnFe$_2$O$_4$ 材料的电导率和锂离子扩散系数，从而提高 ZnFe$_2$O$_4$ 在大电流下的循环能力。Yue 等[29] 采用生物仿生方法在 ZnFe$_2$O$_4$ 颗粒表面包覆了一层聚多巴胺（PDA）薄膜，通过控制反应时间调控包覆层的厚度。研究发现当包覆层的厚度为 8nm 时，该材料表现出杰出的储锂性能，在 1A/g 电流密度下，初始充、放电比容量分别为 1438.6mA·h/g 和 2079mA·h/g，循环 150 圈后放电比容量仍能保持 2074mA·h/g，主要归因于 PDA 包覆层的缓冲和保护作用。另外，PDA 包覆显著提高了材料在大电流密度下的倍率性能。

　　将铁酸锌与导电性能较好的碳材料复合，可以有效提高复合电极材料的电子导电性，抑制纳米颗粒团聚，从而改善其循环性能和倍率性能。用于复合的碳材料主要有碳纳米管、石墨烯等。

碳纳米管在复合材料中的作用主要体现在：碳纳米管的典型层状中空结构，使其具有比表面积大、孔隙率大、空穴充足等优点，能够有效缩短锂离子迁移路径和提供更多的储锂空间；在合成过程中加入碳纳米管可以限制颗粒之间的团聚，并能形成有效的导电网络，从而提高材料的倍率性能和循环性能；碳纳米管在复合材料中还具有限域作用，能有效缓解在反复嵌/脱锂过程中，碳纳米管空腔内 $ZnFe_2O_4$ 由于体积膨胀而产生的应力，有利于提高其循环性能。Sui 等[30] 通过高温分解法将 $ZnFe_2O_4$ 与碳纳米管复合，获得循环稳定性及倍率性能较好的锂离子负极材料。该材料在电流密度为 60mA/g 的条件下，初始放电比容量达到 1792 mA·h/g，经过 50 圈充放电循环后，放电比容量仍能达到 1152mA·h/g。除此之外，在较高的电流密度 200mA/g、600mA/g、1200mA/g 的条件下，该材料的放电比容量分别为 840mA·h/g、580mA·h/g、270mA·h/g。

石墨烯是一种新兴的碳材料，由一层蜂窝状有序排列的平面碳原子构成，石墨烯具有导电性能好、导热性能好、弹性好、比表面积大、机械强度高等优点，能够有效提高电极的倍率性能和循环性能。Xia 等[31] 研究了 $ZnFe_2O_4$/石墨烯复合材料的制备和电化学性能。与纯 $ZnFe_2O_4$ 相比，该材料性能有了明显改善：在 100mA/g 的电流密度下充放电循环 50 圈，纯 $ZnFe_2O_4$ 的可逆比容量仅为 237mA·h/g，是第一圈放电比容量的 16.8%；而该复合材料的比容量仍保持在 1078mA·h/g。Shi 等[32] 采用溶剂热法合成 $ZnFe_2O_4$/石墨烯纳米复合材料。该材料在电流密度为 100mA/g 时，初始放电比容量为 1400mA·h/g；充放电 50 圈后，其比容量为 704.2mA·h/g。Dong 等[33] 采用水热法合成了一种三维介孔 $ZnFe_2O_4$/石墨烯复合材料，在 100mA/g 电流密度下，初始比容量为 1182 mA·h/g，该材料的倍率性能及循环稳定性也较纯 $ZnFe_2O_4$ 要好。Yao 等[34] 采用共沉淀结合固相反应合成了介孔 $ZnFe_2O_4$/石墨烯复合材料，研究发现该电极材料表现出优异的电化学性能：在 1.0A/g 的电流密度下充放电循环 100 圈，放电比容量保持在 870mA·h/g；继续在 2.0A/g 的电流密度下充放电 100 圈，放电比容量仍能达到 713mA·h/g。Yao 等[35] 将 $ZnFe_2O_4$ 和片状石墨复合，该材料较纯 $ZnFe_2O_4$ 的电化学性能有明显提高：当电流密度为 100mA/g 时，其初始放电和充电比容量分别为 848mA·h/g、744mA·h/g，库仑效率为 87.7%；充放电循环 100 圈后，充电比容量保持在 730mA·h/g，比容量保持率为 98%。

Yao 等[36] 以柠檬酸为碳源，采用水热法合成一种介孔 $ZnFe_2O_4$/C 复合材料。该材料在电流密度为 50mA/g 的条件下，初始充、放电比容量分别为 1169mA·h/

g、1551mA·h/g，库仑效率为 75.5%；充放电循环 100 圈后，可逆比容量为 1100mA·h/g。在大电流密度 0.2A/g、1.1A/g 的条件下充放电 100 圈，可逆比容量仍可达到 900mA·h/g、600mA·h/g。Jin 等[37] 以葡萄糖为碳源，采用溶盐技术结合碳化过程制备出 $ZnFe_2O_4$/C 复合材料。该复合材料由 100～200nm 的纳米盘构成。在电流密度为 100mA/g 的条件下，充放电 100 圈，其比容量达到 965mA·h/g；在电流密度为 2000mA/g 的条件下充放电 50 圈，比容量仍能达到 595mA·h/g。Deng 等[38] 采用溶剂热法合成 $ZnFe_2O_4$/C 空心球，该空心球平均直径约 500nm。研究其电化学性能发现，该复合材料在电流密度为 65mA/g 时，初始放电比容量为 911mA·h/g，充放电 30 圈后，其可逆比容量为 841mA·h/g。Thankachan 等[39] 将溶胶-凝胶法合成的 $ZnFe_2O_4$ 纳米材料与 Super P LiTM 炭黑粉末混合，在低转速球磨机中通过球磨合成 $ZnFe_2O_4$/C 纳米复合材料。该材料具有较高的倍率性能、循环稳定性和比容量保持率。在不同倍率 [0.1C（≈71mA/g）、0.5C、1C、2C、4C] 下充放电 5 圈，可逆比容量分别为 720mA·h/g、648mA·h/g、582mA·h/g、547mA·h/g、469mA·h/g。经过 30 圈不同倍率下充放电后又回到 0.1C 下，可逆比容量达到 690mA·h/g，是其理论比容量（710mA·h/g）的 97%。图 1-3 分别列出了具有代表性的 $ZnFe_2O_4$/碳纳米管和 $ZnFe_2O_4$/石墨烯纳米复合电极材料的表面形貌[30,31]。

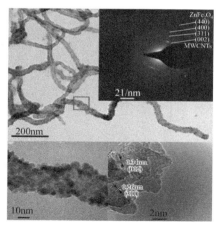

(a) $ZnFe_2O_4$/碳纳米管

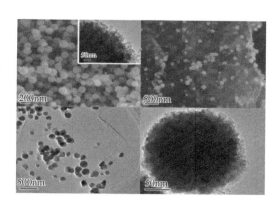

(b) $ZnFe_2O_4$/石墨烯

图 1-3　$ZnFe_2O_4$/碳纳米管和 $ZnFe_2O_4$/石墨烯纳米复合材料的表面形貌[30,31]

（MWCNT 为多壁碳纳米管）

过渡金属离子掺杂也是一种改善纳米铁酸锌负极材料电化学性能的有效方法。例如，适当的 Mn 掺杂纳米铁酸锌[15] 和 Ag 掺杂纳米铁酸锌[16] 都较纯纳米铁酸锌具有更高的可逆比容量、更好的循环稳定性和倍率性能。Chen 等[40] 采用化学共沉淀法结合高温热处理金属有机框架制备了具有介孔结构的 Sn/Mg 掺杂 $ZnFe_2O_4$ 纳米棒锂离子电池负极材料。研究发现，具有电化学活性的 Sn 掺杂会提高 $ZnFe_2O_4$ 材料的电化学活性。其中 $Sn_{0.05}Zn_{0.95}Fe_2O_4$ 电极材料在 0.1C 倍率下循环 50 圈，具有高达 1318mA·h/g 的比容量。而不具有电化学活性的 Mg 掺杂会抑制电极材料在反复充放电过程中产生的体积变化，稳定材料结构。其中 $Mg_{0.9}Zn_{0.1}Fe_2O_4$ 电极在 1C 倍率下循环 250 圈可逆比容量可以保持在 811mA·h/g，比容量保持率达到 82%；而 $ZnFe_2O_4$ 电极在相同条件下比容量仅为 382mA·h/g，比容量保持率为 32%。

将 $ZnFe_2O_4$ 与金属氧化物复合，通过两种氧化物的协同作用也能明显提高 $ZnFe_2O_4$ 电极材料的性能[41,42]。Woo 等[41] 通过焙烧 Zn、Fe 层状双氢氧化物制备出 $ZnO/ZnFe_2O_4$ 复合电极材料。与纯 $ZnFe_2O_4$ 比较，该材料首圈比容量相对较低，这主要归因于活性材料中包含了 ZnO 相，使得其中 $ZnFe_2O_4$ 的含量减少。然而，该材料较纯 $ZnFe_2O_4$ 具有更好的循环性能，这主要是由于复合材料中包含了两个不同的相，在充放电循环过程中能够缓解由于体积变化产生的内应力。Zhao 等[42] 采用溶剂热法合成了多孔 $ZnFe_2O_4/\alpha$-Fe_2O_3 微八面体结构的复合电极材料。该材料在 200mA/g 的电流密度下充放电循环 75 圈，比容量高达 1750mA·h/g；更重要的是，当电流密度增加至 4A/g 时，其比容量仍能保持在 1090mA·h/g。与 $ZnFe_2O_4$ 和 α-Fe_2O_3 比较，$ZnFe_2O_4/\alpha$-Fe_2O_3 复合材料不仅具有较高的放电比容量，而且具有很好的循环性能和倍率性能。这主要与其特殊的组成和结构有关。

1.4
铁酸锌电极材料的制备方法

纳米 $ZnFe_2O_4$ 作为锂离子电池负极材料的制备方法主要有：水热法、溶剂热法、聚合物裂解法、尿素燃烧法、静电纺丝法等。表 1-1 列举了文献中采用不同制

备方法获得的纳米 $ZnFe_2O_4$ 负极材料的形貌及性能概况。总的来看，目前的制备方法相对复杂，操作条件和设备要求相对比较高。

表 1-1　铁酸锌负极材料的制备、形貌及性能概况

制备方法	制备过程	形貌	首圈放电比容量 /(mA·h/g)	循环后比容量 /(mA·h/g)	文献
水热法	将 $Zn(CH_3OO)_2 \cdot 2H_2O$ 和 $Fe(NO_3)_3 \cdot 9H_2O$ 混合;用氨水调节 pH 值,将溶液转移至高压反应釜进行水热反应(230℃,0.5h);冷却、洗涤、干燥沉淀	30～40nm 不规则纳米颗粒,比表面积 99.5m²/g	1287.5	560(3 次,0.2mA/cm²)	[19]
	$(NH_4)_2Fe(SO_4)_2 \cdot 6H_2O$、$ZnSO_4 \cdot 7H_2O$ 和葡萄糖在 180℃ 下水热反应 24h,沉淀进行洗涤、干燥、空气气氛下烧结	直径小于 11μm 的空心微球,由初级颗粒大小为 10～20nm 的纳米颗粒组成。微球厚度100nm	约 1200	900(50 次,65mA/g)	[26]
溶剂热法	$ZnCl_2 \cdot 6H_2O$ 和 $FeCl_3 \cdot 6H_2O$ 溶解在乙二醇溶液中,向溶液中缓慢加入乙酸钠,将溶液转移至高压反应釜进行反应(200℃,15h);冷却、干燥,然后转移至管式炉中在氩气气氛下 500℃烧结 2h	直径为 300nm 的空心纳米球,表面呈现结核状	1321.4	1101.3(120 次,200mA/g)	[43]
聚合物裂解法	向丙烯酸溶液中加入 $Zn(NO_3)_2 \cdot 6H_2O$ 和 $Fe(NO_3)_2 \cdot 9H_2O$;向混合液中加入少量$(NH_4)_2S_2O_8$ 溶液作为引发剂,加热反应获得聚丙烯酸酯;对聚丙烯酸酯加热,空气气氛下烧结	约 30～70nm 纳米立方颗粒	1419.6	833.6(50 次,116mA/g)	[18]
尿素燃烧法	用浓 HNO_3 分别溶解 $ZnCl_2 \cdot 6H_2O$ 和 $FeC_2O_4 \cdot 2H_2O$,加热搅拌;将尿素 $CO(NH_2)_2$ 加入溶液中,加热搅拌直至水分蒸干;产物彻底研磨、空气气氛下烧结、冷却;粉末再一次研磨、烧结、冷却	100～300nm 立方形颗粒	约 1150	615(50 次,60mA/g)	[20]
甘氨酸-硝酸盐燃烧法	混合 $Zn(NO_3)_2 \cdot 6H_2O$、$Fe(NO_3)_3 \cdot 9H_2O$ 和甘氨酸,将混合物溶解到去离子水中,用氨水调节 pH 值 9～10;将溶液转移至烘箱中,约 200℃产生火花,燃烧产生大量泡沫粉末;粉末在空气中烧结除去未反应的燃料和硝酸盐;粉末再经研磨、烧结、冷却即可	50～100nm 类球形纳米颗粒	1053.9	873(100 次,100mA/g)	[21]

制备方法	制备过程	形貌	首圈放电比容量 /(mA·h/g)	循环后比容量 /(mA·h/g)	文献
静电纺丝法	用纯乙醇溶解聚乙烯吡咯烷酮(PVP)制备15%(质量分数)溶液;用去离子水和乙酸溶解 $Zn(CH_3OO)_2 \cdot 2H_2O$ 和 $Fe(NO_3)_3 \cdot 9H_2O$ 制备混合液;将PVP加入混合液中在室温下搅拌,改变PVP和前驱体金属(M)的比例制备不同的前驱体溶液;对前驱体进行静电纺丝,纺出的丝进行热处理	PVP:M=3.93:1,纳米棒;PVP:M=5.04:1,直径约为50~100nm 的纳米纤维	纳米棒约1300;纳米纤维约1300	纳米棒200;纳米纤维733(30次,60mA/g)	[24]
气泡模板法	将 $ZnCl_2 \cdot 6H_2O$ 和 $FeCl_3 \cdot 6H_2O$ 用乙二醇溶解;剧烈搅拌下加入聚乙二醇PEG-600;加入一定量的尿素作为气泡模板反应剂;将溶液转移至反应釜在200℃下反应24h,沉淀进行洗涤干燥	中空微球,微球尺寸约350nm	1120	450(10次,2A/g)	[25]

参考文献

[1] Guo X, Lu X, Fang X, et al. Lithium storage in hollow spherical ZnFe₂O₄ as anode materials for lithium ion batteries [J]. Electrochemistry Communications, 2010, 12(6): 847-850.

[2] Shi J. On the synergetic catalytic effect in heterogeneous nanocomposite catalysts [J]. Cheminform, 2013, 113 (3): 2139-2181.

[3] Xu H, Chen X, Liang C, et al. A comparative study of nanoparticles and nanospheres ZnFe₂O₄ as anode material for lithium ion batteries [J]. International Journal of Electrochemical Science, 2012, 7(9): 7976-7983.

[4] Bresser D, Paillard E, Kloepsch R, et al. Carbon coated ZnFe₂O₄ nanoparticles for advanced lithium-ion anodes [J]. Advanced Energy Materials, 2013, 3(4): 513-523.

[5] Heiba Z K, Mohamed M B, Wahba A M. Effect of Mo substitution on structural and magnetic properties of zinc ferrite nanoparticles [J]. Journal of Molecular Structure, 2016, 1108: 347-351.

[6] Thota S, Kashyap S C, Sharma S K, et al. Micro Raman, Mossbauer and magnetic studies of manganese substituted zinc ferrite nanoparticles: Role of Mn [J]. Journal of Physics and Chemistry of Solids, 2016, 91: 136-144.

[7] Dey S, Dey S K, Majumder S, et al. Superparamagnetic behavior of nanosized Co₀.₂Zn₀.₈Fe₂O₄ synthesized by a flow rate controlled chemical coprecipitation method [J]. Physica B: Condensed Matter, 2014, 448: 247-252.

[8] Wongpratat U, Meansiri S, Swatsitang E. Local structure and magnetic property of Ni₁₋ₓZnₓFe₂O₄ (x=0, 0.25, 0.50, 0.75, 1.00) nanoparticles prepared by hydrothermal method [J]. Microelectronic Engineering, 2014, 126: 19-26.

[9] Chatterjee B K, Dey A, Ghosh C K, et al. Interplay of bulk and surface on the magnetic properties of low temperature synthesized nanocrystalline cubic Cu₁₋ₓZnₓFe₂O₄ (x=0.00, 0.02, 0.04 and 0.08) [J]. Journal of Magnetism and Magnetic Materials, 2014, 367: 19-32.

[10] Hajarpour S, Raouf A H, Gheisari K. Structural evolution and magnetic properties of nanocrystalline magnesium-zinc soft ferrites synthesized by glycine-nitrate combustion process [J]. Journal of Magnetism and Magnetic Materials, 2014, 363: 21-25.

[11] 李平. 尖晶石型 $ZnFe_2O_4$ 制备及光催化性能研究[D]. 哈尔滨:哈尔滨理工大学,2013.

[12] Guo Y,Zhang N,Wang X,et al. A facile spray pyrolysis method to prepare Ti-doped $ZnFe_2O_4$ for boosting photoelectrochemical water splitting [J]. Journal of Materials Chemistry A,2017,5(16):7571-7577.

[13] 谭宏斌,聂翔,唐玲. 掺杂对锌铁氧体吸波性能影响研究[J]. 现代技术陶瓷,2008,29(2):13-15.

[14] 谭宏斌. 多元掺杂对锌铁氧体吸波性能的影响[J]. 中国陶瓷,2010,46(10):28-29.

[15] Tang X,Hou X,Yao L,et al. Mn-doped $ZnFe_2O_4$ nanoparticles with enhanced performances as anode materials for lithium ion batteries [J]. Materials Research Bulletin,2014,57:127-134.

[16] NuLi Y N,Chu Y Q,Qin Q Z. Nanocrystalline $ZnFe_2O_4$ and Ag-Doped $ZnFe_2O_4$ films used as new anode materials for Li-ion batteries [J]. Journal of the Electrochemical Society,2004,151(7):A1077-A1083.

[17] Guo X,Lu X,Fang X,et al. Lithium storage in hollow spherical $ZnFe_2O_4$ as anode materials for lithium ion batteries [J]. Electrochemistry communications,2010,12(6):847-850.

[18] Ding Y,Yang Y,Shao H. High capacity $ZnFe_2O_4$ anode material for lithium ion batteries [J]. Electrochimica Acta,2011,56(25):9433-9438.

[19] Zhao H,Jia H,Wang S,et al. Fabrication and application of MFe_2O_4(M= Zn,Cu) nanoparticles as anodes for Li ion batteries [J]. Journal of Experimental Nanoscience,2011,6(1):75-83.

[20] Sharma Y,Sharma N,Rao G V S,et al. Li-storage and cyclability of urea combustion derived $ZnFe_2O_4$ as anode for Li-ion batteries [J]. Electrochimica Acta,2008,53(5):2380-2385.

[21] Zhang R,Yang X,Zhang D,et al. Water soluble styrene butadiene rubber and sodium carboxyl methyl cellulose binder for $ZnFe_2O_4$ anode electrodes in lithium ion batteries [J]. Journal of Power Sources,2015,285:227-234.

[22] 徐梦迪,郭红霞,秦振平,等. 锂离子电池 AB_2O_4 负极材料的研究进展[J]. 电池,2014,44(3):176-179.

[23] 姚金环,张玉芳,丘雪萍,等. 改进锂离子电池负极材料 $ZnFe_2O_4$ 电化学性能的研究进展[J]. 现代化工,2016,(12):33-37.

[24] Teh P F,Sharma Y,Pramana S S,et al. Nanoweb anodes composed of one-dimensional,high aspect ratio, size tunable electrospun $ZnFe_2O_4$ nanofibers for lithium ion batteries [J]. Journal of Materials Chemistry, 2011,21(38):14999-15008.

[25] 陈小梅,关翔锋,李莉萍,等. MFe_2O_4(M= Co,Zn)中空微球的气泡模板法合成及在锂离子电池中的应用[J]. 高等学校化学学报,2011,32(3):624-629.

[26] Guo X,Lu X,Fang X,et al. Lithium storage in hollow spherical $ZnFe_2O_4$ as anode materials for lithium ion batteries [J]. Electrochemistry Communications,2010,12(6):847-850.

[27] Fang Z,Zhang L,Qi H,et al. Nanosheet assembled hollow $ZnFe_2O_4$ microsphere as anode for lithium-ion batteries [J]. Journal of Alloys and Compounds,2018,762:480-487.

[28] Yue H,Wang Q,Shi Z,et al. Porous hierarchical nitrogen-doped carbon coated $ZnFe_2O_4$ composites as high performance anode materials for lithium ion batteries [J]. Electrochimica Acta,2015,180:622-628.

[29] Yue H,Du T,Wang Q,et al. Biomimetic synthesis of polydopamine coated $ZnFe_2O_4$ composites as anode materials for lithium-ion batteries [J]. ACS omega,2018,3(3):2699-2705.

[30] Sui J,Zhang C,Hong D,et al. Facile synthesis of MWCNT-$ZnFe_2O_4$ nanocomposites as anode materials for lithium ion batteries [J]. Journal of Materials Chemistry,2012,22(27):13674-13681.

[31] Xia H,Qian Y,Fu Y,et al. Graphene anchored with $ZnFe_2O_4$ nanoparticles as a high-capacity anode material for lithium-ion batteries [J]. Solid State Sciences,2013,17:67-71.

[32] Shi J,Zhou X,Liu Y,et al. One-pot solvothermal synthesis of $ZnFe_2O_4$ nanospheres/graphene composites with improved lithium-storage performance [J]. Materials Research Bulletin,2015,65:204-209.

[33] Dong Y,Xia Y,Chui Y,et al. Self-assembled three-dimensional mesoporous $ZnFe_2O_4$-graphene composites for lithium ion batteries with significantly enhanced rate capability and cycling stability [J]. Journal of Power Sources,2015,275:769-776.

[34] Yao X,Kong J,Zhou D,et al. Mesoporous zinc ferrite/graphene composites:Towards ultra-fast and stable anode for lithium-ion batteries [J]. Carbon,2014,79:493-499.

[35] Yao L,Hou X,Hu S,et al. An excellent performance anode of $ZnFe_2O_4$/flake graphite composite for lithium ion battery [J]. Journal of Alloys and Compounds,2014,585:398-403.

[36] Yao L,Hou X,Hu S,et al. Green synthesis of mesoporous $ZnFe_2O_4$/C composite microspheres as superior anode materials for lithium-ion batteries [J]. Journal of Power Sources,2014,258:305-313.

[37] Jin R, Liu H, Guan Y, et al. ZnFe$_2$O$_4$/C nanodiscs as high performance anode material for lithium-ion batteries [J]. Materials Letters, 2015, 158: 218-221.

[38] Deng Y, Zhang Q, Tang S, et al. One-pot synthesis of ZnFe$_2$O$_4$/C hollow spheres as superior anode materials for lithium ion batteries [J]. Chemical Communications, 2011, 47: 6828-6830.

[39] Thankachan R M, Rahman M M, Sultana I, et al. Enhanced lithium storage in ZnFe$_2$O$_4$-C nanocomposite produced by a low-energy ball milling [J]. Journal of Power Sources, 2015, 282: 462-470.

[40] Chen K T, Chen H Y, Tsai C J. Mesoporous Sn/Mg doped ZnFe$_2$O$_4$ nanorods as anode with enhanced Li-ion storage properties [J]. Electrochimica Acta, 2019, 319: 577-586.

[41] Woo M A, Kim T W, Kim I Y, et al. Synthesis and lithium electrode application of ZnO-ZnFe$_2$O$_4$ nanocomposites and porously assembled ZnFe$_2$O$_4$ nanoparticle [J]. Solid State Ionics, 2011, 182: 91-97.

[42] Zhao D, Xiao Y, Wang X, et al. Ultra-high lithium storage capacity achieved by porous ZnFe$_2$O$_4$/α-Fe$_2$O$_3$ micro-octahedrons [J]. Nano Energy, 2014, 7: 124-133.

[43] Yu M, Huang Y, Wang K, et al. Complete hollow ZnFe$_2$O$_4$ nanospheres with huge internal space synthesized by a simple solvothermal method as anode for lithium ion batteries [J]. Applied Surface Science, 2018, 462: 955-962.

铁酸锌基电极材料
及储锂性能

第 2 章

铁酸锌及金属离子掺杂铁酸锌的晶格与电子结构

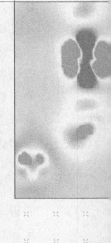

2.1

第一性原理计算在功能材料领域的应用

　　根据原子核和电子互相作用的原理及其基本运动规律，运用量子力学原理，从具体要求出发，利用自洽场方法求解薛定谔方程（Schrödinger equation）的算法，习惯上称为第一性原理计算（first-principles calculation）。广义的第一性原理计算指的是一切基于量子力学原理的计算。狭义的第一性原理计算，又称为从头计算法（*ab initio* calculation）[1,2]，是指不使用经验参数，只用电子质量、光速、质子中子质量等少数实验数据去做量子计算。但是这个计算很慢，所以就加入一些经验参数，可以大大加快计算速度，当然也会不可避免地牺牲计算结果精度。第一性原理计算所涉及的物理定律主要包括薛定谔方程、能量最低原理、相对论效应等。在计算方法上，第一性原理计算大致可分 Hartree-Fock 近似方法[3]和密度泛函理论方法（DFT）[4] 两类：Hartree-Fock 方法是通过求解体系的波函数获得体系的其他性质；DFT 方法是通过电荷密度获得体系的其他性质，而不借助波函数。对于较大体系而言，Hartree-Fock 计算需要很大的基函数才能得到较准确的计算结果，因此其计算往往很难实现。与 Hartree-Fock 方法相比，DFT 方法可以提供更高的计算精度，并能够很好地处理含金属原子的分子体系。

　　Materials Studio（简称：MS）分子模拟软件是 Accelrys 软件用于材料科学研究的主要产品，它可以在台式机、各类型服务器和计算集群等硬件平台上运行。Materials Studio 分子模拟软件被广泛应用在石油、化工、环境、能源、制药、电子等领域。Materials Studio 分子模拟软件采用了先进的模拟计算思想和方法，如量子力学、线性标度量子力学、杂化量子力学、分子力学、分子动力学、耗散粒子动力学、统计方法等多种先进算法，模拟的内容包括固体及表面、界面、晶体、催化剂、聚合物、化学反应等材料和化学研究领域。Materials Studio 分子模拟软件包括许多模块，如 MS DMol^3、MS CASTEP、MS Morphology 等。在此，我们主要采用 MS CASTEP 模块。MS CASTEP 是使用平面波赝势方法的先进量子力学程序，广泛应用于半导体、金属、陶瓷等多种材料研究领域。研究的对象和内容包括：晶体材料的性质、表面和表面重构的性质、表面化学、电子结构（能带、态密度、电荷差分密度等）、晶体的光学性质、点缺陷性质（空位缺陷、间隙缺陷、取代掺杂等）、扩展缺陷（位错、晶粒间界）、成分无序等。

第一性原理计算能够从原子水平上分析材料微观结构与宏观性能的内在联系及机理，对材料结构设计和性能优化有着重要的指导意义。目前，关于利用第一性原理计算研究材料光催化性能的报道很多。Zhang 等[5] 采用基于第一性原理计算的密度泛函（DFT）理论分别研究了 N 掺杂、S 掺杂以及 N/S 共掺杂的 $SrTiO_3$ 的电子结构和光学性质，发现 N/S 共掺杂的 $SrTiO_3$ 带隙最窄，吸收可见光的性能最好。Xie 等[6] 采用第一性原理计算研究了 ZnS 和 La 掺杂 ZnS 的电子结构与光学性质，发现 La 掺杂后 ZnS 的带隙变窄，ZnS 由半导体属性变为金属属性。另外，随着掺杂量的增加，光吸收系数降低，吸收光谱红移，计算结果与实验结果完全一致。Liu 等[7] 采用第一性原理计算研究了 N 掺杂 $SrHfO_3$ 的几何结构、生成能、结合能、电子结构和光学性质，计算结果表明 N 掺杂使 $SrHfO_3$ 的光吸收向长波长方向移动。Guo 等[8] 采用第一性原理计算研究了 Cu、Ag、Au 掺杂的锐钛型 TiO_2 的电子结构和光学性质，发现掺杂改变了 TiO_2 对可见光的响应。近几年来，有关电池材料的第一性原理计算研究也逐渐多了起来。Wang 等[9] 报道了不同离子掺杂的 $LiMnPO_4$ 的第一性原理计算，计算结果表明 Fe 掺杂和 S 掺杂可以改善 $LiMnPO_4$ 的电子导电性，而 Al 掺杂不利于 $LiMnPO_4$ 电子导电性的提高，但 Al 掺杂对锂离子扩散有利。伊廷锋等[10] 采用密度泛函理论研究了尖晶石型 $LiMn_2O_4$ 和 Ni 掺杂 $LiMn_2O_4$ 的电子结构，研究表明 Ni 掺杂能够提高 $LiMn_2O_4$ 电池的充放电电压。Braithwaite 等[11] 在周期性边界条件下，采用密度泛函理论（DFT）方法计算了 $Li_xV_2O_5$ 体系在不同放电状态下的电池电压变化，所得理论计算结果与实验值具有较好的一致性。尽管此前关于掺杂材料的理论计算研究已取得一定进展，但采用第一性原理计算研究金属离子掺杂铁酸锌的几何结构和电子结构、光学性质和电化学性质还未见报道。若能系统地研究掺杂离子种类对铁酸锌的稳定性、电子结构及电化学性质的影响，可为铁酸锌电极材料的性能优化和结构设计提供重要的理论依据。因此，在本书的第 2 章我们采用第一性原理计算研究了金属离子掺杂对 $ZnFe_2O_4$ 稳定性、几何结构和电子结构的影响，从理论上揭示了金属离子掺杂对 $ZnFe_2O_4$ 的作用机理。

2.2

铁酸锌的晶格和电子结构

铁酸锌包括正尖晶石结构、混合尖晶石结构和反尖晶石结构。在此，我们主要研究正尖晶石结构的铁酸锌，因此以下计算全部基于正尖晶石结构的铁酸锌。

铁酸锌的晶格和电子结构的所有计算均采用基于密度泛函理论（DFT）框架下的第一性原理计算 MS 软件中的 CASTEP 模块完成的[12,13]。计算中，电子间相互作用的交换关联能用 GGA/RPBE 梯度修正函数进行校正；电子结构计算采用超软赝势（ultrosoft pseudopotential）[14,15]，Zn、Fe 和 O 原子的赝势计算所选取的价电子分别为 Zn $3d^{10}4s^2$、Fe $3d^6 4s^2$ 和 O $2s^2 2p^4$。在对模型进行几何优化时，采用 BFGS 算法[16]，收敛公差（convergence tolerance）设置中能量为 5×10^{-6} eV/原子，作用在每个原子上的力不大于 0.01 eV/Å，原子的最大位移为 5.0×10^{-4} Å（1Å＝1×10^{-10} m）。计算在倒易空间进行，计算时平面波截断能（cutoff energy）设置为 380eV，自洽场（SCF）运算采用 Pulay 密度混合法，收敛标准 5.0×10^{-7} eV/原子，SCF 最大循环数设置为 500。系统的总能量和电荷密度在布里渊（Brillouin）区的积分计算采用 Monkhors-Pack 方案[17]，K 网格点为 $2 \times 2 \times 2$。

（1）晶格结构 正尖晶石型铁酸锌属立方晶系，其空间群为 $Fd3m$[18]，晶格常数 $a＝b＝c＝8.272$[19]，$\alpha＝\beta＝\gamma＝90°$，晶胞模型（$Zn_8 Fe_{16} O_{32}$）及其配位多面体视图如图 2-1 所示。从图中可以看出，每个晶胞内含有 8 个 Zn^{2+}、16 个 Fe^{3+} 和 32 个 O^{2-}，其中 O^{2-} 离子作立方紧密堆积，在立方晶格结构中形成四面体间隙（A）位和八面体间隙（B）位，所有 Zn^{2+} 占据 A 位，所有 Fe^{3+} 占据 B 位[20]。O^{2-}、Zn^{2+} 和 Fe^{3+} 在晶胞中的位置如图 2-2 所示。

按照上述计算方法对正尖晶石型铁酸锌的晶胞进行优化，计算结果如表 2-1 所示。从表中可以看出，采用 GGA/RPBE 函数计算所得的晶格常数（8.255Å）与实验值（8.272Å）[19] 非常接近（相对偏差仅为 -0.206%）。计算得到的 Zn—O 键和 Fe—O 键的键长分别为 1.981Å 和 1.958Å，与实验值（1.999Å 和 2.040Å）相比，相对误差分别为 -0.900% 和 -4.020%。计算的带隙值（0.92eV）与马琳琳等[21] 计算的 0.89eV 非常接近，但明显低于实验值 1.9eV[22]。计算中带隙被低估主要是由广义梯度近似（GGA）下的 DFT，对电子与电子之间的交换关联作

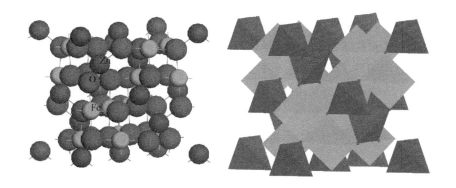

图 2-1　正尖晶石型铁酸锌的晶胞（$Zn_8Fe_{16}O_{32}$）模型及其晶体结构的配位多面体视图

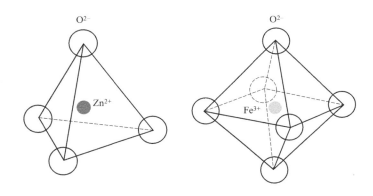

图 2-2　O^{2-}、Zn^{2+} 和 Fe^{3+} 在晶胞中的位置

用的处理存在局限引起的，计算时没能考虑交换关联函数的不连续性[23-25]。但作为一种有效的近似方法，计算结果的相对值是非常准确的，因此不影响对能带结构和电子结构的分析。

表 2-1　优化后的正尖晶石型铁酸锌的结构参数

方法	晶格参数$(a=b=c)$/Å	Zn—O 键长/Å	Fe—O 键长/Å	带隙/eV
GGA/RPBE 计算值	8.255	1.981	1.958	0.92
实验值[19]	8.272	1.999	2.040	1.9
相对偏差/%	-0.206%	-0.900%	-4.020%	-51.579%

（2）能带结构 材料的很多特性都与其能带结构有关，通过材料的能带结构可以判断材料属于金属、半导体还是绝缘体[26]。电子态密度与能带结构密切相关，它是指在能量空间中电子态的分布。图 2-3 是计算所得的正尖晶石型铁酸锌（$ZnFe_2O_4$）的能带结构和总的态密度（DOS）图，统一定义费米能级为 0eV。从图 2-3（a）可以看出，铁酸锌价带的极大值（VBM）和导带的极小值（CBM）都位于 X 点附近，理论计算得到的带隙值为 0.92eV，说明铁酸锌具有半导体属性。图 2-3（b）描述的能带共分为五个部分，其中价带包括三个部分。最低的价带位于 $-20.7 \sim -17.8$eV 之间，主要由 O 2s 态贡献；位于 -1.8eV 和 -8.5eV 之间的价带主要由 Zn 3d 态、Fe 3d 态和 O 2p 态组成；最高的价带位于 -1.6eV 和费米能级之间，主要由 Fe 3d 态和 O 2p 态组成。导带中，位于 $0.8 \sim 2.9$eV 的导带由 Fe 3d 态和 O 2p 态贡献，位于 $2.9 \sim 10.0$eV 的导带由 Zn 4s 态和 Zn 4p 态贡献。

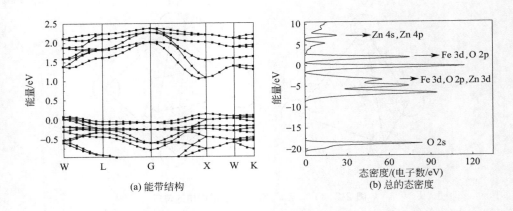

（a）能带结构 （b）总的态密度

图 2-3　正尖晶石型铁酸锌的能带结构（a）和总的态密度（DOS）（b）图

分态密度（PDOS）可以用来分析能带中的价带和导带主要由何种原子的何种轨道构成，对研究晶体中原子间成键和材料特性有重要的意义。图 2-4 是铁酸锌体相中 Zn 原子、O 原子和 Fe 原子的分态密度图。从图 2-4（a）可以看出，Zn 原子的较强的态密度峰出现在 $-8.5 \sim -1.8$eV 的能量范围内，此态密度峰主要由 Zn 3d 态贡献，峰的宽度较宽，说明其局域化程度较弱。从图 2-4（b）可以看出，O 原子的最强的态密度峰出现在 $-20.3 \sim -18.4$eV 的能量范围内，由 O 2s 态贡献，此峰较尖锐，说明其局域化程度较强；在 $-8.5 \sim -1.8$eV 的能量范围内出现一个由 O 2p 态贡献的较宽的态密度峰，该态密度峰与 Zn 3d 态有明显的重叠，说明 Zn 原子和 O 原子之间存在较强的相互作用；在费米能级附近还有一对由 O 2p 态贡献的态密度峰。从图 2-4（c）中可以看出，Fe 原子的态密度主要由 Fe 3d 态贡献，Fe 3d 态在费米能级附近有一对很强的态密度峰。对比 Zn 原子、O 原子和 Fe 原子的态密度峰可知，费米能级附近的价带和导带主要是由 Fe 的 3d 轨道上的电子构成，其次是 O 的 2p 轨道，Zn 原子在此处几乎没有贡献。在费米能级附近，Fe 3d 和 O 2p 之间有明显的重叠，说明 Fe 原子和 O 原子之间存在较强的相互作用。

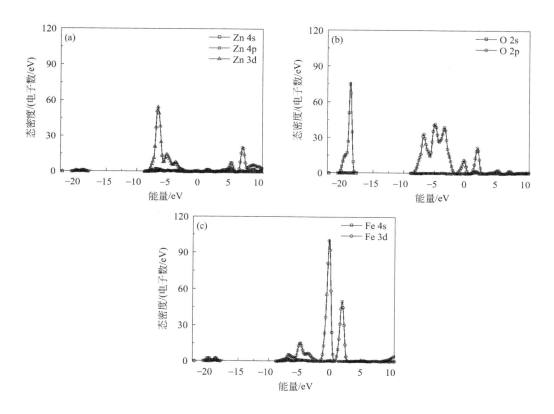

图 2-4 ZnFe$_2$O$_4$ 体相中 Zn 原子、O 原子和 Fe 原子的分态密度（PDOS）图

（3）布居分析 Mulliken 布居分析是最常用的布居分析方法[27]。Mulliken 布居分析中原子的电子布居数是指分布于原子周围的价电子电荷，可以用来分析体系的电荷分布。重叠布居数是指分布在两原子之间的重叠电子电荷数，其相对大小能够估计两原子之间形成化学键的强弱以及成键特征：重叠布居数越大，两原子间形成的化学键越强，反之表示成键越弱；当重叠布居数为零时，表明两原子之间形成完美的离子键；当重叠布居数大于零时，表明原子间形成的化学键具有共价键特征[26,28]。表 2-2 是正尖晶石型 $ZnFe_2O_4$ 中原子的布居分析。Zn 原子在优化之前价电子构型为 Zn $3d^{10}4s^2$，优化之后变为 Zn $3d^{9.96}4s^{0.29}4p^{0.67}$，定域在 Zn 原子的电子总数为 10.92，Zn 所带电荷为 $+1.08e$，为电子的给体，且主要失去 4s 轨道上的电子，4p 轨道得到电子。Zn 的 3d 轨道上的电子虽然定域性较强，但仍然有部分电子与 O 的 2p 轨道上的电子成键。O 原子在优化之前其价电子构型为 O $2s^2 2p^4$，优化之后变为 O $2s^{1.85}2p^{4.80}$，定域在 O 原子的电子总数为 6.65，O 所带电荷为 $-0.65e$，为电子的受体，主要是 O 的 2p 轨道得到电子。Fe 原子在优化之前其价电子构型为 Fe $3d^6 4s^2$，优化之后电子构型为 Fe $3d^{6.45}4s^{0.39}4p^{0.40}$，定域在 Fe 原子的电子总数为 7.24，Fe 原子所带电荷为 $+0.76e$，为电子的给体，且主要失去 4s 轨道上的电子，3d 轨道得到电子。表 2-3 列出了 $ZnFe_2O_4$ 中 Zn—O 键和 Fe—O 键的 Mulliken 布居数和键长。从表中可以看出，Zn—O 键和 Fe—O 键的布居数分别为 0.39 和 0.35，均大于零，说明它们都具有共价键特征，且 Zn—O 键的强度大于 Fe—O 键的强度。这主要是因为在铁酸锌晶体中 Zn 的配位数是 4，提供 4 个轨道，其中包括 1 个 4s 轨道和 3 个 4p 轨道，较易与氧原子的 2p 轨道的电子结合形成稳定的配价键。

从上述的 Zn 原子和 O 原子的布居分析已经明确知道，Zn 原子主要失去 Zn 4s 轨道上的电子，Zn 4p 轨道得到电子，而 O 原子主要是 O 2p 轨道得到电子。因此，铁酸锌晶体中 Zn—O 键是由所谓的 sp^3 杂化轨道互成 109°28′的角度成键，具有更大的稳定性[29]。铁酸锌在酸、碱溶液中比较稳定的主要原因是四面体内部存在着百分率较高的共价键（Zn—O 键）。

表 2-2　正尖晶石型铁酸锌中原子的 Mulliken 布居分析

原子	s	p	d	电子总数	电荷/e
Zn	0.29	0.67	9.96	10.92	1.08
O	1.85	4.80	0.00	6.65	−0.65
Fe	0.39	0.40	6.45	7.24	0.76

表 2-3　正尖晶石型铁酸锌中键的 Mulliken 布居分析

键种类	布居数	键长/Å
Fe—O	0.35	1.958
Zn—O	0.39	1.981

（4）差分电荷密度　图 2-5 是正尖晶石型铁酸锌的差分电荷密度截图。从图中可以看出：由于原子成键导致了电子发生重新分布，Fe 原子经过所切平面的差分电子密度图为花瓣型，具有典型的 d 轨道特性；而 O 原子在所切截面上的差分电子密度类似于三角形，这表明 Fe 的 3d 轨道和 O 的 2p 轨道发生了有效重叠[10]，这与态密度分析结果一致；Zn 原子经过所切平面的差分电荷密度图为三角形，具有典型的 sp^3 杂化轨道特性，这与 Mulliken 布居分析结果一致。

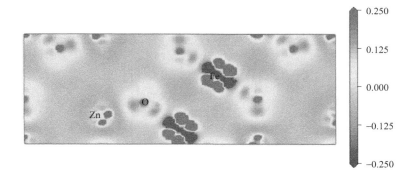

图 2-5　正尖晶石型铁酸锌的差分电荷密度截图

2.3

锰取代锌的铁酸锌的晶格和电子结构

用一个 Mn 原子取代正尖晶石型铁酸锌晶胞（$Zn_8Fe_{16}O_{32}$）中的一个 Zn 原子，构建锰取代锌的铁酸锌晶胞（$Zn_7MnFe_{16}O_{32}$）模型，如图 2-6 所示。锰的取代浓度为 1.79%（原子分数）。所有计算均采用 MS 软件中的 CASTEP 模块完成。计算中交换关联函数采用 GGA/RPBE 梯度修正函数。计算中 Mn、Zn、Fe 和 O 原子的赝势计算所选取的价电子分别为 Mn $3d^54s^2$、Zn $3d^{10}4s^2$、Fe $3d^64s^2$ 和 O $2s^22p^4$。其他计算方法和设置同 2.2。

（1）晶格结构　按照上述的计算方法对锰取代锌的铁酸锌（$Zn_7MnFe_{16}O_{32}$）的晶胞模型进行了几何优化，优化后所得的晶格参数如表 2-4 所示。从表 2-4 可以看出，锰取代锌后明显改变了铁酸锌的晶格参数，其中 a 和 b 明显变小，c 明显增

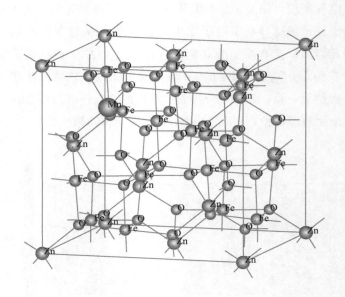

图 2-6 锰取代锌的铁酸锌晶胞（$Zn_7MnFe_{16}O_{32}$）模型

大。除此之外，锰取代锌后，α 和 β 角没有变化而 γ 角轻微增大，说明晶胞发生了轻微变形。与理想的铁酸锌相比，锰取代锌的铁酸锌（$Zn_7MnFe_{16}O_{32}$）的晶胞体积缩小了 1.2%。这主要是因为 Mn^{2+} 半径为 0.67Å，明显小于 Zn^{2+} 半径（0.74Å）[30]，所以当 Mn^{2+} 进入铁酸锌晶格中，晶胞会缩小。

表 2-4 $Zn_8Fe_{16}O_{32}$ 和 $Zn_7MnFe_{16}O_{32}$ 的晶格参数

材料	晶胞常数/Å			键角/(°)			晶胞体积/Å³
	a	b	c	α	β	γ	
$Zn_8Fe_{16}O_{32}$	8.255	8.255	8.255	90	90	90	562.47
$Zn_7MnFe_{16}O_{32}$	8.085	8.086	8.500	90.00	90.00	90.33	555.71

一个过渡金属原子取代铁酸锌晶胞中的一个 Zn 原子或一个 Fe 原子所需要的能量，即形成能（ΔE），可按下式定义[31-33]：

$$\Delta E = E_{\text{取代}}^{\text{总}} + \mu_A - E_{\text{理想}}^{\text{总}} - \mu_B \tag{2-1}$$

式中，$E_{\text{理想}}^{\text{总}}$ 和 $E_{\text{取代}}^{\text{总}}$ 分别代表理想的铁酸锌和过渡金属原子取代的铁酸锌的体相的总能量；μ_A 和 μ_B 分别代表一个被取代原子（A 为 Zn 或 Fe）和一个取代原子（B 为过渡金属原子）的总能量，其为优化后单位原子的总能量。若计算得到的

铁酸锌基电极材料
及储锂性能

ΔE 为正值，说明取代反应在通常情况下较难进行，反之较易进行；ΔE 值越小说明取代反应越容易进行，从热力学角度来说，形成的晶体越稳定。计算得到锰取代锌的形成能 $\Delta E = -207.31\text{eV}$，表明在通常情况下锰取代锌容易形成，即从热力学角度看，锰取代锌的铁酸锌非常稳定。

（2）能带结构　图 2-7 是通过 GGA 近似方法计算的锰取代锌的铁酸锌的能带结构。由图 2-3 计算结果可知，理想的尖晶石型铁酸锌具有半导体属性，其带隙值为 0.92eV；而从图 2-7 不难看出，锰取代锌的铁酸锌的导带底已经部分跨过费米

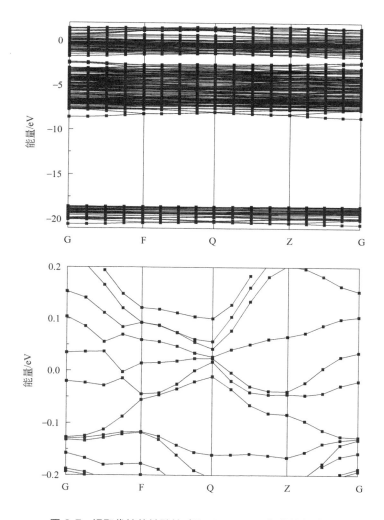

图 2-7　锰取代锌的铁酸锌（$Zn_7MnFe_{16}O_{32}$）的能带结构

能级，说明锰取代锌的铁酸锌表现出金属特性。这一结果表明锰取代锌后使铁酸锌由半导体属性变为金属属性。因此，从理论上讲，锰取代锌的铁酸锌的导电性要优于理想的铁酸锌，这对电池材料来讲是非常有利的。图 2-8 对比了理想铁酸锌（$Zn_8Fe_{16}O_{32}$）和锰取代锌的铁酸锌（$Zn_7MnFe_{16}O_{32}$）的总态密度（TDOS）图。图中的虚线代表费米能级的位置在 0eV。从图 2-8 可以看出，锰取代锌后总态密度向低能量方向移动，且所有态密度的峰值都明显降低。这一结果表明，锰取代锌的铁酸锌的稳定性增加、价电子的能量降低[34]。图 2-9 是锰取代锌的铁酸锌中各原子的分态密度（PDOS）图和总态密度（TDOS）图。从图 2-9（a）可以看出，Mn 原子的态密度主要由 Mn 3d 态贡献，且费米能级附近的态密度也主要由 Mn 3d 态贡献，Mn 4p 态贡献非常小。从图 2-9（b）可以看出，O 原子的态密度主要由 O 2s 态和 O 2p 态贡献，而费米能级附近的态密度为 O 2p 态贡献。对比图 2-9（a）和（b）可知，Mn 3d 态和 O 2p 态在费米能级附近有明显的重叠，说明 Mn 原子和 O 原子之间存在明显的化学键作用。从图 2-9（c）可以看出，Zn 原子的态密度主要由 Zn 3d 态贡献，且态密度峰主要分布在 −8～−2eV。从图 2-9（d）可以看出，Fe 原子的态密度主要由 Fe 3d 态贡献，且态密度峰主要集中在 −8～2eV，明显跨过了费米能级，也就是说 Fe 3d 态与 O 2p 态在费米能级附近有明显的重叠，说明 Fe 原子和 O 原子之间也存在明显的化学键的作用。

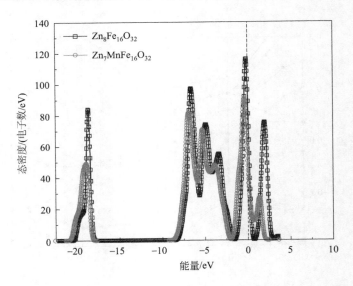

图 2-8 理想铁酸锌（$Zn_8Fe_{16}O_{32}$）与锰取代锌的铁酸锌（$Zn_7MnFe_{16}O_{32}$）的总态密度图对比

铁酸锌基电极材料
及储锂性能

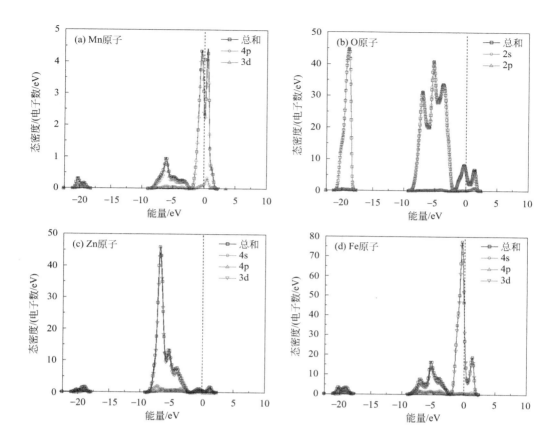

图 2-9　锰取代锌的铁酸锌中各原子的分态密度（PDOS）图和总态密度（TDOS）图

（3）布居分析　利用计算得到的 Mulliken 原子电荷布居和重叠布居，可以分析锰取代锌对铁酸锌晶体中各原子成键特性的影响。从表 2-2 计算结果可知，理想的铁酸锌晶体中 O 原子为电子的受体，所带电荷为 $-0.65e$；Zn 原子为电子的给体，所带电荷为 $+1.08e$；Fe 原子也为电子的给体，所带电荷为 $+0.76e$。表 2-5 给出了锰取代锌的铁酸锌（$Zn_7MnFe_{16}O_{32}$）中 Mn 原子及其相邻原子的 Mulliken 原子电荷布居分析结果，对应的原子序号见图 2-10。从表 2-5 可以分析出，锰取代锌的铁酸锌经结构优化以后，Mn 原子的价电子构型由 Mn $3d^5 4s^2$ 变为 Mn $3d^{5.61} 4s^{0.29} 4p^{0.35}$，定域在 Mn 原子的电子总数为 6.25，为电子的给体，所带电荷为 $+0.75e$，主要失去 4s 轨道上的电子，3d 和 4p 轨道得到电子。Mn 原子 3d 轨道上的电子虽然定域性较强，但仍然有部分电子与 O 的 2p 轨道上的电子成键。与理想的铁酸锌中 O 原子和 Fe 原子的 Mulliken 原子电荷布居（表 2-2）相比，Mn 取代锌使得 Mn 原子周围的 O 原子和 Fe 原子的 Mulliken 原子电荷布居降低。Mn 取代锌对晶胞中 Zn 原子的电荷布居也有明显影响，其电荷数增加。表 2-6 列出了锰取代锌的铁酸锌中与 Mn 原子相邻键的 Mulliken 重叠布居和键长，对应的原子序号见图 2-10。为了方便对比，表中也给出了计算得到的理想 $ZnFe_2O_4$ 中 Zn—O 键和 Fe—O 键的 Mulliken 布居数和键长。从表 2-6 可以看出，理想铁酸锌中 Zn—O 键和 Fe—O 键的布居数均大于零且 Zn—O 键的布居数大于 Fe—O 键的布居数，说明理想铁酸锌中 Zn—O 键和 Fe—O 键都具有共价键特征，且 Zn—O 键的强度大于 Fe—O 键的强度。锰取代锌的铁酸锌（$Zn_7MnFe_{16}O_{32}$）中 O—Mn 键的 Mulliken 布居数（0.44～0.46）明显比理想铁酸锌（$Zn_8Fe_{16}O_{32}$）中 O—Zn 键的布居数大，说明 O—Mn 键较理想铁酸锌中 O—Zn 键的共价性强，但键长较 $Zn_8Fe_{16}O_{32}$ 中 O—Zn 键的键长要短。另外，锰取代锌后 Mn 原子周围的 O—Fe 键的布居数明显减小，键长普遍变长。这说明锰取代锌以后，Mn 原子周围的 O—Fe 强度被削弱。锰取代锌对晶胞中 O—Zn 键强度也有影响，使一部分 O—Zn 键强度增强，一部分略微减弱。

表 2-5　锰取代锌的铁酸锌中 Mn 原子及其相邻原子的 Mulliken 原子电荷布居分析
（对应的原子序号见图 2-10）

材料	原子	s	p	d	电子总数	电荷/e
$Zn_8Fe_{16}O_{32}$	O	1.85	4.80	0.00	6.65	−0.65
	Zn	0.29	0.67	9.96	10.92	1.08
	Fe	0.39	0.40	6.45	7.24	0.76
$Zn_7MnFe_{16}O_{32}$	Mn	0.29	0.35	5.61	6.25	0.75
	O 3	1.85	4.74	0.00	6.59	−0.59
	O 5	1.85	4.74	0.00	6.59	−0.59
	O 31	1.84	4.73	0.00	6.57	−0.57
	O 32	1.84	4.73	0.00	6.57	−0.57
	Fe 1	0.38	0.42	6.48	7.28	0.72
	Fe 6	0.38	0.42	6.48	7.28	0.72
	Fe 7	0.38	0.42	6.48	7.28	0.72
	Fe 8	0.38	0.42	6.47	7.27	0.73
	Fe 10	0.38	0.42	6.48	7.28	0.72

铁酸锌基电极材料
及储锂性能

材料	原子	s	p	d	电子总数	电荷/e
$Zn_7MnFe_{16}O_{32}$	Fe 14	0.38	0.42	6.47	7.27	0.73
	Zn	0.22/0.25	0.67/0.65	9.96	10.85/10.86	1.15/1.14

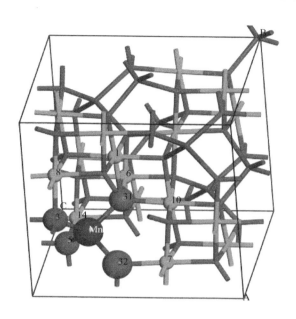

图 2-10　锰取代锌的铁酸锌中与锰原子相邻的原子序号

表 2-6　锰取代锌的铁酸锌中与 Mn 原子相邻的键的 Mulliken 重叠布居和键长

（对应的原子序号见图 2-10）

材料	键种类	布居数	键长/Å
$Zn_8Fe_{16}O_{32}$	O—Zn	0.39	1.981
	O—Fe	0.35	1.958
$Zn_7MnFe_{16}O_{32}$	O 3—Mn	0.46	1.909
	O 5—Mn	0.46	1.909
	O 31—Mn	0.44	1.891
	O 32—Mn	0.44	1.891
	O 3—Fe 8	0.28	1.999
	O 5—Fe 14	0.28	1.999
	O 31—Fe 1	0.28	1.960
$Zn_7MnFe_{16}O_{32}$	O 31—Fe 6	0.28	1.960
	O 31—Fe 10	0.29	1.986
	O 32—Fe 7	0.29	1.986
	O—Zn	0.37~0.39/0.43~0.45	1.982~2.000/1.955~1.973

（4）差分电荷密度　图 2-11 给出了锰取代锌的铁酸锌的差分电荷密度图，图中红色和蓝色区域分别代表电荷得与失的空间分布。与理想铁酸锌的差分电子密度图（图 2-5）相比，锰取代锌的铁酸锌的差分电荷密度发生了显著变化，取代原子附近的局域电荷分布发生了明显的重排。Zn 的差分电荷密度图显示其具有典型的 sp^3 杂化轨道，而 Mn 原子的差分电荷密度图显示其具有典型的 d 轨道。Mn—O 键具有显著的方向性且电子共有化程度明显比 Zn—O 键强，这表明 Mn—O 键的共价键属性比 Zn—O 键更强。以上分析与 Mulliken 原子电荷布居和重叠布居结果相一致。

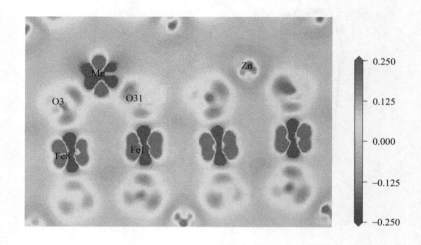

图 2-11　锰取代锌的铁酸锌的差分电荷密度图

2.4
铜取代锌的铁酸锌的晶格和电子结构

用一个 Cu 原子取代正尖晶石型铁酸锌晶胞（$Zn_8Fe_{16}O_{32}$）中的一个 Zn 原子，构建铜取代锌的铁酸锌晶胞（$Zn_7CuFe_{16}O_{32}$）模型，如图 2-12 所示。铜的取代浓度为 1.79%（原子分数）。所有计算均采用 MS 软件中的 CASTEP 模块完成。计算中交换关联函数采用 GGA/RPBE 梯度修正函数。计算中 O 原子、Zn 原子、Fe 原子和 Cu 原子的价电子构型分别为 O $2s^2 2p^4$、Zn $3d^{10} 4s^2$、Fe $3d^6 4s^2$ 和 Cu $3d^{10} 4s^1$。其他计算方法和设置同 2.2 节。

铁酸锌基电极材料
及储锂性能

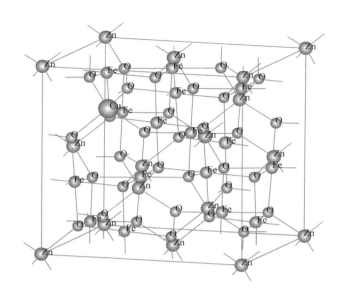

图 2-12 铜取代锌的铁酸锌晶胞（$Zn_7CuFe_{16}O_{32}$）模型

（1）晶格结构 按照与 2.2 所述相同的计算方法对铜取代锌的铁酸锌（$Zn_7CuFe_{16}O_{32}$）的晶胞模型进行了几何优化，优化后所得的晶格参数如表 2-7 所示。为了方便对比，表中也列出了理想铁酸锌（$Zn_8Fe_{16}O_{32}$）优化后的晶胞参数。从表 2-7 可以看出，铜取代锌后晶格参数 a 和 c 明显变小，b 明显增大；晶胞体积略微缩小，大约缩小了 1.4%。这是因为 Cu^{2+} 半径为 0.73Å，略小于 Zn^{2+} 半径（0.74Å）[35]，所以当 Cu^{2+} 进入到铁酸锌晶格中，晶胞会略微缩小。除此之外，铜取代锌后，α、β 和 γ 角发生轻微变化，说明晶胞发生了轻微变形。按照式（2-1）计算得到铜取代锌的形成能 $\Delta E = -202.25eV$，表明在通常情况下铜取代锌的铁酸锌容易形成。

表 2-7 $Zn_8Fe_{16}O_{32}$ 和 $Zn_7CuFe_{16}O_{32}$ 的晶格参数

材料	晶胞参数/Å			键角/(°)			晶胞体积/Å³
	a	b	c	α	β	γ	
$Zn_8Fe_{16}O_{32}$	8.255	8.255	8.255	90	90	90	562.47
$Zn_7CuFe_{16}O_{32}$	8.047	8.561	8.047	89.99	89.96	89.99	554.36

（2）能带结构 图 2-13 是铜取代锌的铁酸锌的能带结构。从图中可以看出，

铜取代锌的铁酸锌的导带底已经部分跨过费米能级。这一结果说明铜取代锌后可使铁酸锌由半导体属性变为金属属性。因此，铜取代锌的铁酸锌的导电性要优于理想的铁酸锌。图 2-14 对比了理想铁酸锌（$Zn_8Fe_{16}O_{32}$）和铜取代锌的铁酸锌（$Zn_7CuFe_{16}O_{32}$）的总态密度图（TDOS）。图中的虚线代表费米能级的位置在 0eV。从图 2-14 可以看出，铜取代锌导致了总态密度向低能量水平移动，且态密度的峰值明显降低。这一结果表明，铜取代锌的铁酸锌的稳定性增加、价电子的能量降低。图 2-15 是铜取代锌的铁酸锌中各原子的分态密度（PDOS）图和总态密度（TDOS）图。从图 2-15(a) 可以看出，Cu 原子的态密度主要由 Cu 3d 态贡献，费米能级附近的态密度峰较小且主要由 Cu 3d 态贡献。从图 2-15(b) 可以看出，O

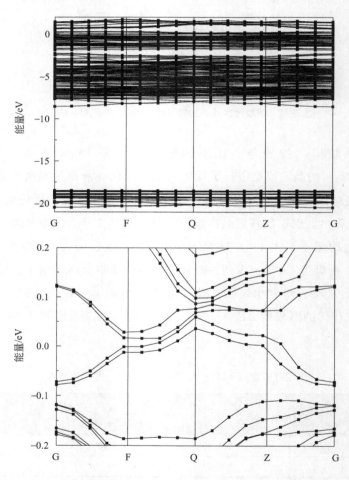

图 2-13　铜取代锌的铁酸锌（$Zn_7CuFe_{16}O_{32}$）的能带结构

原子的态密度主要由 O 2s 态和 O 2p 态贡献，费米能级附近的态密度主要为 O 2p 态贡献。对比图 2-15（a）和（b）可知，Cu 3d 态和 O 2p 态在费米能级附近存在一定的重叠，说明 Cu 原子和 O 原子之间存在化学键的作用。从图 2-15（c）可以看出，Zn 原子的态密度主要由 Zn 3d 态贡献，态密度峰主要分布在 $-8 \sim -2eV$，费米能级附近的态密度峰极小。从图 2-15（d）可以看出，Fe 原子的态密度主要由 Fe 3d 态贡献，态密度峰主要分布在 $-8 \sim 2eV$，费米能级附近态密度峰较大且主要由 Fe 3d 态贡献。Fe 3d 态与 O 2p 态在费米能级附近有明显的重叠，表明 Fe 原子和 O 原子之间也存在较强的化学键的作用。

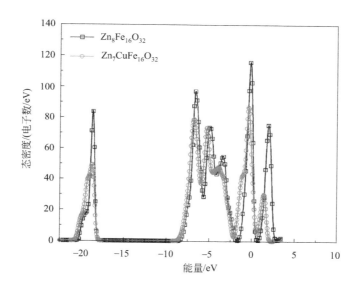

图 2-14　理想铁酸锌（$Zn_8Fe_{16}O_{32}$）与铜取代锌的铁酸锌（$Zn_7CuFe_{16}O_{32}$）的总态密度图对比

（3）布居分析　表 2-8 给出了铜取代锌的铁酸锌（$Zn_7CuFe_{16}O_{32}$）中 Cu 原子及其相邻原子的 Mulliken 原子电荷布居分析结果，相应的原子序号见图 2-16。为了方便进行对比，表中也列出了理想铁酸锌（$Zn_8Fe_{16}O_{32}$）的 Mulliken 原子电荷布居数。从表 2-8 可以看出，铜取代锌的铁酸锌经结构优化以后，Cu 原子的价电子构型由 Cu $3d^{10}4s^1$ 变为 Cu $3d^{9.57}4s^{0.46}4p^{0.51}$，定域在 Cu 原子的电子总数为 10.54，为电子的给体，所带电荷为 $+0.46e$，主要失去 3d 和 4s 轨道上的电子，4p 轨道得到电子。对比理想的铁酸锌中 O 原子和 Fe 原子的 Mulliken 原子电荷布居，Cu 取代锌使得 Cu 原子周围的 O 原子所带的负电荷数减少，而电荷的变化主要是 O 2p 轨道失电子数增多引起；Cu 取代锌使 Cu 原子周围的 Fe 原子所带正电荷数增

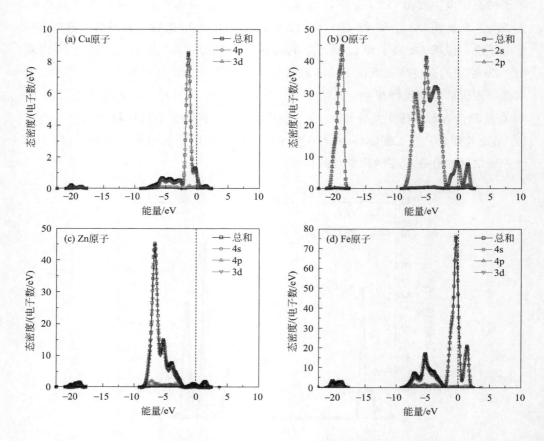

图 2-15　铜取代锌的铁酸锌中各原子的分态密度（PDOS）图和总态密度（TDOS）图

加。另外，Cu 取代锌对晶胞内 Zn 原子的电荷布居也有影响，使 Zn 原子所带电荷数增加。表 2-9 给出了铜取代锌的铁酸锌中与 Cu 原子相邻键的 Mulliken 重叠布居和键长，原子序号见图 2-16。为了方便对比，表中给出了理想 $ZnFe_2O_4$ 中 Zn—O 键和 Fe—O 键的 Mulliken 布居数和键长。从表 2-9 可以看出，铜取代锌的铁酸锌（$Zn_7CuFe_{16}O_{32}$）中一个 Cu 原子与四个 O 原子相连，形成四个 O—Cu 键，其中两个 O—Cu 键 Mulliken 布居数（0.39）与理想铁酸锌（$Zn_8Fe_{16}O_{32}$）中 O—Zn 键的布居数相同，说明该 O—Cu 键的强度与理想铁酸锌中 O—Zn 键相同，均表现出较强的共价键特性，而另外两个 O—Cu 键 Mulliken 布居数（0.33）较理想铁酸锌中 O—Zn 键的布居数要小，说明其强度较 O—Zn 键的强度要弱。除此之外，O—Cu 键的键长较 O—Zn 键的键长要长。从表 2-9 还可以看出，铜取代锌后 Cu 原

铁酸锌基电极材料
及储锂性能

子周围的 O—Fe 键的布居数减小，键长没有一致的变化规律。这说明铜取代锌以后，Cu 原子周围的 O—Fe 强度被削弱，几何对称性变差。铜取代锌对晶胞中 O—Zn 键的强度和键长也有明显的影响，O—Zn 键强度部分变强部分变弱，键长也没有一致的变化规律。

表 2-8　铜取代锌的铁酸锌中 Cu 原子及其相邻原子的 Mulliken 原子电荷布居分析

（对应的原子序号见图 2-16）

材料	原子	s	p	d	电子总数	电荷/e
$Zn_8Fe_{16}O_{32}$	O	1.85	4.80	0.00	6.65	−0.65
	Zn	0.29	0.67	9.96	10.92	1.08
	Fe	0.39	0.40	6.45	7.24	0.76
$Zn_7CuFe_{16}O_{32}$	Cu	0.46	0.51	9.57	10.54	0.46
	O 2	1.86	4.75	0.00	6.61	−0.61
	O 8	1.86	4.75	0.00	6.61	−0.61
	O 11	1.86	4.72	0.00	6.58	−0.58
	O 29	1.86	4.72	0.00	6.58	−0.58
	Fe 1	0.38	0.42	6.46	7.26	0.74
	Fe 6	0.39	0.42	6.46	7.27	0.73
	Fe 9	0.39	0.42	6.46	7.27	0.73
	Fe 11	0.38	0.42	6.46	7.26	0.74
	Fe 15	0.39	0.41	6.46	7.26	0.74
	Fe 16	0.39	0.42	6.46	7.27	0.73
	Zn	0.21/0.23	0.65/0.66	9.95/9.96	10.81/10.85	1.19/1.15

表 2-9　铜取代锌的铁酸锌中与 Cu 原子相邻键的 Mulliken 重叠布居和键长

（对应的原子序号见图 2-16）

材料	键种类	布居数	键长/Å
$Zn_8Fe_{16}O_{32}$	O—Zn	0.39	1.981
	O—Fe	0.35	1.958
$Zn_7CuFe_{16}O_{32}$	O 2—Cu	0.39	1.982
	O 8—Cu	0.39	1.983
	O 11—Cu	0.33	2.007
	O 29—Cu	0.33	2.008

材料	键种类	布居数	键长/Å
Zn$_7$CuFe$_{16}$O$_{32}$	O 3—Fe 16	0.31	1.971
	O 8—Fe 15	0.31	1.971
	O 11—Fe 1	0.31	1.920
	O 11—Fe 6	0.34	1.920
	O 11—Fe 11	0.31	1.920
	O 29—Fe 9	0.34	1.919
	O—Zn	0.44/0.37	1.955~1.961/1.993~2.003

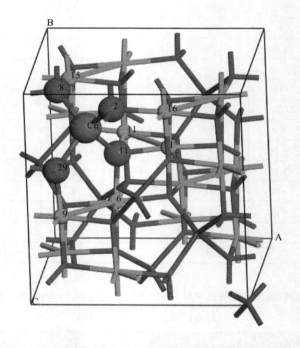

图 2-16　铜取代锌的铁酸锌中与铜原子相邻的原子序号

　　（4）差分电荷密度　图 2-17 给出了铜取代锌的铁酸锌的差分电荷密度图，图中的蓝色区域表明电子缺失，红色区域表明电子富集。从图 2-17 可以看出，Cu 取代 Zn 后体系的电荷密度分布发生了明显变化，Cu 原子附近出现了明显的电子缺失区，表明 Cu 带正电荷，Cu—O 键的极性更强。这与上文的 Mulliken 布居分析结果相一致。

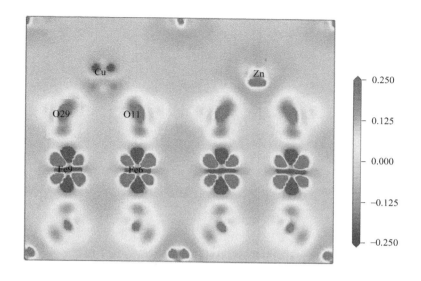

图 2-17　铜取代锌的铁酸锌的差分电荷密度图

2.5

镍取代锌的铁酸锌的晶格和电子结构

　　用一个 Ni 原子取代正尖晶石型铁酸锌晶胞（$Zn_8Fe_{16}O_{32}$）中的一个 Zn 原子，构建镍取代锌的铁酸锌晶胞（$Zn_7NiFe_{16}O_{32}$）模型，如图 2-18 所示。镍的取代浓度为 1.79%（原子分数）。镍取代锌的铁酸锌的晶格和电子结构的计算方法同 2.2 节。计算中 O 原子、Zn 原子、Fe 原子和 Ni 原子的价电子构型分别为 O $2s^2 2p^4$、Zn $3d^{10} 4s^2$、Fe $3d^6 4s^2$ 和 Ni $3d^8 4s^2$。

　　（1）晶格结构　按照 2.2 节的计算方法对镍取代锌的铁酸锌（$Zn_7NiFe_{16}O_{32}$）的晶胞模型进行几何优化，优化后所得的晶格参数如表 2-10 所示，为了方便对比，表中列出了理想铁酸锌（$Zn_8Fe_{16}O_{32}$）优化后的晶胞参数。从表 2-10 可以看出，镍取代锌后晶格参数 a、b 和 c 基本相同，均略小于理想铁酸锌的晶胞参数，因此晶胞体积也略微变小，大约缩小了 0.47%。除此之外，镍取代锌后，α、β 和 γ 值仍为 90°，说明晶胞没有发生变形。上述结果说明镍取代锌对铁酸锌晶体结构影响

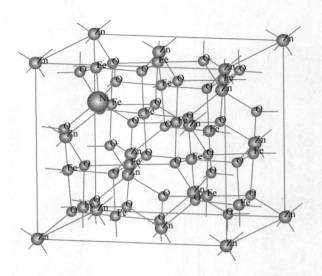

图 2-18　镍取代锌的铁酸锌晶胞（$Zn_7NiFe_{16}O_{32}$）模型

非常小。按照式(2-1)计算得到镍取代锌的铁酸锌的形成能 $\Delta E = -203.47eV$，表明在通常情况下，镍取代锌的铁酸锌容易形成。

表 2-10　$Zn_8Fe_{16}O_{32}$ 和 $Zn_7NiFe_{16}O_{32}$ 的晶格参数

材料	晶胞参数/Å			键角/(°)			晶胞体积/Å³
	a	b	c	α	β	γ	
$Zn_8Fe_{16}O_{32}$	8.255	8.255	8.255	90	90	90	562.47
$Zn_7NiFe_{16}O_{32}$	8.242	8.241	8.242	90	90	90	559.82

（2）能带结构　图 2-19 是镍取代锌的铁酸锌的能带结构。从图 2-19 可以看出，镍取代锌的铁酸锌的导带底已经部分跨过费米能级，说明镍取代锌后使铁酸锌由半导体属性变为金属属性。所以镍取代锌的铁酸锌的导电性要优于理想的铁酸锌。图 2-20 对比了理想铁酸锌（$Zn_8Fe_{16}O_{32}$）和镍取代锌的铁酸锌（$Zn_7NiFe_{16}O_{32}$）的总态密度（TDOS）图。图中的虚线代表费米能级的位置在 0eV。从图 2-20 可以看出，镍取代锌导致了总态密度轻微地向低能水平移动，且态密度的峰值也略微降低。这一结果表明，镍取代锌的铁酸锌的稳定性较理想铁酸锌略微增加、价电子的能量略微降低。图 2-21 是镍取代锌的铁酸锌中各原子的分态密度（PDOS）图和总态密度（TDOS）图。从图 2-21(a) 可以看出，Ni 原子的态密度主要由 Ni 3d 态贡献，费米能级附近的态密度峰较小且主要由 Ni 3d 和 Ni

4p 态贡献。从图 2-21（b）可以看出，O 原子的态密度主要由 O 2s 态和 O 2p 态贡献，其中−22～−18eV 范围内的态密度峰全部由 O 2s 态贡献，费米能级周围（−9～2eV）的态密度全部由 O 2p 态贡献。对比图 2-21（a）和（b）可知，Ni 3d 态和 O 2p 态在费米能级附近存在一定的重叠，说明 Ni 原子和 O 原子之间存在键的作用。从图 2-21（c）可以看出，Zn 原子的态密度主要由 Zn 3d 态贡献，主要分布在−8～−2eV，费米能级附近的态密度峰极小，主要由 Zn 4p 态贡献。从图 2-21（d）可以看出，Fe 原子的态密度主要由 Fe 3d 态贡献，主要分布在−8～2eV，费米能级附近态密度峰较大且主要由 Fe 3d 态贡献，Fe 3d 态与 O 2p 态在费米能级附近有明显的重叠，这表明 Fe 原子和 O 原子之间也存在较强的键的作用。

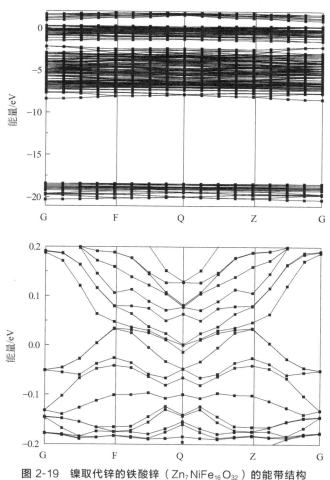

图 2-19 镍取代锌的铁酸锌（$Zn_7NiFe_{16}O_{32}$）的能带结构

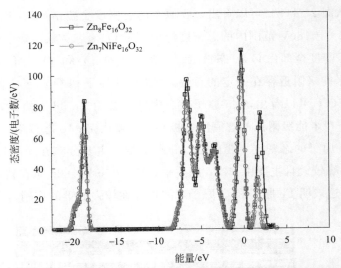

图 2-20　理想铁酸锌（$Zn_8Fe_{16}O_{32}$）与镍取代锌的铁酸锌（$Zn_7NiFe_{16}O_{32}$）的总态密度图对比

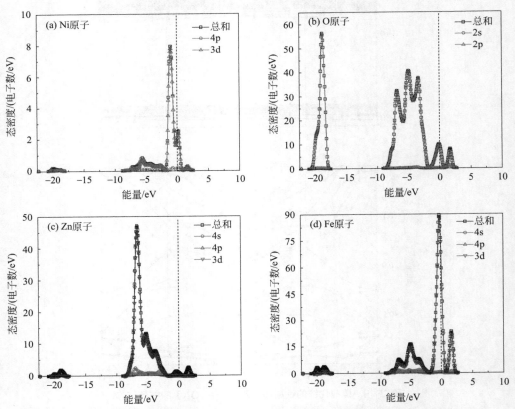

图 2-21　镍取代锌的铁酸锌中各原子的分态密度（PDOS）图和总态密度（TDOS）图

（3）布居分析　表 2-11 给出了镍取代锌的铁酸锌（$Zn_7NiFe_{16}O_{32}$）中 Ni 原子及其相邻原子的 Mulliken 原子电荷布居分析结果，相应的原子序号见图 2-22。为了方便进行对比，表中也列出了理想铁酸锌（$Zn_8Fe_{16}O_{32}$）的 Mulliken 原子电荷布居数。从表 2-11 可以看出，镍取代锌的铁酸锌经结构优化以后，Ni 原子的价电子构型由 Ni $3d^84s^2$ 变为 Ni $3d^{8.54}4s^{0.40}4p^{0.50}$，定域在 Ni 原子的电子总数为 9.44，为电子的给体，所带电荷为 $+0.56e$，主要失去 4s 轨道上的电子，3d 和 4p 轨道得到电子。对比理想铁酸锌中 O 原子、Fe 原子和 Zn 原子的 Mulliken 原子电荷布居可知，Ni 取代锌使得 Ni 原子周围的 O 原子所带的负电荷数减少，而电荷的变化主要是 O 2p 轨道失电子数增多引起；Ni 取代锌对 Ni 原子周围的 Fe 原子所带电荷数及各轨道电荷的得失情况影响非常小；Ni 取代锌对晶胞中 Zn 原子也有一定的影响，主要是 Zn 4s 轨道电子数目发生了变化。表 2-12 给出了镍取代锌的铁酸锌中与 Ni 原子相邻键的 Mulliken 重叠布居和键长，原子序号见图 2-22。为了方便对比，表中也给出了理想 $ZnFe_2O_4$ 中 Zn—O 键和 Fe—O 键的 Mulliken 布居数和键长。从表 2-12 可以看出，在镍取代锌的铁酸锌（$Zn_7NiFe_{16}O_{32}$）中，四个 O—Ni 键的 Mulliken 布居数（0.38）相同，且略小于理想铁酸锌（$Zn_8Fe_{16}O_{32}$）中 O—Zn 键的布居数，说明 O—Ni 键的强度较理想铁酸锌中 O—Zn 键略弱，且均表现出较强的共价键特性；O—Ni 键的键长较 O—Zn 键的键长要短。除此之外，镍取代锌后 Ni 原子周围的 O—Fe 键的布居数均明显减小，键长变短。这说明镍取代锌以后，Ni 原子周围的 O—Fe 强度被削弱。镍取代锌对晶胞中 O—Zn 键的强度和键长也有明显的影响，O—Zn 键强度变强。O—Zn 键的键长变化没有一致的规律性，有的变长，有的变短。

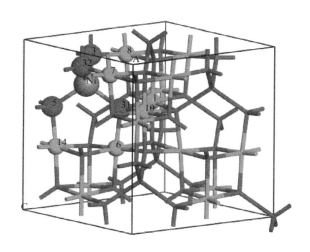

图 2-22　镍取代锌的铁酸锌中与镍原子相邻的原子序号

表 2-11 镍取代锌的铁酸锌中 Ni 原子及其相邻原子的 Mulliken 原子电荷布居分析
（对应的原子序号见图 2-22）

材料	原子	s	p	d	电子总数	电荷/e
$Zn_8Fe_{16}O_{32}$	O	1.85	4.80	0.00	6.65	−0.65
	Zn	0.29	0.67	9.96	10.92	1.08
	Fe	0.39	0.40	6.45	7.24	0.76
$Zn_7NiFe_{16}O_{32}$	Ni	0.40	0.50	8.54	9.44	0.56
	O 3	1.86	4.74	0.00	6.60	−0.60
	O 5	1.86	4.74	0.00	6.60	−0.60
	O 31	1.86	4.74	0.00	6.60	−0.60
	O 32	1.86	4.74	0.00	6.60	−0.60
	Fe 1	0.39	0.41	6.46	7.26	0.74
	Fe 6	0.39	0.41	6.46	7.26	0.74
	Fe 7	0.39	0.41	6.46	7.26	0.74
	Fe 8	0.39	0.41	6.46	7.26	0.74
	Fe 10	0.39	0.41	6.46	7.26	0.74
	Fe 14	0.39	0.41	6.46	7.26	0.74
	Zn	0.20/0.26	0.67/0.66	9.96/9.97	10.83/10.89	1.17/1.11

表 2-12 镍取代锌的铁酸锌中与 Ni 原子相邻键的 Mulliken 重叠布居和键长
（对应的原子序号见图 2-22）

材料	键种类	布居数	键长（Å）
$Zn_8Fe_{16}O_{32}$	O—Zn	0.39	1.981
	O—Fe	0.35	1.958
$Zn_7NiFe_{16}O_{32}$	O 3—Ni	0.38	1.956
	O 5—Ni	0.38	1.957
	O 31—Ni	0.38	1.957
	O 32—Ni	0.38	1.957
	O 3—Fe 8	0.31	1.944
	O 5—Fe 14	0.31	1.945
	O 31—Fe 1	0.31	1.945
	O 31—Fe 6	0.31	1.945
	O 31—Fe 10	0.31	1.944
	O 32—Fe 7	0.31	1.944
	O—Zn	0.39/0.41/0.42	2.014/1.961/1.954

（4）差分电荷密度 图 2-23 给出了镍取代锌的铁酸锌的差分电荷密度图，图中蓝色区域表明电子缺失，红色区域表明电子富集。从图 2-23 可以看出，Ni 取代 Zn 后体系的电荷密度分布发生了一定的变化，Ni—O 键表现出较明显的方向性，与 Ni 原子相邻的 Fe—O 键之间的电荷密度略微降低，说明 Fe—O 键强度有所减弱。这与上文的 Mulliken 布居分析结果相一致。

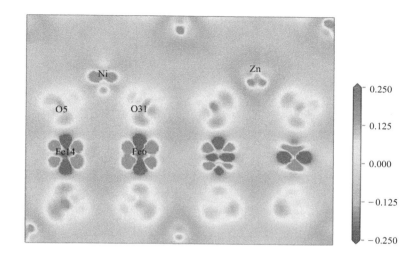

图 2-23 镍取代锌的铁酸锌的差分电荷密度图

2.6
锰取代铁的铁酸锌的晶格和电子结构

用一个 Mn 原子取代正尖晶石型铁酸锌晶胞（$Zn_8Fe_{16}O_{32}$）中的一个 Fe 原子，构建锰取代铁的铁酸锌晶胞（$Zn_8MnFe_{15}O_{32}$）模型，如图 2-24 所示。锰的取代浓度为 1.79%（原子分数）。计算中涉及的方法和相关设置同 2.2 节。Mn、Zn、Fe 和 O 原子的赝势计算所选取的价电子分别为 Mn $3d^5 4s^2$、Zn $3d^{10} 4s^2$、Fe $3d^6 4s^2$ 和 O $2s^2 2p^4$。

（1）晶格结构 按照 2.2 节的计算方法对锰取代铁的铁酸锌的晶胞模型（$Zn_8MnFe_{15}O_{32}$）进行了几何优化，优化后所得的晶格参数如表 2-13 所示，为了

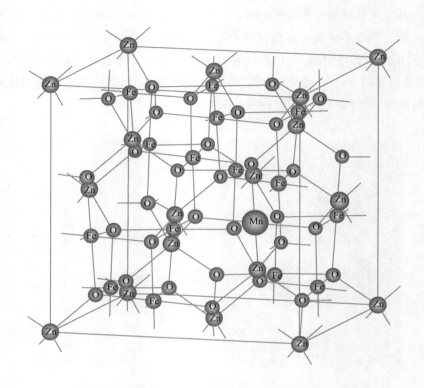

图 2-24　锰取代铁的铁酸锌晶胞（$Zn_8MnFe_{15}O_{32}$）模型

方便对比，表中列出了理想铁酸锌（$Zn_8Fe_{16}O_{32}$）的晶胞参数。从表 2-13 可以看出，锰取代铁导致了铁酸锌的晶格参数发生了明显变化，其中晶格参数 a 和 b 明显变小，c 明显增大。除此之外，锰取代锌后，α、β 和 γ 角也发生了轻微的变化，说明晶胞发生了轻微变形。与理想的铁酸锌相比，锰取代铁的铁酸锌（$Zn_8MnFe_{15}O_{32}$）的晶胞体积缩小了 0.8%。根据式（2-1）计算得到锰取代铁的铁酸锌的形成能 $\Delta E = -1.95eV$，表明在通常情况下，锰取代铁的铁酸锌能够形成。但与锰取代锌的铁酸锌相比，锰取代铁的铁酸锌更难形成，也就是说锰取代锌的铁酸锌较锰取代铁的铁酸锌稳定。

表 2-13　$Zn_8Fe_{16}O_{32}$ 和 $Zn_8MnFe_{15}O_{32}$ 的晶格参数

材料	晶胞参数/Å			键角/(°)			晶胞体积/Å³
	a	b	c	α	β	γ	
$Zn_8Fe_{16}O_{32}$	8.255	8.255	8.255	90	90	90	562.47
$Zn_8MnFe_{15}O_{32}$	8.073	8.071	8.564	89.92	90.08	89.82	558.01

（2）能带结构　图 2-25 是锰取代铁的铁酸锌的能带结构。从图 2-25 可以看出，锰取代铁的铁酸锌的导带底已经部分跨过费米能级，说明锰取代铁的铁酸锌表现出金属特性。这一结果说明锰取代铁导致了铁酸锌由半导体属性变为金属属性。因此，锰取代铁的铁酸锌的导电性优于理想铁酸锌，这对电池材料来讲是非常有利的。图 2-26 对比了理想铁酸锌（$Zn_8Fe_{16}O_{32}$）和锰取代铁的铁酸锌（$Zn_8MnFe_{15}O_{32}$）的总态密度（TDOS）图。图中的虚线代表费米能级的位置在 0eV。从图 2-26 可以看出，锰取代铁后总态密度峰明显向低能水平移动，且所有态密度的峰值都明显降低，说明锰取代铁的铁酸锌的稳定性增加、价电子的能量降低。图 2-27 是锰取代铁的铁酸锌中各原子的分态密度（PDOS）图和总态密度（TDOS）图。从图 2-27(a)可以看出，Mn 原子的态密度主要由 Mn 3d 态贡献，且费米能级附近的态密度也主要由 Mn 3d 态贡献。从图 2-27(b)可以看出，O 原子的态密度主要由 O 2s 态和 O 2p 态贡献，而费米能级附近的态密度为 O 2p 态贡献。对比图 2-27(a)和（b）可知，Mn 3d 态和 O 2p 态在费米能级附近有明显的重叠，说明 Mn 原子和 O 原子之间存在明显的键的作用。从图 2-27(c)可以看出，Zn 原子的态密度主要由 Zn 3d 态贡献，且态密度峰主要分布在 $-8 \sim -2eV$，费米能级附近态密度峰不明显。从图 2-27(d)可以看出，Fe 原子的态密度主要由 Fe 3d 态贡献，且态密度峰主要集中在 $-8 \sim 2eV$，明显跨过了费米能级。在费米能级附近 Fe 3d 态与 O 2p 态有明显的重叠，说明 Fe 原子和 O 原子之间存在明显的键的作用。

（3）布居分析　表 2-14 给出了锰取代铁的铁酸锌（$Zn_8MnFe_{15}O_{32}$）中 Mn 原子及其相邻原子的 Mulliken 原子电荷布居分析结果，相应的原子序号见图 2-28。从表 2-14 可以看，锰取代铁的铁酸锌经结构优化以后，Mn 原子的价电子构型由 Mn $3d^54s^2$ 变为 Mn $3d^{5.60}4s^{0.37}4p^{0.32}$，定域在 Mn 原子的电子总数为 6.29，为电子的给体，所带电荷为 $+0.71e$，主要失去 4s 轨道上的电子，3d 和 4p 轨道得到电子。与被取代的 Fe 原子相比，Mn 原子各轨道电荷分布都较 Fe 原子少。另外，与理想的铁酸锌中 O 原子和 Fe 原子的 Mulliken 原子电荷布居相比，Mn 取代铁使得 Mn 原子周围部分 O 原子所带负电荷减少，且主要是由于 O 2p 轨道得电子数减少引起的；Mn 取代铁使得周围与 O 原子相连的 Fe 原子所带正电荷减少，且主要是由于 Fe 4p 和 Fe 3d 轨道得电子数增多引起的；Mn 取代铁对其周围与 O 原子相连的 Zn 原子的 Mulliken 原子电荷布居也有影响，Zn 原子所带正电荷数增加。表 2-15 列出了锰取代铁的铁酸锌中与 Mn 原子相邻的键的 Mulliken 重叠布居和键长，原子序号见图 2-28。从表 2-15 可以看出，锰取代铁的铁酸锌（$Zn_8MnFe_{15}O_{32}$）中

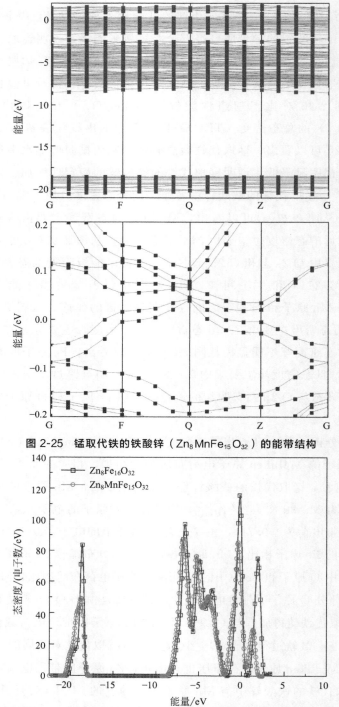

图 2-25　锰取代铁的铁酸锌（$Zn_8MnFe_{15}O_{32}$）的能带结构

图 2-26　理想铁酸锌（$Zn_8Fe_{16}O_{32}$）与锰取代铁的铁酸锌（$Zn_8MnFe_{15}O_{32}$）的总态密度图对比

铁酸锌基电极材料
及储锂性能

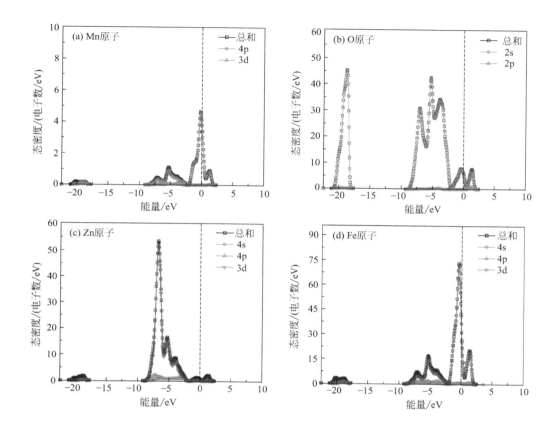

图 2-27　锰取代铁的铁酸锌中各原子的分态密度（PDOS）图和总态密度（TDOS）图

O—Mn 键的 Mulliken 布居数（0.27～0.32）明显比理想铁酸锌（$Zn_8Fe_{16}O_{32}$）中 O—Fe 键的布居数小，说明 O—Mn 键较理想铁酸锌中 O—Fe 键的共价性更弱。另外，锰取代铁的铁酸锌（$Zn_8MnFe_{15}O_{32}$）中 O—Mn 键的键长长短不一。锰取代铁后 Mn 原子周围的 O—Fe 键的布居明显减小，说明锰取代铁使得 Mn 原子周围的 O—Fe 强度被削弱。锰取代铁导致 Mn 原子周围部分 O—Zn 键的强度，部分显著增强，部分 O—Zn 轻微变弱。从表 2-15 中 O—Mn、O—Fe 和 O—Zn 键的键长可以看出，各化学键的键长变化没有一致的规律，说明锰取代铁导致晶胞变形较为严重，对称性显著下降。

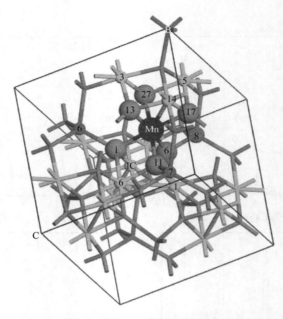

图 2-28 锰取代铁的铁酸锌中与锰原子相邻的原子序号

表 2-14 锰取代铁的铁酸锌中 Mn 原子及其相邻原子的 Mulliken 原子电荷布居
（对应的原子序号见图 2-28）

材料	原子	s	p	d	电子总数	电荷/e
$Zn_8Fe_{16}O_{32}$	O	1.85	4.80	0.00	6.65	−0.65
	Zn	0.29	0.67	9.96	10.92	1.08
	Fe	0.39	0.40	6.45	7.24	0.76
$Zn_8MnFe_{15}O_{32}$	Mn	0.37	0.32	5.60	6.29	0.71
	O 1	1.85	4.80	0.00	6.65	−0.65
	O 6	1.85	4.80	0.00	6.65	−0.65
	O 11	1.85	4.77	0.00	6.62	−0.62
	O 13	1.85	4.76	0.00	6.61	−0.61
	O 17	1.85	4.76	0.00	6.61	−0.61
	O 27	1.85	4.79	0.00	6.64	−0.64
	Fe 1	0.39	0.42	6.47	7.28	0.72
	Fe 3	0.40	0.43	6.47	7.30	0.70
	Fe 5	0.40	0.43	6.47	7.30	0.70
	Fe 6	0.39	0.42	6.47	7.28	0.72
	Fe 10	0.40	0.43	6.46	7.29	0.71
	Fe 14	0.39	0.43	6.47	7.29	0.71
	Zn 6	0.24	0.66	9.96	10.86	1.14
	Zn 7	0.24	0.66	9.96	10.86	1.14
	Zn 8	0.24	0.66	9.96	10.86	1.14

铁酸锌基电极材料
及储锂性能

表 2-15 锰取代铁的铁酸锌中与 Mn 原子相邻的键的 Mulliken 重叠布居

（对应的原子序号见图 2-28）

材料	键种类	布居数	键长/Å
$Zn_8Fe_{16}O_{32}$	O—Zn	0.39	1.981
	O—Fe	0.35	1.958
$Zn_8MnFe_{15}O_{32}$	O 1—Mn	0.27	2.044
	O 6—Mn	0.27	2.043
	O 11—Mn	0.32	1.973
	O 13—Mn	0.29	1.949
	O 17—Mn	0.29	1.949
	O 27—Mn	0.29	2.021
	O 1—Fe 6	0.31	1.988
	O 1—Fe 10	0.31	1.985
	O 6—Fe 1	0.31	1.988
	O 6—Fe 10	0.31	1.985
	O 11—Fe 1	0.31	1.941
	O 11—Fe 6	0.31	1.941
	O 13—Fe 3	0.32	1.958
	O 13—Fe 14	0.31	1.929
	O 17—Fe 5	0.32	1.958
	O 17—Fe 14	0.31	1.929
	O 27—Fe 3	0.31	1.986
	O 27—Fe 5	0.31	1.986
	O 1—Zn 6	0.45	1.962
	O 6—Zn 8	0.45	1.962
	O 11—Zn 7	0.38	2.005

（4）差分电荷密度 图 2-29 给出了锰取代锌的铁酸锌的差分电荷密度图，图中红色和蓝色区域分别代表电荷得与失的空间分布。从图 2-29 可以看出：Fe 原子和 Mn 原子经过所切平面的差分电子密度图为花瓣型，这是典型的 d 轨道特性；Zn 原子经过所切平面的差分电荷密度图为三角形，是典型的 sp^3 杂化轨道特性；O 原子在所切截面上的差分电子密度图类似于三角形。Mn 原子和 Fe 原子附近都有明显电子缺失区，O 原子周围有明显的电子富集区，说明 Mn 原子和 Fe 原子带正电荷，O 原子带负电荷。与 Fe—O 键相比，Mn—O 键之间的共有电子密度有所

降低，这表明 Mn—O 键的共价键特性比 Fe—O 键低。这与上文的 Mulliken 原子电荷布居和重叠布居分析一致。

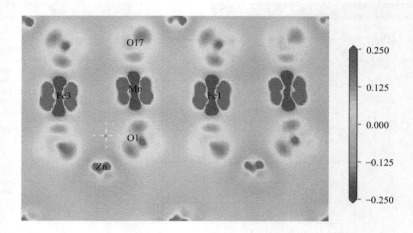

图 2-29　锰取代铁的铁酸锌的差分电荷密度图

2.7

钼取代铁的铁酸锌的晶格和电子结构

用一个 Mo 原子取代正尖晶石型铁酸锌晶胞（$Zn_8Fe_{16}O_{32}$）中的一个 Fe 原子，构建钼取代铁的铁酸锌晶胞（$Zn_8MoFe_{15}O_{32}$）模型，如图 2-30 所示。钼的取代浓度为 1.79%（原子分数）。计算方法和相关设置同 2.2 节。计算中 O 原子、Zn 原子、Fe 原子和 Mo 原子的价电子构型分别为 O $2s^2 2p^4$、Zn $3d^{10}4s^2$、Fe $3d^6 4s^2$ 和 Mo $4s^2 4p^6 4d^5 5s^1$。

（1）晶格结构　按照 2.2 节的计算方法对钼取代铁的铁酸锌的晶胞模型（$Zn_8MoFe_{15}O_{32}$）进行几何优化，优化后所得的晶格参数如表 2-16 所示，为了方便对比，表中列出了理想铁酸锌（$Zn_8Fe_{16}O_{32}$）优化后的晶胞参数。从表 2-16 可以看出，钼取代铁后晶格参数 a、b 和 c 均明显增大，因此晶胞体积明显增大，大约增大了 0.4%。这是因为 Mo^{3+} 半径为 0.69Å，大于 Fe^{3+} 半径（0.65Å），所以当 Mo^{3+} 离子进入到铁酸锌晶格中，晶胞会膨胀。除此之外，钼取代铁后，α、β 和 γ 角也发生了明显变化，说明晶胞发生了变形。按照式（2-1）计算得到钼取代铁的铁酸锌的形成

铁酸锌基电极材料
及储锂性能

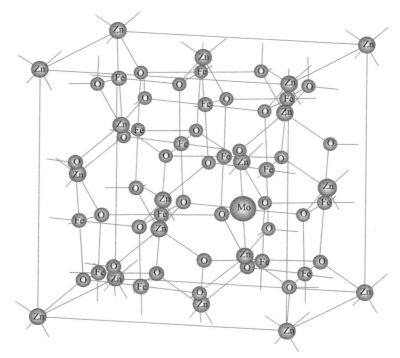

图 2-30　钼取代铁的铁酸锌晶胞（$Zn_8MoFe_{15}O_{32}$）模型

能为 $\Delta E=-5.11eV$，表明在通常情况下，钼取代铁的铁酸锌能够形成。

表 2-16　$Zn_8Fe_{16}O_{32}$ 和 $Zn_8MoFe_{15}O_{32}$ 的晶格参数

材料	晶胞参数/Å			键角/(°)			晶胞体积/Å³
	a	b	c	α	β	γ	
$Zn_8Fe_{16}O_{32}$	8.255	8.255	8.255	90	90	90	562.47
$Zn_8MoFe_{15}O_{32}$	8.267	8.265	8.268	89.14	90.85	89.14	564.68

　　（2）能带结构　图 2-31 是钼取代铁的铁酸锌的能带结构。从图中可以看出，钼取代铁的铁酸锌的导带底已经部分跨过费米能级，说明钼取代铁也导致铁酸锌由半导体属性变为金属属性。因此，钼取代铁的铁酸锌的导电性同样优于理想的铁酸锌。图 2-32 对比了理想铁酸锌（$Zn_8Fe_{16}O_{32}$）和钼取代铁的铁酸锌（$Zn_8MoFe_{15}O_{32}$）的总态密度（TDOS）图。图中的虚线代表费米能级的位置在 0eV。从图 2-32 可以看出，钼取代铁导致了总态密度向低能水平移动，且态密度的峰值明显降低。这一结果表明，钼取代铁的铁酸锌的稳定性增加、价电子的能量降低。另外，钼取代铁后在 -36eV 附近出现了钼杂质能级。图 2-33 是钼取代铁

的铁酸锌中各原子的分态密度（PDOS）图和总态密度（TDOS）图。从图 2-33（a）可以看出，Mo 原子的态密度主要由 Mo 4d 和 Mo 4p 态贡献，费米能级附近的态密度峰较小且主要由 Mo 4d 态贡献。从图 2-33（b）可以看出，O 原子的态密度主要由 O 2s 态和 O 2p 态贡献，费米能级附近的态密度主要由 O 2p 态贡献。从图 2-33（c）可以看出，Zn 原子的态密度主要由 Zn 3d 态贡献，主要分布在 $-8 \sim -2\text{eV}$，费米能级附近的态密度峰极小。从图 2-33（d）可以看出，Fe 原子的态密度主要由 Fe 3d 态贡献，主要分布在 $-8 \sim 2\text{eV}$，跨过费米能级，所以费米能级附近态密度峰主要由 Fe 3d 态贡献且较大。另外，可以发现 Fe 3d 态与 O 2p 态在费米能级附近有明显的重叠，这表明 Fe 原子和 O 原子之间存在较强的键的作用。

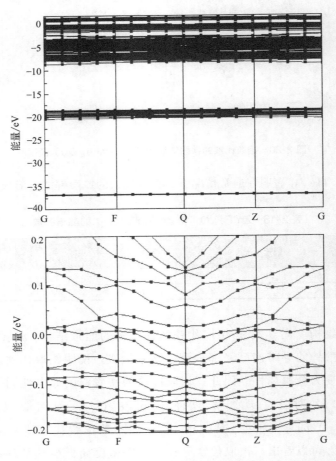

图 2-31　钼取代铁的铁酸锌（$Zn_8MoFe_{15}O_{32}$）的能带结构

铁酸锌基电极材料
及储锂性能

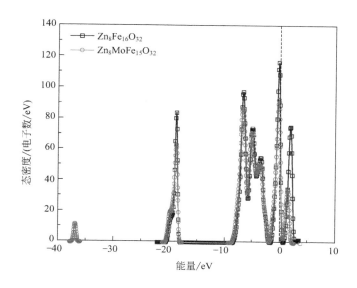

图 2-32　理想铁酸锌（$Zn_8Fe_{16}O_{32}$）与钼取代铁的铁酸锌（$Zn_8MoFe_{15}O_{32}$）的总态密度图对比

（3）布居分析　表 2-17 给出了钼取代铁的铁酸锌（$Zn_8MoFe_{15}O_{32}$）中 Mo 原子及其相邻原子的 Mulliken 原子电荷布居分析结果，相应的原子序号见图 2-34。为了方便进行对比，表中也列出了理想铁酸锌（$Zn_8Fe_{16}O_{32}$）的 Mulliken 原子电荷布居数。从表 2-17 可以看出，钼取代铁的铁酸锌经结构优化以后，Mo 原子的价电子构型由 Mo $4s^2 4p^6 4d^5 5s^1$ 变为 Mo $4s^{2.52} 4p^{6.41} 4d^{4.24}$，定域在 Mo 原子的电子总数为 13.17，为电子的给体，所带电荷为 $+0.83e$，主要失去 4d 和 5s 轨道上的电子，4s 和 4p 轨道得到电子，且其所带的正电荷明显高于被取代的铁原子所带的正电荷。对比理想铁酸锌中 O 原子、Fe 原子和 Zn 原子的 Mulliken 原子电荷布居，Mo 取代铁使得 Mo 原子周围部分 O 原子所带的负电荷数增大，部分 O 原子所带的负电荷数减少，电荷的变化主要是 O 2p 轨道电荷分配不同引起的；Mo 原子周围与 O 原子相连的 Fe 原子所带正电荷数降低，且各轨道电荷的得失情况略有变化；Mo 取代铁使 Mo 原子周围与 O 原子相连的 Zn 原子所带的正电荷数增加，且主要是 Zn 4s 轨道电荷分配降低引起的。计算还发现，钼取代铁对 $Zn_8MoFe_{15}O_{32}$ 晶胞中其他部分 Fe 原子的 Mulliken 原子电荷布居有一定影响，如部分 Fe 原子所带的电荷数略微减小，从 $0.74e$ 变为 $0.72e$。表 2-18 给出了钼取代铁的铁酸锌中与 Mo 原子相邻的键的 Mulliken 重叠布居和键长，原子序号见图 2-34。为了方便对比，

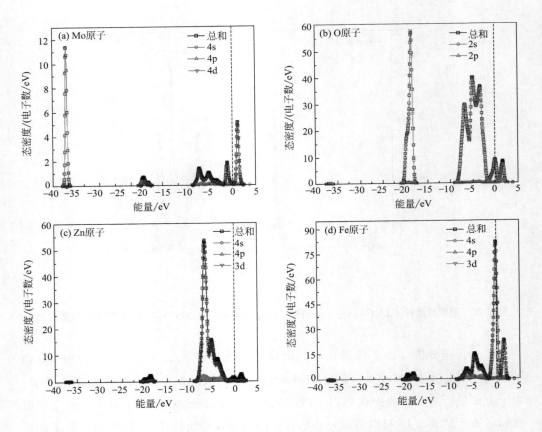

图 2-33 钼取代铁的铁酸锌中各原子的分态密度（PDOS）图和总态密度（TDOS）图

表中也给出了理想 $ZnFe_2O_4$ 中 Zn—O 键和 Fe—O 键的 Mulliken 布居数和键长。从表 2-18 可以看出，钼取代铁的铁酸锌（$Zn_8MoFe_{15}O_{32}$）中一个 Mo 原子与六个 O 原子相连，形成六个 O—Mo 键，其中三个 O—Mo 键 Mulliken 布居数为 0.43，键长为 1.971Å，另外三个 O—Mo 键 Mulliken 布居数为 0.39，键长为 2.087Å，它们均比理想铁酸锌（$Zn_8Fe_{16}O_{32}$）中 O—Fe 键的布居数（0.35）要大，键长（1.958Å）要长。这些结果说明 O—Mo 键的强度较理想铁酸锌中 O—Fe 的强度强。从表 2-18 还可以看出，钼取代铁后 Mo 原子周围的 O—Fe 和 O—Zn 键的布居明显减小，键长变长。说明钼取代铁以后，Mo 原子周围 O—Fe 和 O—Zn 键的强度被削弱。

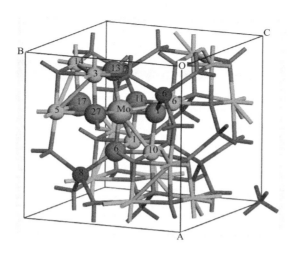

图 2-34　钼取代铁的铁酸锌中与钼原子相邻的原子序号

表 2-17　钼取代铁的铁酸锌中 Mo 原子及其相邻原子的 Mulliken 原子电荷布居分析

（对应的原子序数见图 2-34）

材料	原子	s	p	d	电子总数	电荷/e
$Zn_8Fe_{16}O_{32}$	O	1.85	4.80	0.00	6.65	−0.65
	Zn	0.29	0.67	9.96	10.92	1.08
	Fe	0.39	0.40	6.45	7.24	0.76
$Zn_8MoFe_{15}O_{32}$	Mo	2.52	6.41	4.24	13.17	0.83
	O 1	1.86	4.76	0.00	6.62	−0.62
	O 6	1.86	4.76	0.00	6.62	−0.62
	O 11	1.86	4.76	0.00	6.62	−0.62
	O 13	1.85	4.83	0.00	6.68	−0.68
	O 17	1.85	4.83	0.00	6.68	−0.68
	O 27	1.85	4.83	0.00	6.68	−0.68
	Fe 1	0.37	0.38	6.51	7.26	0.74
	Fe 3	0.39	0.40	6.47	7.26	0.74
	Fe 5	0.39	0.40	6.47	7.26	0.74
	Fe 6	0.37	0.38	6.51	7.26	0.74
	Fe 10	0.37	0.38	6.51	7.26	0.74
	Fe 14	0.39	0.40	6.47	7.26	0.74
	Zn 6	0.24	0.66	9.96	10.86	1.14
	Zn 7	0.24	0.66	9.96	10.86	1.14
	Zn 8	0.24	0.66	9.96	10.86	1.14

表 2-18　钼取代铁的铁酸锌中与 Mo 原子相邻的键的 Mulliken 重叠布居和键长
（对应的原子序号见图 2-34）

材料	键种类	布居数	键长/Å
$Zn_8Fe_{16}O_{32}$	O—Zn	0.39	1.981
	O—Fe	0.35	1.958
$Zn_7MoFe_{16}O_{32}$	O 1—Mo	0.43	1.971
	O 6—Mo	0.43	1.971
	O 11—Mo	0.43	1.971
	O 13—Mo	0.39	2.087
	O 17—Mo	0.39	2.087
	O 27—Mo	0.39	2.087
	O 1—Fe 6	0.24	1.973
	O 1—Fe 10	0.24	1.973
	O 6—Fe 1	0.24	1.973
	O 6—Fe 10	0.24	1.973
	O 11—Fe 1	0.24	1.973
	O 11—Fe 6	0.24	1.973
	O 13—Fe 3	0.27	1.991
	O 13—Fe 14	0.27	1.990
	O 17—Fe 5	0.27	1.991
	O 17—Fe 14	0.27	1.991
	O 27—Fe 3	0.27	1.991
	O 27—Fe 5	0.28	1.990
	O 1—Zn 6	0.34	2.013
	O 6—Zn 8	0.34	2.013
	O 11—Zn 7	0.34	2.013

（4）差分电荷密度　图 2-35 给出了钼取代铁的铁酸锌的差分电荷密度图，图中红色和蓝色区域分别代表电荷得与失的空间分布。从图 2-35 可以看出，Fe 原子和 Mo 原子经过所切平面的差分电子密度图为花瓣型，这是典型的 d 轨道特性；Zn 原子经过所切平面的差分电荷密度图为三角形，是典型的 sp^3 杂化轨道特性；O 原子在所切截面上的差分电子密度图类似于三角形。Mo 原子和 Fe 原子附近都有明显电子缺失区，O 原子周围有明显的电子富集区，说明 Mo 原子和 Fe 原子带正电荷，O 原子带负电荷。与 Fe—O 键相比，Mo—O 键之间的共有电子密度有所增加，这表明 Mo—O 键的共价键特性比 Fe—O 键要高。这与上文的 Mulliken 原子电荷布居和重叠布居分析一致。

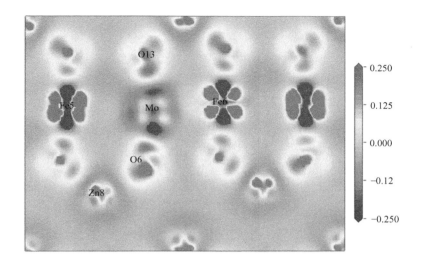

图 2-35　钼取代铁的铁酸锌的差分电荷密度图

2.8

钴取代铁的铁酸锌的晶格和电子结构

用一个 Co 原子取代正尖晶石型铁酸锌晶胞（$Zn_8Fe_{16}O_{32}$）中的一个 Fe 原子，构建钴取代铁的铁酸锌晶胞（$Zn_8CoFe_{15}O_{32}$）模型，如图 2-36 所示。钴的取代浓度为 1.79%（原子分数）。计算方法同 2.2。计算中 O 原子、Zn 原子、Fe 原子和 Co 原子的价电子构型分别为 O $2s^2 2p^4$、Zn $3d^{10} 4s^2$、Fe $3d^6 4s^2$ 和 Co $3d^7 4s^2$。

（1）晶格结构　按照 2.2 的计算方法对钴取代铁的铁酸锌的晶胞模型（$Zn_8CoFe_{15}O_{32}$）进行了几何优化，优化后所得的晶格参数如表 2-19 所示，为了方便对比，表中也列出了理想铁酸锌（$Zn_8Fe_{16}O_{32}$）优化后的晶胞参数。从表 2-19 可以看出：钴取代铁后晶格参数 a 明显增大，b 和 c 明显变小；晶胞体积缩小了 0.79%。除此之外，钴取代铁后，α、β 和 γ 值略微发生了变化，说明晶胞发生了轻微变形。按照式 2-1 计算得到钴取代铁的铁酸锌的形成能 $\Delta E = -0.01eV$，从理论上分析钴取代铁的铁酸锌能够形成，但其比钼取代铁和锰取代铁的铁酸锌更难形成。

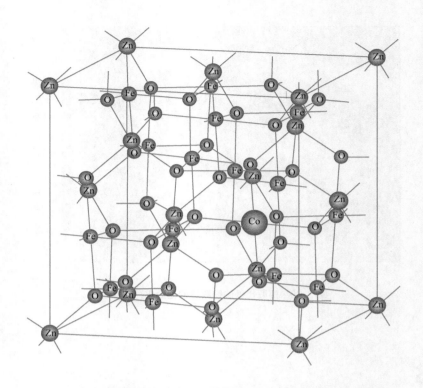

图 2-36 钴取代铁的铁酸锌晶胞（$Zn_8CoFe_{15}O_{32}$）模型

表 2-19 $Zn_8Fe_{16}O_{32}$ 和 $Zn_8CoFe_{15}O_{32}$ 的晶格参数

材料	晶胞参数/Å			键角/(°)			晶胞体积/Å³
	a	b	c	α	β	γ	
$Zn_8Fe_{16}O_{32}$	8.255	8.255	8.255	90	90	90	562.47
$Zn_8CoFe_{15}O_{32}$	8.525	8.090	8.091	90.55	89.98	90.01	558.01

（2）能带结构　图 2-37 是钴取代铁的铁酸锌的能带结构。从图 2-37 可以看出，钴取代铁的铁酸锌的导带底也已经部分跨过费米能级，说明钴取代铁后也使铁酸锌由半导体属性变为金属属性。所以钴取代铁的铁酸锌的导电性要优于理想的铁酸锌。图 2-38 对比了理想铁酸锌（$Zn_8Fe_{16}O_{32}$）和钴取代铁的铁酸锌（$Zn_8CoFe_{15}O_{32}$）的总态密度（TDOS）图。图中的虚线代表费米能级的位置在 0eV。从图 2-38 可以看出，钴取代铁导致了总态密度轻微地向低能量水平移动，且态密度的峰值也明显降低。这一结果表明，钴取代铁的铁酸锌较理想铁酸锌更稳定、价电子能量更低。图 2-39 是钴取代铁的铁酸锌中各原子的分态密度

铁酸锌基电极材料
及储锂性能

（PDOS）图和总态密度（TDOS）图。从图 2-39(a)可以看出，Co 原子的态密度主要由 Co 3d 态贡献，其主要分布在 $-8 \sim 2eV$，费米能级附近的态密度峰也主要由 Co 3d 态贡献。从图 2-39(b)可以看出，O 原子的态密度主要由 O 2s 态和 O 2p 态贡献，其中 $-22 \sim -18eV$ 范围内的态密度峰全部由 O 2s 态贡献，费米能级周围（$-9 \sim 2eV$）的态密度全部由 O 2p 态贡献。对比图 2-39(a)和（b）可知，Co 3d 态和 O 2p 态在费米能级附近存在一定的重叠，说明 Co 原子和 O 原子之间存在键的作用。从图 2-39(c)可以看出，Zn 原子的态密度主要由 Zn 3d 态贡献，主要分布在 $-8 \sim -2eV$，费米能级附近的态密度峰极小，主要由 Zn 4p 态贡献。从图 2-39(d)可以看出，Fe 原子的态密度主要由 Fe 3d 态贡献，主要分布在 $-8 \sim 2eV$，费米能级附近态密度峰较大且主要由 Fe 3d 态贡献，Fe 3d 态与 O 2p 态在费米能级附近有明显的重叠，这表明 Fe 原子和 O 原子之间也存在较强的键的作用。

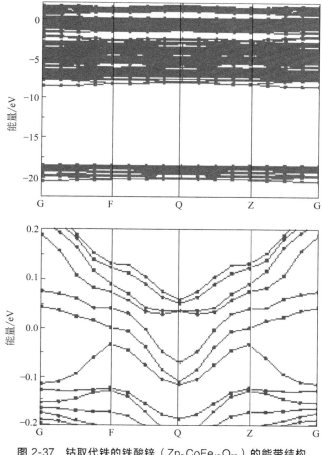

图 2-37　钴取代铁的铁酸锌（$Zn_8CoFe_{15}O_{32}$）的能带结构

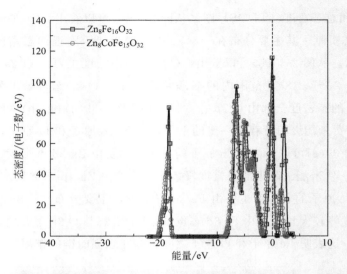

图2-38 理想铁酸锌（$Zn_8Fe_{16}O_{32}$）与钴取代铁的铁酸锌（$Zn_8CoFe_{15}O_{32}$）的总密度图比较

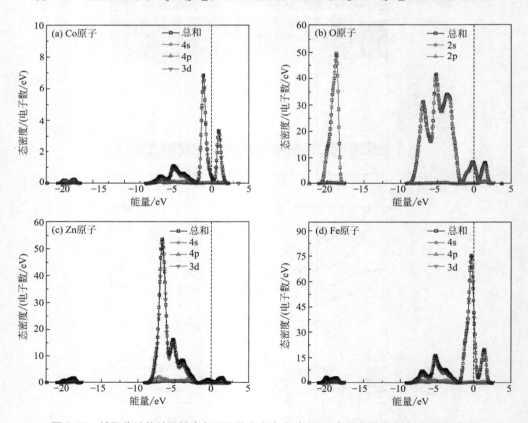

图2-39 钴取代铁的铁酸锌中各原子的分态密度（PDOS）图和总态密度（TDOS）图

铁酸锌基电极材料
及储锂性能

（3）布居分析　表 2-20 给出了钴取代铁的铁酸锌（$Zn_8CoFe_{15}O_{32}$）中 Co 原子及其相邻原子的 Mulliken 原子电荷布居分析结果，相应的原子序号见图 2-40。为了方便进行对比，表中也列出了理想铁酸锌（$Zn_8Fe_{16}O_{32}$）的 Mulliken 原子电荷布居数。从表 2-20 可以看出，钴取代铁的铁酸锌经结构优化以后，Co 原子的价电子构型由 Co $3d^7 4s^2$ 变为 Co $3d^{7.42} 4s^{0.43} 4p^{0.41}$，定域在 Co 原子的电子总数为 8.26，为电子的给体，所带电荷为 $+0.74e$，主要失去 4s 轨道上的电子，3d 和 4p 轨道得到电子。与理想的铁酸锌中 O 原子、Fe 原子和 Zn 原子的 Mulliken 原子电荷布居相比，Co 取代铁对其周围 O 原子的 Mulliken 原子电荷布居影响较小，仅有极少 O 原子所带负电荷略微变化；Co 取代铁对 Co 原子周围的 Fe 原子 s、p、d 轨道电子分布都有所影响，从而使其所带的正电荷数降低；Co 取代铁使 Co 原子周围 Zn 原子 s、p 轨道电子分布减少，导致 Zn 原子所带的正电荷数增加。表 2-21 给出了钴取代铁的铁酸锌中与 Co 原子相邻键的 Mulliken 重叠布居和键长，原子序号见图 2-40。为了方便对比，表中也给出了理想 $ZnFe_2O_4$ 中 Zn—O 键和 Fe—O 键的 Mulliken 布居数和键长。从表 2-21 可以看出，在钴取代铁的铁酸锌（$Zn_8CoFe_{15}O_{32}$）中，各 O—Co 键的 Mulliken 布居数明显低于理想铁酸锌（$Zn_8Fe_{16}O_{32}$）中 O—Fe 键的布居数，说明 O—Co 键的强度较理想铁酸锌中 O—Fe 键要弱，但仍表现出共价键特性；O—Co 键的键长较理想铁酸锌中 O—Fe 键的

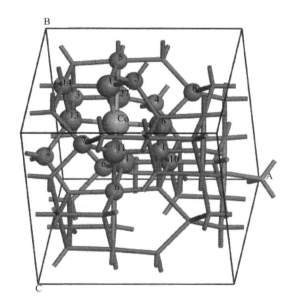

图 2-40　钴取代铁的铁酸锌中与钴原子相邻的原子序号

键长要长。除此之外，钴取代铁后 Co 原子周围的 O—Fe 键的布居数均明显减小，这说明钴取代铁以后，Co 原子周围的 O—Fe 强度被削弱。钴取代铁对其 O—Zn 键的强度和键长也有明显的影响，部分 O—Zn 键强度变强而部分变弱。O—Fe 键和 O—Zn 键的键长变化没有一致的规律性，有的变长有的变短。说明钴取代铁后，晶胞整体的对称性变差。

表 2-20 钴取代铁的铁酸锌中 Co 原子及其相邻原子的 Mulliken 原子电荷布居分析
（对应的原子序号见图 2-40）

材料	原子	s	p	d	电子总数	电荷/e
$Zn_8Fe_{16}O_{32}$	O	1.85	4.80	0.00	6.65	−0.65
	Zn	0.29	0.67	9.96	10.92	1.08
	Fe	0.39	0.40	6.45	7.24	0.76
$Zn_8CoFe_{15}O_{32}$	Co	0.43	0.41	7.42	8.26	0.74
	O 1	1.85	4.80	0.00	6.65	−0.65
	O 6	1.86	4.78	0.00	6.64	−0.66
	O 11	1.85	4.80	0.00	6.65	−0.65
	O 13	1.85	4.80	0.00	6.65	−0.65
	O 17	1.85	4.80	0.00	6.65	−0.65
	O 27	1.85	4.80	0.00	6.65	−0.65
	Fe 1	0.40	0.42	6.46	7.28	0.72
	Fe 3	0.40	0.43	6.46	7.29	0.71
	Fe 5	0.40	0.40	6.45	7.25	0.75
	Fe 6	0.40	0.42	6.46	7.28	0.72
	Fe 10	0.40	0.42	6.46	7.28	0.72
	Fe 14	0.40	0.43	6.46	7.29	0.71
	Zn 2	0.24	0.66	9.96	10.86	1.14
	Zn 3	0.24	0.66	9.96	10.86	1.14
	Zn 4	0.24	0.66	9.96	10.86	1.14
	Zn 6	0.24	0.66	9.96	10.86	1.14
	Zn 7	0.24	0.66	9.96	10.86	1.14
	Zn 8	0.25	0.66	9.96	10.87	1.13

表 2-21 钴取代铁的铁酸锌中与 Co 原子相邻键的 Mulliken 重叠布居和键长
（对应的原子序号见图 2-40）

材料	键种类	布居数	键长/Å
$Zn_8Fe_{16}O_{32}$	O—Zn	0.39	1.981
	O—Fe	0.35	1.958
$Zn_8CoFe_{15}O_{32}$	O 1—Co	0.29	1.970
	O 6—Co	0.30	1.965
	O 11—Co	0.29	1.970
	O 13—Co	0.29	1.974

材料	键种类	布居数	键长/Å
Zn₈CoFe₁₅O₃₂	O 17—Co	0.28	1.971
	O 27—Co	0.28	1.971
	O 1—Fe 6	0.31	1.978
	O 1—Fe 10	0.32	1.980
	O 6—Fe 1	0.32	1.918
	O 6—Fe 10	0.32	1.918
	O 11—Fe 1	0.32	1.980
	O 11—Fe 6	0.31	1.978
	O 13—Fe 3	0.31	1.982
	O 13—Fe 14	0.31	1.982
	O 17—Fe 5	0.33	1.934
	O 17—Fe 14	0.33	1.965
	O 27—Fe 3	0.33	1.965
	O 27—Fe 5	0.33	1.934
	O 1—Zn 6	0.44	1.958
	O 6—Zn 8	0.37	2.015
	O 11—Zn 7	0.44	1.958
	O 13—Zn 2	0.43	1.969
	O 17—Zn 3	0.39	1.990
	O 27—Zn 4	0.39	1.990

（4）差分电荷密度　图 2-41 给出了钴取代铁的铁酸锌的差分电荷密度图，图

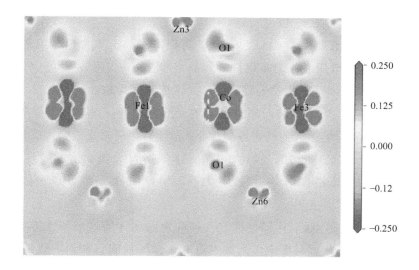

图 2-41　钴取代铁的铁酸锌的差分电荷密度图

中红色和蓝色区域分别代表电荷得与失的空间分布。从图 2-41 可以看出，Fe 原子和 Co 原子经过所切平面的差分电子密度图为花瓣型，这是典型的 d 轨道特性；Zn 原子经过所切平面的差分电荷密度图为三角形，是典型的 sp^3 杂化轨道特性；O 原子在所切截面上的差分电子密度图类似于三角形。Co 原子和 Fe 原子附近都有明显电子缺失区，O 原子周围有明显的电子富集区，说明 Co 原子和 Fe 原子带正电荷，O 原子带负电荷。与 Fe—O 键相比，Co—O 键之间的共有电子密度有所降低，这表明 Co—O 键的共价键特性比 Fe—O 键低。这与上文的 Mulliken 原子电荷布居和重叠布居分析相一致。

2.9
总结

本章利用第一性原理计算分别研究了铁酸锌，金属原子 Mn、Cu、Ni 取代铁酸锌晶胞中一个 Zn 原子，以及金属原子 Mn、Mo、Co 取代铁酸锌晶胞中一个 Fe 原子，对铁酸锌晶格结构和电子结构的影响。研究发现：

① 正尖晶石型铁酸锌具有半导体属性。铁酸锌稳定好的主要原因是四面体内部存在着百分率较高的 Zn—O 共价键。

② 锰取代锌导致晶格参数 a、b 明显变小，c 明显增大，晶胞体积缩小了 1.2%，晶胞发生轻微变形；铜取代锌导致晶格参数 a、c 明显变小，b 明显增大，晶胞体积缩小了 1.4%，晶胞发生轻微变形；镍取代锌导致晶格参数 a、b、c 略微变小，晶胞体积缩小了 0.47%，晶胞未发生变形。另外，锰取代铁导致晶格参数 a、b 明显变小，c 明显增大，晶胞体积缩小了 0.8%，晶胞发生轻微变形；钼取代铁导致晶格参数 a、b、c 均明显增大，晶胞体积扩大了 0.4%，晶胞发生轻微变形；钴取代铁导致晶格参数 a 明显增大，b 和 c 明显变小，晶胞体积缩小了 0.79%，晶胞发生轻微变形。

③ 在通常条件下，锰取代锌、铜取代锌和镍取代锌的铁酸锌很容易形成，其中锰取代锌的铁酸锌最容易形成，其次为镍取代锌的铁酸锌和铜取代锌的铁酸锌；在通常条件下，锰取代铁、钼取代铁和钴取代铁的铁酸锌也能够形成，它们的形成由难到易为：钴取代铁＞锰取代铁＞钼取代铁的铁酸锌。

④ 能带结构与态密度研究发现：锰取代锌、铜取代锌、镍取代锌、锰取代铁、

钼取代铁和钴取代铁均导致了铁酸锌由半导体属性变为金属属性。分态密度研究发现：Mn、Fe、Cu、Co 原子在费米能级附近的态密度主要由其 3d 态贡献，Ni 原子在费米能级附近的态密度主要由其 3d 和 4p 态贡献，Mo 原子在费米能级附近的态密度峰主要由其 4d 态贡献；O 原子在费米能级附近的态密度全部由其 2p 态贡献；Zn 原子在费米能级附近的态密度主要由其 4p 态贡献且很小；Mn、Cu、Ni、Co、Fe 的 3d 态和 Mo 的 4d 态都与 O 的 2p 态在费米能级附近存在重叠，说明 Mn 原子、Cu 原子、Ni 原子、Co 原子、Fe 原子、Mo 原子都与 O 原子存在一定的键合作用。

⑤ Mn 取代锌使得 Mn 原子周围的 O 原子和 Fe 原子所带电荷数明显降低；Cu 取代锌使得 Cu 原子周围的 O 原子所带的负电荷数减少，Fe 原子所带电荷数增加，只是各轨道电荷的得失情况略微变化；Ni 取代锌使得 Ni 原子周围的 O 原子所带的负电荷数减少，对周围 Fe 原子所带电荷数及各轨道电荷的得失情况影响非常小。Mn 取代铁使得 Mn 原子周围部分 O 原子所带负电荷减少，与 O 原子相连的 Fe 原子所带正电荷数减少，对与 O 原子相连的 Zn 原子所带正电荷数增加。Mo 取代铁使得 Mo 原子周围部分 O 原子所带的负电荷数增加，部分 O 原子所带的负电荷数减少；与 O 原子相连的 Fe 原子所带电荷数减少，Zn 原子所带电荷数增加。Co 取代铁对其周围 O 原子的 Mulliken 原子电荷布居影响较小，仅有极少 O 原子所带负电荷略微变化；与 O 原子相连的 Fe 原子所带的电荷数降低；Co 取代铁使其周围 Zn 原子所带电荷数增加。

⑥ 锰取代锌的铁酸锌中 O—Mn 键较理想铁酸锌中 O—Zn 键的共价性更强；锰取代锌后 Mn 原子周围的 O—Fe 键的强度被削弱。铜取代锌的铁酸锌中两个 O—Cu 键的强度与理想铁酸锌中 O—Zn 键相同，而另外两个 O—Cu 键的强度较 O—Zn 键的强度要弱，O—Cu 键的键长较 O—Zn 键的键长要长；铜取代锌后 Cu 原子周围的 O—Fe 键的强度被削弱，几何对称性变差。镍取代锌的铁酸锌中 O—Ni 键强度较理想铁酸锌中 O—Zn 键略弱，O—Ni 键的键长较 O—Zn 键的键长要短；镍取代锌后 Ni 原子周围的 O—Fe 键的强度被削弱，键长变短。锰取代铁的铁酸锌中 O—Mn 键较理想铁酸锌中 O—Fe 键的强度弱，但仍表现为共价键特性；锰取代铁后 Mn 原子周围的 O—Fe 键的强度被削弱，部分 O—Zn 键的强度显著增强，部分 O—Zn 键的强度轻微变弱，锰取代铁导致晶胞变形较为严重，对称性显著下降。钼取代铁的铁酸锌中 O—Mo 键的强度较理想铁酸锌中 O—Fe 的强度强；钼取代铁后 Mo 原子周围的 O—Fe 和 O—Zn 键的强度被削弱，键长变长。钴取代铁的铁酸锌中，O—Co 键的强度较理想铁酸锌中 O—Fe 键要弱，但仍表现出共价键特性，O—Co 键的键长较 O—Zn 键的键长要长；钴取代铁后 Co 原子周围的

O—Fe 键的强度被削弱，部分 O—Zn 键的强度也被削弱，但部分 O—Zn 键的强度增强；钴取代铁后晶胞整体的对称性变差。

参考文献

[1] Martin R M. Electronic structure: basic theory and practical methods [M]. Cambridge: Cambridge University Press，2004.

[2] 徐光宪，黎乐民，王德民. 量子化学: 基本原理和从头计算法（上册）[M]. 2 版. 北京: 科学出版社，2007.

[3] Szabo A，Ostlund N S. Modern quantum chemistry: introduction to advanced electronic structure theory [M]. New York: Dover Publications，2000.

[4] Sholl D，Steckel J A. Density functional theory: a practical introduction [M]. Hoboken: John Wiley & Sons，2009.

[5] Zhang C，Jia Y，Jing Y，et al. DFT study on electronic structure and optical properties of N-doped, S-doped，and N/S co-doped $SrTiO_3$ [J]. Physica B: Condensed Matter，2012，407（24）: 4649-4654.

[6] Xie H Q，Zeng Y，Huang W Q，et al. First-principles study on electronic and optical properties of La-doped ZnS [J]. International Journal of Physical Sciences，2010，5（17）: 2672-2678.

[7] Liu Q J，Liu Z T，Gao Q Q，et al. The doping effect of N substituting for different atoms in orthorhombic $SrHfO_3$ [J]. Journal of Materials Science，2012，47（7）: 3046-3051.

[8] Guo M，Du J. First-principles study of electronic structures and optical properties of Cu，Ag，and Au-doped anatase TiO_2 [J]. Physica B: Condensed Matter，2012，407（6）: 1003-1007.

[9] Wang L，Zhang L W，Li J J，et al. First-principles study of doping in $LiMnPO_4$ [J]. International Journal of Electrochemical Science，2012，7: 3362-3370.

[10] 伊廷锋，朱彦荣，诸荣孙，等. 锂离子电池镍掺杂尖晶石 $LiMn_2O_4$ 正极材料的电子结构 [J]. 无机化学学报，2008，24（10）: 1576-1581.

[11] Braithwaite J S，Catlow C R A，Gale J D，et al. Calculated cell discharge curve for lithium batteries with a V_2O_5 cathode [J]. Journal of Materials Chemistry，2000，10（2）: 239-240.

[12] Segall M D，Lindan P J D，Probert M J，et al. First-principles simulation: ideas, illustrations and the CASTEP code [J]. Journal of Physics: Condensed Matter，2002，14（11）: 2717-2744.

[13] Clark S J，Segall M D，Pickard C J，et al. First principles methods using CASTEP. Zeitschrift für Kristallographie-Crystalline Materials [J]. 2005，220（5/6）: 567-570.

[14] Vanderbilt D. Soft self-consistent pseudopotentials in a generalized eigenvalue formalism [J]. Physical Review B，1990，41（11）: 7892-7895.

[15] Milman V，Winkler B，White J A，et al. Electronic structure，properties，and phase stability of inorganic crystals: a pseudopotential plane-wave study [J]. International Journal of Quantum Chemistry. 2000，77（5）: 895-910.

[16] Fischer T H，Almlof J. General methods for geometry and wave function optimization [J]. Journal of Physical Chemistry，1992，96（24）: 9768-9774.

[17] Chadi D J. Special points for Brillouin-zone integrations [J]. Physical Review B Condensed Matter，1977，16（4）: 5188-5192.

[18] Soliman S，Elfalaky A，Fecher G H，et al. Electronic structure calculations for $ZnFe_2O_4$ [J]. Physical Review B，2011，83（8）: 1020-1024.

[19] Pavese A，Hanfland M. Phase transition of synthetic zinc ferrite spinel（$ZnFe_2O_4$）at high pressure, from synchrotron X-ray powder diffraction [J]. Physics and Chemistry of Minerals，2000，27（9）: 638-644.

[20] 马琳琳. 尖晶石型软磁铁氧体电子结构及磁性质的第一性原理研究 [D]. 哈尔滨: 哈尔滨理工大学，2010.

[21] 马琳琳，姜久兴，谭昌龙，等. 尖晶石型锰锌铁氧体的电子结构和磁性的计算与实验研究

铁酸锌基电极材料
及储锂性能

［J］. 硅酸盐学报，2010，38（8）：1577-1581.

［22］ Flores A G，Raposo V，Torres L，et al. Two-magnon processes and ferrimagnetic line width calculation in manganese ferrite［J］. Physical Review B，1999，59（14）：9447-9453.

［23］ Baizaee S M，Mousavi N. First-principles study of the electronic and optical properties of rutile TiO_2［J］. Physica B：Condensed Matter，2009，404（16）：2111-2116.

［24］ Yu Q，Jin L，Zhou C. Ab initio study of electronic structures and absorption properties of pure and Fe^{3+} doped anatase TiO_2［J］. Solar Energy Materials & Solar Cells，2011，95（8）：2322-2326.

［25］ Anisimov V I，Aryasetiawan F，Lichtenstein A I. First-principles calculations of the electronic structure and spectra of strongly correlated systems：the LDA+ U method［J］. Journal of Physics：Condensed Matter，1997，9（4）：767-808.

［26］ 乔阳. ZnS 及其掺杂的第一性原理研究［D］. 烟台：山东大学，2010.

［27］ Mulliken R S. Electron population analysis on LCAO-MO molecular wave functions. I［J］. The Journal of Chemical Physics，2004，23（10）：1841-1846.

［28］ 曾小钦. 晶格缺陷对闪锌矿电子结构影响的第一性原理研究［D］. 南宁：广西大学，2009.

［29］ 彭海良. 常规湿法炼锌中铁酸锌的行为研究［J］. 湖南有色金属，2004，20（5）：20-22.

［30］ Wang D，Wang Y，Jiang T，et al. The preparation of M（M：Mn^{2+}，Cd^{2+}，Zn^{2+}）-doped CuO nanostructures via the hydrothermal method and their properties［J］. Journal of Materials Science Materials in Electronics，2016，27（2）：2138-2145.

［31］ Luo W，Wang J，Zhao X，et al. Formation energy and photoelectrochemical properties of $BiVO_4$ after doping at Bi^{3+} or V^{5-} sites with higher valence metal ions［J］. Physical Chemistry Chemical Physics，2013，15（3）：1006-1013.

［32］ Zhao Z，Luo W，Li Z，et al. Density functional theory study of doping effects in monoclinic clinobisvanite $BiVO_4$［J］. Physics Letters A，2010，374（48）：4919-4927.

［33］ Yao J，Li Y，Li X，et al. First-Principles Investigation on the electronic structure and stability of In-substituted $ZnFe_2O_4$［J］. Metallurgical & Materials Transactions A，2014，45（8）：3686-3693.

［34］ Liang Z，Ding Y，Jia J，et al. First-principle study of electronic structure and stability of $Sn_{0.5}Sb_{0.5}O_2$［J］. Physica B Condensed Matter，2011，406（11）：2266-2269.

［35］ Deng M M，Zou B K，Shao Y，et al. Comparative study of the electrochemical properties of $LiNi_{0.5}Mn_{1.5}O_4$ doped by bivalent ions（Cu^{2+}，Mg^{2+}，and Zn^{2+}）［J］. Journal of Solid State Electrochemistry，2017，21（6）：1733-1742.

第 3 章

均相沉淀法制备铁酸锌基电极材料及其储锂性能研究

1930 年中国学者唐宁康在 H. H. 威拉德实验室工作时发现，在酸性硫酸铝溶液中加入尿素并将溶液加热至沸腾，会缓慢生成体积小、密度大、杂质少的无定形碱式硫酸铝沉淀。在这个过程中，尿素首先在加热条件下分解，分解产生的氨会使溶液的 pH 值逐渐升高，同时释放出来的二氧化碳对溶液起到了搅拌作用，也可以防止液体飞溅，其分解反应式为：

$$CO(NH_2)_2 + H_2O \longrightarrow 2NH_3 + CO_2$$

1937 年威拉德和唐宁康将该方法称为均相沉淀法（homogeneous precipitation method）。均相沉淀是在均相溶液中，借助于适当的化学反应，有效控制构晶离子缓慢均匀地释放出来，使整个溶液中的沉淀反应处于平衡状态，且沉淀能在整个溶液中均匀出现。与一般沉淀操作不同，均相沉淀整个溶液是均匀的；而一般沉淀操作，沉淀剂与被沉淀物质接触的瞬间，在它们接触的位置往往会出现局部过浓现象。均相沉淀法在纳米氧化物功能材料的制备方面发挥着重要作用，特别是在高性能锂离子电池正负极材料的制备方面被广泛报道。表 3-1 和表 3-2 分别汇总了近十年来研究者利用均相沉淀法制备的高性能锂离子电池用正、负极材料。从调研的文献可以看出，系统研究均相沉淀法制备高性能铁酸锌基电极材料的研究还很少。为此，我们率先对利用均相沉淀法制备的铁酸锌、铁酸锌与碳复合电极材料以及氧化锌与铁酸锌复合电极材料进行了设计制备，并对其储锂性能和机理进行了较深入的研究。

表 3-1　利用均相沉淀法制备高性能锂离子电池用正极材料的研究

制备的样品	储锂性能	文献
球形橄榄石结构磷酸铁锂	在 0.5C 下，放电比容量为 124mA·h/g，25 圈后无明显衰减	[1]
球形 $Ni_{0.5}Co_{0.2}Mn_{0.3}O_2$	在 1C 下，放电比容量为 158.1mA·h/g，300 圈容量保持率为 84.3%	[2]
空心球形 $Li_{1.2}Mn_{0.54}Ni_{0.13}Co_{0.13}O_2$	在 0.1C 下，放电比容量为 286.4mA·h/g，50 圈比容量为 240.9mA·h/g	[3]
$LiFePO_4$/CNT（碳纳米管）/C 复合材料	在 1C 下，500 圈比容量为 126mA·h/g；在 10C 下，比容量为 119mA·h/g；	[4]
$(NH_4)_2V_6O_{16}$ 纳米棒	在 10mA/g 下，放电比容量高于 210mA·h/g	[5]
$FePO_4$ 介孔碳纳复合材料	在 0.1C、5C、10C 下，放电比容量分别为 156.6mA·h/g、82.6mA·h/g、67.9mA·h/g	[6]
Al_2O_3 膜包覆 $Li_{1/3}Co_{1/3}Mn_{1/3}O_2$	在 0.1C 下，放电比容量为 202.6mA·h/g；在 0.5C 下，100 圈容量保持率 92.1%	[7]

表 3-2　利用均相沉淀法制备高性能锂离子电池用负极材料的研究

制备的样品	储锂性能	文献
多孔纳米线 Co_3O_4 阵列	在 400mA/g 下，100 圈可逆比容量为 600mA·h/g	[8]
Fe_2O_3 纳米带/CNT 复合材料	在 100mA/g 下，放电比容量为 847.5mA·h/g，50 圈可逆比容量为 865.9mA·h/g；4A/g 下，具有 442.1mA·h/g 的可逆比容量	[9]
多孔 α-Fe_2O_3/C 纳米颗粒	在 0.2C、1C 和 2C 下循环 200 圈，可逆比容量分别为 1000mA·h/g、750mA·h/g 和 550mA·h/g	[10]
Fe_2O_3/石墨烯复合材料	在 100mA/g 下，首圈放电和充电比容量为 1600mA·h/g 和 1053mA·h/g，100 圈比容量为 893mA·h/g	[11]
分级花状氢氧化镍	在 1A/g 下，首圈放电比容量为 2031mA·h/g，50 圈比容量为 892mA·h/g	[12]
亚微米花生状 $MnCO_3$	在 0.5C 下，140 圈可逆比容量为 700mA·h/g；在 0.1C、0.2C、0.5C、1C、2C、5C 的放电比容量分别为 1047mA·h/g、1038mA·h/g、811mA·h/g、843mA·h/g、750mA·h/g、410mA·h/g	[13]

3.1

均相沉淀法制备纳米铁酸锌电极材料

按照以下方法制备 $ZnFe_2O_4$ 样品：

① 将摩尔比为 1∶2 的 $Zn(NO_3)_2·6H_2O$ 和 $Fe(NO_3)_3·9H_2O$ 用蒸馏水溶解，得到锌铁溶液；按尿素与溶液中三价铁离子的摩尔比为 40∶1 的比例向锌铁溶液中加入尿素；加入蒸馏水使溶液中铁离子浓度为 0.30mol/L。

② 将上述溶液置于温度为 80℃的水浴中，在搅拌速率为 400r/min 的条件下恒温反应 6h，取出并在冰浴中冷却 1h，得到砖红色沉淀。过滤沉淀并将沉淀置于干燥箱中于 80℃下干燥至恒重，得到铁酸锌前驱体。

③ 将铁酸锌前驱体置于马弗炉中，在空气气氛下，分别在 500℃、600℃、700℃、800℃、900℃和 1000℃下烧结 6h。然后将制备的 6 个样品分别组装成 CR2025 型扣式半电池，具体操作步骤为：以制备的 $ZnFe_2O_4$ 材料作为活性材料，Super P 炭黑作为导电剂和聚偏氟乙烯（PVDF）作为黏结剂，按质量比 7∶2∶1

铁酸锌基电极材料
及储锂性能

混合研磨均匀，加入适量的 N-甲基-2-吡咯烷酮（NMP）作为溶剂，将其调匀成浆后均匀涂覆在铜箔上，在80℃下干燥至恒重，冲裁后得到电极片（极片上的活性物质载量约为 2mg/cm²）；以 $ZnFe_2O_4$ 电极片为工作电极、金属锂片为对电极、聚丙烯多孔膜（Celgard 2400）为隔膜，将 $LiPF_6$ 溶于碳酸乙烯酯（EC）、碳酸二甲酯（DMC）和碳酸二乙烯酯（DEC）的混合液（质量比 2：2：1）中作为电解液，在充满氩气的手套箱中组装成半电池。

为了弄清均相沉淀法制备的 $ZnFe_2O_4$ 前驱体在空气中烧结的热分解行为，采用美国 TA 公司 SDTQ600 型热重分析仪对 $ZnFe_2O_4$ 前驱体进行了热重分析，测试的温度范围为室温至1000℃，升温速率为 10℃/min，空气气氛，其测试结果如图 3-1(a)所示。从图中可以看出，样品共有四个失重区间：25～106℃的失重区间对应的是前驱体中吸附水的失去，质量损失约 4%；106～210℃的失重区间对应的是前驱体中结晶水的脱出[14]，质量损失约 3%；210～350℃的非常明显的失重区间对应的是前驱体 [如 α-FeOOH、Fe(OH)₃、$Zn_4CO_3(OH)_6$·H_2O] 的分解以及 $ZnFe_2O_4$ 的生成[14-16]，质量损失约 9%；350～600℃的不太明显的失重区间对应的是前驱体内部阴离子（如 NO_3^-、CO_3^{2-} 等）的去除[17]，质量损失约 1.2%。当温度在 600～1000℃范围内时，从图中几乎看不到失重。通过计算，可获得 α-FeOOH、Fe(OH)₃、$Zn_4CO_3(OH)_6$·H_2O 的理论失重率分别为 10.11%、24.88%、23.15%，而前驱体去掉吸附水和结晶水后的失重率大约为 10.2%，因此可估计出 $ZnFe_2O_4$ 前驱体的主要成分最有可能为 α-FeOOH 和 $Zn_4CO_3(OH)_6$·H_2O。根据对图 3-1(a)数据的分析结果，实验选取 500～1000℃作为前驱体热处理的温度范围。为了进一步确定前驱体的主要物相，采用荷兰帕纳科公司 PANalytica XPert Pro 多功能 X 射线衍射仪对其物相结构进行了 X 射线衍射（XRD）分析，测试电流为 30mA，电压为 40kV，采用 Cu 靶射线，λ=1.54056Å，扫描速率为 20(°)/min，扫描范围为 10°～70°。图 3-1(b)给出了前驱体的 X 射线衍射（XRD）谱图。从图中可以看出，前驱体衍射峰的强度较低，说明前驱体的结晶不好；前驱体在 2θ 为 12.8°、23.9°、32.7°附近出现了三个衍射峰，其与 $Zn_4CO_3(OH)$·$6H_2O$(JCPDS 11-0287)的三个主强峰的出峰位置基本一致；前驱体在 2θ 为 21.2°、33.2°、36.7°附近也出现了三个较为明显的衍射峰，其与 α-FeOOH(JCPDS 29-0713)的三个主强峰的出峰位置基本一致。由此可以推断出前驱体中的主要物相是 $Zn_4CO_3(OH)$·$6H_2O$ 和 α-FeOOH，这与热重分析结果一致。

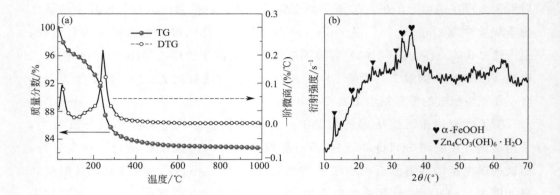

图 3-1　前驱体的热重（TG）曲线和一阶微商热重（DTG）曲线（a）以及前驱体的 XRD 图谱（b）

　　为了获得铁酸锌电极材料，对制备的前驱体进行了不同温度的烧结，图 3-2 (a)是不同温度烧结制备的样品的 XRD 图谱。从图中可以看出，当烧结温度为 500℃时，样品的物相为 ZnO、Fe_2O_3 和尖晶石结构的 $ZnFe_2O_4$ 相，说明当温度为 500℃时前驱体[Zn_4CO_3（OH）·$6H_2O$ 和 α-FeOOH]已经可以完全分解为 ZnO 和 Fe_2O_3，而且一部分 ZnO 和 Fe_2O_3 进一步反应生成了 $ZnFe_2O_4$ 相。随着温度的升高，$ZnFe_2O_4$ 相的衍射峰逐渐增强，而 ZnO 和 Fe_2O_3 相的衍射峰逐渐减弱，当烧结温度大于 800℃时，ZnO 和 Fe_2O_3 相的衍射峰基本完全消失，这一结果说明随着温度的升高，ZnO 和 Fe_2O_3 相能够逐渐转变为 $ZnFe_2O_4$ 相，并且 $ZnFe_2O_4$ 的晶粒逐渐长大，晶体结构逐渐趋于完整，这与场发射扫描电子显微镜（FESEM）观察的结果（图 3-3）一致；当烧结温度大于 800℃时，样品为纯的尖晶石型 Zn-Fe_2O_4 相。图 3-2(b)是采用美国 Thermo Scientific Nicolet NEXUS 470 型傅里叶变换红外光谱仪对制备的前驱体以及前驱体在不同温度下烧结所得样品进行傅里叶变换红外（FT-IR）光谱测试的结果，测试的波数范围为 1000～400cm^{-1}。如图 3-2(b)所示，前驱体在 436cm^{-1} 处出现一个特征吸收峰，对应的是 α-FeOOH 中的 Fe—OH 键的弯曲振动吸收峰[18,19]；前驱体在不同温度下烧结后的所有样品均在 440cm^{-1}、550cm^{-1} 附近出现特征吸收峰，它们分别对应的是 $ZnFe_2O_4$ 中 Fe—O 键和 Zn—O 键的振动吸收峰[20]。随着温度的升高，样品的红外吸收峰发生了不同程度的蓝移，这可能与晶型和晶粒大小有关[21,22]。因为温度升高，晶型趋于完美，表面原子所占的比例减小，表面原子配位不饱和，因此存在大量的悬空键，产生的离域电子在表面和体相之间重新分配，使 Zn—O 键强度增加，化学键力常数增

铁酸锌基电极材料
及储锂性能

大，从而导致红外光谱的蓝移[22]。这与 XRD 分析结果一致。为了进一步了解不同烧结温度对制备样品表面形貌的影响，采用日本日立 S-4800 型场发射扫描电子显微镜（FESEM）观察了样品的表面形貌，放大倍数为 100 000 倍，如图 3-3 所示。从图中可以看出，随着烧结温度的升高，样品颗粒由类球形逐渐转变为不规则的颗粒形状，颗粒粒径随之增大。其中在 500℃下烧结得到的样品颗粒呈类球形，颗粒较为均一，粒径大小约为 50nm；在 600℃下烧结得到的样品由粒径较小（50～100nm）的类球形颗粒和粒径较大（约 150nm）的不规则颗粒构成；在 700℃下烧结所得的样品则主要由粒径较大（150～200nm）的不规则颗粒构成；在 800℃和 900℃下烧结所得的样品形貌基本相似，都是由粒径约为 200nm 的不规则颗粒构成；而在 1000℃下烧结所得的样品粒径增大至 300～500nm。

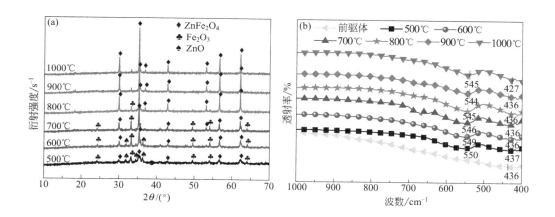

图 3-2　不同温度下烧结样品的 XRD 图谱（a）和前驱体及不同温度下烧结样品的 FT-IR 图谱（b）

采用 CHI860D 电化学工作站（北京科伟永兴仪器有限公司）对样品电极进行循环伏安（CV）和电化学阻抗谱（EIS）测试。CV 测试的扫描速率为 0.1mV/s，电位扫描范围为 0.005～3V。EIS 测试频率为 10kHz～0.01Hz，所用正弦激励交流信号振幅为 5mV，测试电位为工作电极完全充电态下的开路电位。采用 CT2001A 型电池测试系统（武汉蓝电电子设备有限公司）测试电极的充放电性能，测试的电压范围为 0.005～3.0V，其中倍率性能测试的电流密度分别为 60mA/g、120mA/g、200mA/g、500mA/g、800mA/g 和 1000mA/g，循环性能测试的电流密度为 120mA/g，充放电循环 50 圈。

图 3-4（a）（b）分别为不同温度下烧结样品的第 1 圈和第 4 圈的循环伏安

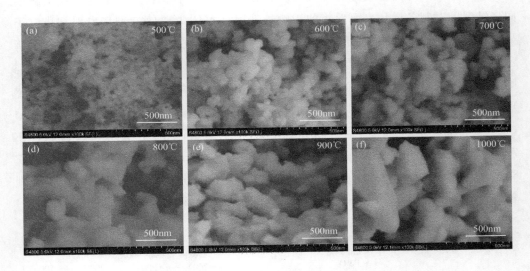

图 3-3　不同温度下烧结制备的样品的 FESEM 图

（CV）曲线。如图 3-4（a）所示，所有样品第 1 圈的阴极峰的中心位于 0.3～0.5V 范围内，其对应 Zn^{2+}、Fe^{3+} 被还原成单质 Zn、Fe，Zn 与 Li^+ 的合金化反应以及电解液分解生成固体电解质界面膜（SEI 膜）的过程[16]。因为有部分电子参与生成 SEI 膜的反应，所以首圈放电比容量会超过理论比容量（1007mA·h/g）。然而，SEI 膜的生成和 $ZnFe_2O_4$ 中 Zn^{2+}、Fe^{3+} 被还原成单质 Zn、Fe 的过程均不可逆，导致接下来的 CV 曲线的阴极峰不在 0.5V 附近并且电流密度和峰面积都减小[如图 3-4（b）所示]。对比不同温度烧结的 6 个样品在第 1 圈的 CV 曲线可以发现，600℃ 烧结样品的阴极峰电流密度和峰面积最小，而 900℃ 烧结样品最大，说明首圈的放电比容量 600℃ 烧结样品最小，900℃ 烧结样品最大。第 1 圈 CV 曲线中所有样品的阳极峰的中心位于 1.6V 附近，对应单质 Zn、Fe 被氧化成 ZnO、Fe_2O_3 和 Li-Zn 合金的去合金化的可逆过程[23-25]。从不同温度下烧结样品的第 4 圈 CV 曲线[图 3-4（b）]可知，随着烧结温度的升高，500～900℃ 下烧结样品的阴极峰向高电位方向移动，并且电流密度和峰面积都增大，但是 1000℃ 烧结样品的阴极峰电位较 900℃ 烧结样品略有降低并且电流密度和峰面积也有所减小，说明在 500～900℃ 范围内烧结样品的放电活性随烧结温度升高而增强，烧结温度高于 1000℃ 时放电活性反而会降低，这可能是粒度和表面形貌对 CV 曲线共同影响的结果。500℃ 和 600℃ 烧结样品没有发现明显的阳极峰，而随着烧

铁酸锌基电极材料
及储锂性能

结温度的升高在 1.6V 附近出现了明显的阳极峰，且在 $700 \sim 900℃$ 范围内随着烧结温度的升高阳极峰电流密度和峰面积都随之增大。然而，$1000℃$ 烧结样品的阳极峰电流密度和峰面积却略小于 $900℃$ 烧结样品，说明在 $500 \sim 900℃$ 范围内烧结样品的充电活性随烧结温度升高而增强，当烧结温度高于 $900℃$ 时样品的充电活性也会因颗粒大小和形貌变化而略微降低。CV 曲线上氧化峰电位（V_O）和还原峰电位（V_R）之差，即电位差（ΔE）反映了电极电化学反应的可逆性；ΔE 越大，电极反应的可逆性就越差，反之则反应的可逆性越好[26]。表 3-3 给出了不同温度下烧结样品电极的第 4 圈 CV 曲线的阳极峰与阴极峰的电位差 ΔE。从表中可以看出，在 $700 \sim 900℃$ 范围内烧结样品的 ΔE 随着烧结温度的升高而减小，而 $1000℃$ 烧结样品的 ΔE 反而较 $900℃$ 烧结样品有所增大，说明在 $700 \sim 900℃$ 范围内烧结样品的可逆性随烧结温度升高而增强，烧结温度高于 $900℃$ 时可逆性反而会降低。这是因为烧结温度为 $900℃$ 时已形成纯相的尖晶石结构的 $ZnFe_2O_4$，当烧结温度升高至 $1000℃$，样品颗粒团聚严重，使电极电化学活性和可逆性降低，与 FESEM 结果一致。

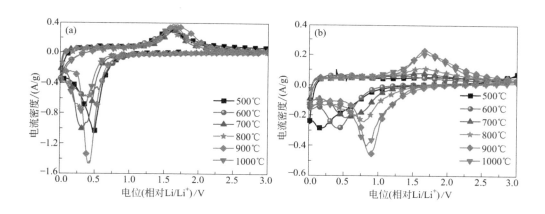

图 3-4　不同温度烧结所得样品电极的第 1 圈（a）和第 4 圈（b）的 CV 曲线

表 3-3　不同温度烧结样品电极的第 4 圈 CV 曲线的阳极峰与阴极峰电位差 ΔE

烧结温度/℃	500	600	700	800	900	1000
ΔE/mV	—	—	1080	859	778	794

图 3-5(a)是对不同温度烧结所得样品进行 EIS 测试所得的 Nyquist 图。从图中可以看出，所有样品电极的电化学阻抗谱图均由高频区的半圆和低频区的斜线

组成。其中，高频区的半圆为电极电化学反应的电阻容抗弧，低频区的斜线为由离子扩散引起的 Warburg 阻抗[27]。采用图 3-5（b）所示的拟合电路对 Nyquist 图进行分析和拟合得到在 500℃、600℃、700℃、800℃、900℃、1000℃下烧结样品的电化学反应阻抗分别为 297Ω、211Ω、142Ω、94Ω、29Ω、39Ω。可见，当烧结温度范围为 500～900℃时，随着烧结温度的升高，样品的电化学反应阻抗降低，当烧结温度由 900℃升高至 1000℃，所得烧结样品的电化学反应电阻略微增大。结果表明 900℃烧结样品的电化学反应最容易进行、活性最好，这与 CV 测试结果相一致。

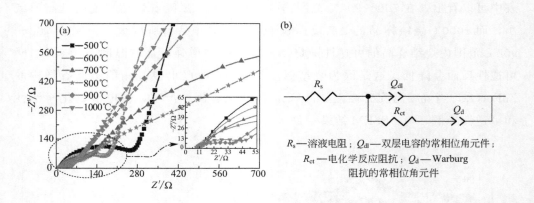

R_s—溶液电阻；Q_{dl}—双层电容的常相位角元件；
R_{ct}—电化学反应阻抗；Q_d—Warburg
阻抗的常相位角元件

图 3-5　不同温度烧结所得样品电极的 Nyquist 图（a）和拟合电路图（b）

图 3-6（a）是不同温度下烧结所得样品电极在电流密度分别为 60mA/g、120mA/g、200mA/g、500mA/g、800mA/g 和 1000mA/g 下的倍率性能曲线。从图中可以看出，6 个样品中：500℃烧结样品放电比容量最低，倍率性能最差；900℃烧结样品放电比容量最高，倍率性能最好。在电流密度为 60mA/g、120mA/g、200mA/g、500mA/g、800mA/g 和 1000mA/g 下，500℃和 900℃烧结样品电极的放电比容量分别为 537mA·h/g 和 810mA·h/g、162mA·h/g 和 482mA·h/g、89mA·h/g 和 316mA·h/g、27mA·h/g 和 191mA·h/g、10mA·h/g 和 130mA·h/g、7mA·h/g 和 102mA·h/g，随着烧结温度从 500℃升高到 900℃，样品电极的放电比容量逐渐增大，倍率性能不断提高。但烧结温度从 900℃升高至 1000℃时，样品电极的放电比容量略微降低，倍率性能略微变差，这主要是因为 1000℃烧结样品电极的颗粒较大导致其动力学变差。图 3-6（b）是不同温度下烧结所得样品电极在电流密度为 120mA/g 的循环性能曲线。从图中可以看出，6 个烧

结样品电极循环性能好坏的规律性与倍率性能一致，其中900℃烧结样品电极放电比容量最高、循环性能最好，其次是1000℃烧结样品电极，循环性能最差的是500℃烧结样品电极。900℃烧结样品电极首次放电比容量高达1080mA·h/g，第10次充放电循环的放电比容量衰减至536mA·h/g，50次充放电循环后放电比容量基本稳定在262mA·h/g，容量保持率为24.2%。Xia等[28]采用水热法制备的$ZnFe_2O_4$纳米粉体在100mA/g电流密度下测试循环性能发现，首圈放电比容量为1259mA·h/g，50圈充放电循环后比容量基本稳定在212mA·h/g，容量保持率为16.8%。Sui等[29]报道了采用溶剂热法制备$ZnFe_2O_4$纳米颗粒，该电极材料在60mA/g的电流密度下首次放电比容量为752mA·h/g，充放电循环3圈后就衰减至100mA·h/g以下。Woo等[20]报道了采用共沉淀法制备$ZnFe_2O_4$粉体，在30mA/g的电流密度下充放电40圈比容量衰减至50mA·h/g以下。相对而言，我们采用简单的均相沉淀法在900℃下烧结制备的$ZnFe_2O_4$样品，比文献[28]～[30]报道的$ZnFe_2O_4$样品具有更好的储锂性能。

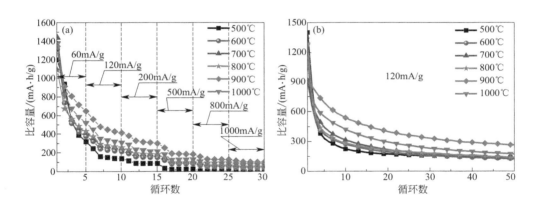

图3-6　不同温度烧结所得样品电极的倍率性能曲线（a）和循环性能曲线（b）

图3-7是不同温度下烧结样品电极在120mA/g的电流密度下充放电循环时，第1圈、第5圈、第20圈和第50圈循环对应的充放电曲线。从图3-7（a）可以看出，6个样品电极在0.8V附近出现一个长的放电平台，对应的是Zn^{2+}、Fe^{3+}还原成单质Zn、Fe，Zn与Li^+的合金化反应以及电解液分解生成SEI膜；在1.25～1.95V范围内出现一个明显的充电平台，对应的是单质Zn、Fe被氧化为ZnO、Fe_2O_3和Li-Zn合金的去合金化反应；6个样品都具有很大的首圈不可逆放电容量，这主要是由于生成不可逆的SEI膜引起的[16]，其中900℃烧结样品电极首圈

放电比容量为1400mA·h/g，充电比容量为786mA·h/g，首圈库仑效率为56%。从图3-7(b)可以看出，经过5圈充放电循环后，500℃烧结样品电极的放电电位明显降低、充电电位升高，并且已观察不到明显的放电平台，放电比容量最低；而其他样品电极都有明显的充放电平台，尤其是900℃烧结样品电极放电电位最高、充电电位最低、极化最小、放电比容量最大。从图3-7(c)可以看出，经过20次充放电循环后，6个样品的充放电平台进一步变短，尤其是放电电位明显降低，放电过程极化增大，比容量降低。从图3-7(d)可以看出经过50圈充放电循环后，电极放电过程极化程度进一步加大，比容量进一步降低，其中900℃下烧结的样品的放电比容量最高（262mA·h/g），其次是1000℃下烧结的样品（169mA·h/g），而500℃、600℃和700℃下烧结样品的放电比容量相近（约125mA·h/g）。

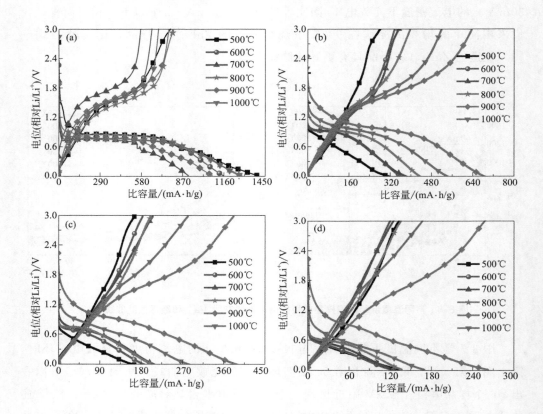

图3-7　不同温度烧结所得样品电极在120mA/g电流密度下的第1圈（a）、第5圈（b）、第20圈（c）和第50圈（d）循环对应的充放电曲线

铁酸锌基电极材料
及储锂性能

3.2

P123 辅助均相沉淀法制备纳米铁酸锌电极材料

$ZnFe_2O_4$ 作为锂离子电池负极材料具有较高的理论比容量，但是未经过改性的 $ZnFe_2O_4$ 粉体的储锂性能并不令人满意，循环和倍率性能较差[28-30]。由于电极材料的能量密度、循环寿命等性能很大程度上受到材料表面形态和尺寸大小等条件的影响[31,32]，因此，为了改善 $ZnFe_2O_4$ 作为电极材料的电化学性能，人们多从调控 $ZnFe_2O_4$ 电极材料表面形貌和尺寸大小着手。近年来，P123（聚环氧乙烷-聚环氧丙烷-聚环氧乙烷三嵌段共聚物表面活性剂）作为无机晶体生长调控剂已成功地用于对多种无机粒子形貌的有效调控。在此，我们将 P123 引入均相沉淀法制备铁酸锌过程中，系统研究了 P123 加入量对制备的 $ZnFe_2O_4$ 材料的微观结构和储锂性能的影响，确定了 P123 的最佳加入量。

按照以下制备方法获得 5 个不同 P123 加入量制备的 $ZnFe_2O_4$ 样品：①将锌铁摩尔比为 1∶2 的 $Zn(NO_3)_2 \cdot 6H_2O$ 和 $Fe(NO_3)_3 \cdot 9H_2O$ 用蒸馏水溶解，得到锌铁溶液；按尿素与溶液中三价铁离子的摩尔比为 40∶1 的比例向锌铁溶液中加入尿素；再按 P123 的质量与理论生成铁酸锌的质量之比的百分数为 0%、2%、5%、8% 和 10% 的比例分别向锌铁溶液中加入 P123；加入蒸馏水使溶液中铁离子浓度为 0.30mol/L。②将上述溶液在反应温度为 80℃，搅拌速率为 400r/min 的条件下，恒温反应 6h 后取出，在冰浴中冷却 1h，得到砖红色沉淀，过滤沉淀并将沉淀置于干燥箱中于 80℃下干燥至恒重，得到铁酸锌前驱体。③将铁酸锌前驱体置于马弗炉中在空气气氛下 900℃烧结 6h。然后将制备的 5 个样品分别组装成 CR2025 型扣式半电池（方法同 3.1）。

图 3-8(a) 为 P123 加入量分别为 0%、2%、5%、8% 和 10% 制备的 $ZnFe_2O_4$ 样品的 XRD 图谱（测试设备及条件同 3.1 节）。从图中可以看出，所有样品的 XRD 图谱与正尖晶石结构的 $ZnFe_2O_4$ 的标准图谱（JCPDS 22-1012）一致，说明制备的样品均为正尖晶石结构的 $ZnFe_2O_4$。在制备过程中加入辅助剂 P123 以后，样品的衍射峰强度明显降低，且有轻微的左移。根据 Jade 软件计算出的平均晶粒尺寸如图 3-8(b) 所示。从图中可以看出，随着 P123 加入量的增加，样品的平均晶粒尺寸明显减小。例如，未加入 P123 的 $ZnFe_2O_4$ 样品（添加量为 0%）的平均晶

粒尺寸为 85.3nm，而 P123 添加量为 8％ 的 ZnFe$_2$O$_4$ 样品的平均晶粒尺寸减小为 57.7nm。

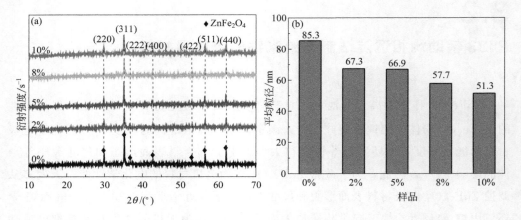

图 3-8　不同 P123 加入量制备的样品 XRD 图谱（a）和平均晶粒尺寸（b）

图 3-9(a)～(e) 为 P123 加入量分别为 0％、2％、5％、8％ 和 10％ 制备的 Zn-Fe$_2$O$_4$ 样品的 FESEM 图（测试设备同 3.1 节）。在高放大倍数下（×50 000）可以看到，P123 添加量为 0％ 的 ZnFe$_2$O$_4$ 样品[图 3-9(a)]是由一些粒径约为 200nm 的不规则颗粒组成，而加入辅助剂 P123 制备的样品[图 3-9(b)～(e)]，随着 P123 加入量的增加，球形颗粒的比例增加。此外，随着 P123 添加量的增加，样品的粒径减小。同时，小球形颗粒的增加也导致了颗粒的团聚，如 P123 加入量为 10％ 制备的样品[图 3-9(e)]颗粒团聚较为严重。

样品储锂性能研究的主要设备及测试条件同 3.1 节。图 3-10 为 P123 加入量分别为 0％、2％、5％、8％ 和 10％ 制备的 ZnFe$_2$O$_4$ 样品电极的第 1 圈 CV 曲线和第 4 圈 CV（稳态）曲线，扫描速率为 0.1mV/s，电位扫描范围为 0.005～3V。从第 1 圈的 CV 曲线[图 3-10(a)]可以看出，未加入 P123（0％）和 P123 加入量分别为 2％、5％ 和 8％ 制备的 ZnFe$_2$O$_4$ 样品在 0.4V 附近有一个强的还原峰，其对应于 Zn^{2+} 和 Fe^{3+} 被还原为单质 Zn 和 Fe、Li$^+$ 和 Zn 的合金化反应以及 SEI 膜的生成。然而，P123 加入量为 10％ 制备的 ZnFe$_2$O$_4$ 样品电极的还原峰出现在 0.2V 左右，这主要归因于颗粒大小和表面形貌的影响。另外，所有样品在 1.6V 附近出现了一个氧化峰，该氧化峰对应于单质 Zn、Fe 被氧化为 ZnO 和 Fe$_2$O$_3$ 以及 Li-Zn 合金的脱合金化反应。对比第 1 圈和第 4 圈的 CV 曲线可以发现两者有明显的不同：首先，由于电极的活化，还原峰从 0.4V 附近移至 0.9V 附近；其次，在 SEI 膜形成

铁酸锌基电极材料
及储锂性能

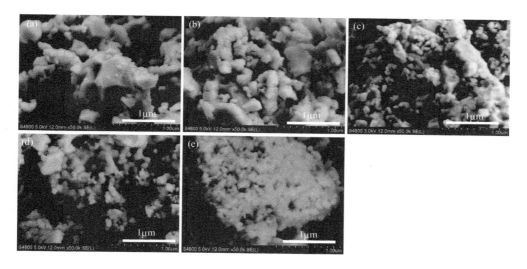

图 3-9 不同 P123 加入量 0%（a）、 2%（b）、 5%（c）、 8%（d）和 10%（e）制备的
ZnFe₂O₄ 样品的 FESEM 图

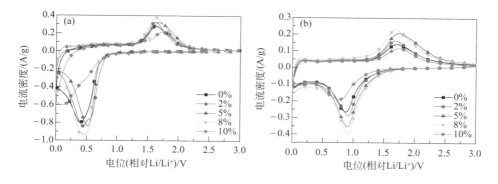

图 3-10 不同 P123 加入量制备的 ZnFe₂O₄ 样品电极的第 1 圈（a）和第 4 圈（b）的 CV 曲线

过程中，由于锂离子的不可逆损失，使还原峰的强度和面积显著减小。CV 曲线的峰面积和电位差分别反映了电极反应的活性和可逆性：峰面积越大，电化学活性越好；电位差越小，可逆性越好。由图 3-10（b）可知，第 4 圈 CV 曲线的峰面积（S）和电位差（ΔE）具有如下变化规律：$S(8\%) > S(5\%) > S(2\%) > S(0\%) > S(10\%)$，$\Delta E(8\%) < \Delta E(5\%) < \Delta E(2\%) < \Delta E(0\%) < \Delta E(10\%)$。结果表明，在制备的 5 个样品电极中，P123 加入量为 8% 制备的 ZnFe₂O₄ 样品电极具有最佳的电化学活性和可逆性，而 P123 加入量为 10% 制备的 ZnFe₂O₄ 样品电极具有相对最差的电化学活性和可逆性。

图 3-11（a）是对不同 P123 加入量制备的 $ZnFe_2O_4$ 样品电极进行 EIS 测试所得的 Nyguist 图，拟合所用的等效电路图如图 3-11（b）所示。从图 3-11（a）可知，5个样品电极的电化学阻抗均由高频区的半圆和低频区的斜线组成。其中，高频区的半圆为电极电化学反应的电阻容抗弧，低频区的斜线为由离子扩散引起的 Warburg 阻抗[27]。采用图 3-11（b）所示的拟合电路对 Nyguist 图［图 3-11（a）］进行分析和拟合得到 P123 加入量为 0％、2％、5％、8％和 10％制备的 $ZnFe_2O_4$ 样品电极的电化学反应阻抗分别为 45Ω、35Ω、28Ω、25Ω 和 50Ω。由此可见，当 P123 加入量在 0％～8％范围内变化时，所得样品的电化学反应阻抗随着 P123 加入量的增加而降低；5个样品中，P123 加入量为 10％的样品电极的电极反应电阻最大，P123 加入量为 8％的样品电极的电极反应电阻最小。结果表明 P123 加入量为 8％的样品电极的电化学反应最容易进行，因此该样品的反应活性最高，这与 CV 分析结果一致。

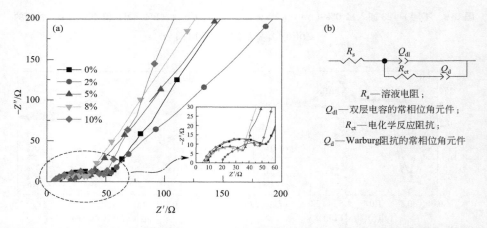

图 3-11 不同 P123 加入量制备的 $ZnFe_2O_4$ 样品电极的 Nyquist 图 (a)和拟合等效电路图 (b)

图 3-12（a）是不同 P123 加入量制备的 $ZnFe_2O_4$ 样品电极的倍率性能曲线（电流密度分别为 60mA/g、120mA/g、200mA/g、500mA/g、800mA/g 和 1000mA/g）。从图中可以看出，5个样品中 P123 加入量为 8％制备的样品电极的倍率性能最佳，余下依次为 5％、2％、0％和 10％。例如，在电流密度为 200mA/g 下，P123 加入量为 8％制备的样品电极的放电比容量为 577mA·h/g，而 P123 加入量为 5％、2％、0％和 10％制备的样品电极的放电比容量分别为 472mA·h/g、470mA·h/g、393mA·h/g 和 247mA·h/g。随着电流密度的增大，5个样品电极的放电比容量均逐渐减小，在 1000mA/g 电流密度下，5个样品电极的放电比容量接近，但仍然

铁酸锌基电极材料
及储锂性能

低于 P123 加入量为 8％制备的样品电极。例如，在电流密度为 1000mA/g 下，未加入 P123 和 P123 加入量为 8％制备的样品电极的放电比容量分别为 209mA·h/g 和 266mA·h/g，两者在较大电流密度下的放电比容量非常接近，这是因为影响大电流密度下充放电性能的主要因素是材料的电子导电性[32,33]，当前驱体在 900℃ 空气气氛下焙烧时，P123 完全燃烧，因此 5 个样品都为纯相的尖晶石型 $ZnFe_2O_4$ 而没有碳的存在，所以不会明显改善电极材料的大电流充放电性能。图 3-12（b） 是不同 P123 加入量制备的 $ZnFe_2O_4$ 样品电极在 120mA/g 的充放电电流密度下的循环性能曲线。从图 3-12（b）中可以看出：P123 加入量为 8％制备的样品电极的放电比容量最高，其首次放电比容量高达 1280mA·h/g，经过 5 圈充放电循环后放电比容量衰减至 682mA·h/g，经过 50 圈充放电循环后放电比容量基本稳定在 463mA·h/g；而未加入 P123（0％）制备的样品电极的首次放电比容量为 911mA·h/g，经过 5 圈充放电循环后放电比容量衰减至 588mA·h/g，经过 50 圈充放电循环后放电比容量基本稳定在 250mA·h/g。P123 加入量为 5％制备的样品电极的循环稳定性也明显优于未加入 P123 的样品电极，而 P123 加入量为 10％的 $ZnFe_2O_4$ 样品电极的循环稳定性却远低于未加入 P123 制备的样品电极。这些结果表明：在制备前驱体过程中加入适量的 P123 煅烧后得到的 $ZnFe_2O_4$ 样品电极的倍率性能和循环性能得到明显改善，这是因为适量的 P123 的加入可以减弱颗粒间的团聚，减小颗粒尺寸；但当 P123 加入量过多时，颗粒会急剧变小，而过小的颗粒在烧结过程中会再一次团聚成大颗粒，进而影响其储锂性能，这与 FESEM 观察的结果一致。

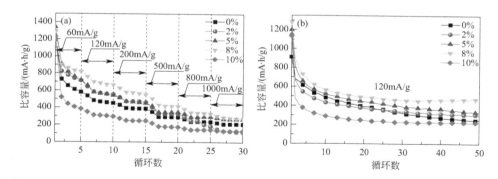

图 3-12　不同 P123 加入量制备的 $ZnFe_2O_4$ 样品电极的倍率性能曲线 （a）和循环性能曲线 （b）

图 3-13 是不同 P123 加入量制备的 $ZnFe_2O_4$ 样品电极在 120mA/g 电流密度下充放电循环时，第 1 圈、第 5 圈、第 20 圈和第 50 圈循环对应的充放电曲线图。从图 3-13（a）可以看出，在第 1 圈的充放电过程中，5 个样品电极均在 0.8V 附近出

现了一个较长的放电平台，在 1.6V 附近出现了一个充电平台。5 个样品电极都具有较大的首圈不可逆容量，例如：P123 加入量为 0%、2%、5%、8% 和 10% 制备的 $ZnFe_2O_4$ 电极的初始放电和充电比容量分别为 911mA·h/g 和 548mA·h/g、1145mA·h/g 和 683mA·h/g、1198mA·h/g 和 814mA·h/g、1280mA·h/g 和 899mA·h/g、1133mA·h/g 和 497mA·h/g，对应的库仑效率分别为 60%、60%、68%、70%、44%。首圈循环的库仑效率较低可以归因于一些副反应的发生，如电解液分解和 SEI 膜的形成。然而，经过第 1 圈的充放电循环以后，5 个样品电极的库仑效率得到了显著提升，如图 3-13（b）～（d）所示。例如，5 个样品电极在第 5 圈时的库仑效率均增加到了 95%。对比图 3-13（a）～（d）可以发现，第 5圈、第 20 圈与第 50 圈的充放电曲线与第 1 圈的充放电曲线差别很大：首先，5 个样品电极的放电电位都有所增加，尤其是 P123 加入量为 8% 制备的样品电极；其次，随着循环圈数的增加，放电/充电平台缩短，充放电比容量下降。在 5 个样品电极中，P123 加入量为 8% 制备的 $ZnFe_2O_4$ 电极极化效应最小，充放电比容量最大。另外，P123 加入量为 2% 和 5% 制备的样品电极的极化效应小于未加入 P123制备的样品电极，且极化程度随着循环圈数的增加而加剧。

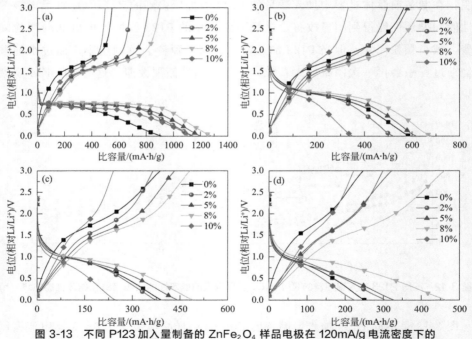

图 3-13　不同 P123 加入量制备的 $ZnFe_2O_4$ 样品电极在 120mA/g 电流密度下的
第 1 圈 (a)、第 5 圈 (b)、第 20 圈 (c) 和第 50 圈 (d) 循环对应的充放电曲线

3.3

P123辅助均相沉淀法制备铁酸锌/碳复合电极材料

电极材料的大电流充放电性能与其电子导电性相关，$ZnFe_2O_4$ 的导电性能较差[33]，与碳材料包覆或复合可大大提高其导电性[28,29,34]，从而提高其储锂电化学性能。P123（PEO_{20}-PPO_{70}-PEO_{20}）是一种两亲性三嵌段共聚物，在无氧气氛下高温烧结容易分解成无定形炭。此外，P123还可用作制备无机材料的形貌调控剂，以提高材料的性能[35,36]。因此，我们将P123作为碳源，首先将P123加入 Zn^{2+} 和 Fe^{3+} 混合溶液中，然后均相沉淀制备前驱体，最后将前驱体在900℃氩气中退火处理获得 $ZnFe_2O_4$/C复合电极材料，提高 $ZnFe_2O_4$ 的导电性。同时，P123作为形貌控制剂，调节 $ZnFe_2O_4$ 样品的形貌和颗粒大小。

按照以下步骤获得5个不同P123加入量制备的 $ZnFe_2O_4$/C（简称ZFO/C）复合电极材料：①将锌铁摩尔比为 1:2 的 $Zn(NO_3)_2 \cdot 6H_2O$ 和 $Fe(NO_3)_3 \cdot 9H_2O$ 用蒸馏水溶解，得到锌铁溶液；按尿素与溶液中三价铁离子的摩尔比为 40:1 的比例向锌铁溶液中加入尿素；再按P123的质量与理论生成铁酸锌的质量之比的百分数为 0%、2%、5%、8%和10%的比例分别向锌铁溶液中加入P123；加入蒸馏水使溶液中铁离子浓度为 0.30mol/L。②将上述溶液在反应温度为80℃，搅拌速率为 400r/min 的条件下，恒温反应6h后取出，在冰浴中冷却1h，得到砖红色沉淀，过滤沉淀并将沉淀置于干燥箱中于80℃下干燥至恒重，得到铁酸锌前驱体。③将铁酸锌前驱体置于马弗炉中，在氩气气氛、900℃下烧结6h。然后将制备的5个样品分别组装成CR2025型扣式半电池（方法同3.1）。

图3-14(a)～(e)是P123加入量分别为0%、2%、5%、8%和10%制备的样品的FT-IR谱图（设备型号 Thermo Scientific Nicolet NEXUS 470，波数为 $1500 \sim 1000cm^{-1}$）。从图中可以看出，未加入P123制备的样品 [ZFO，图3-14(a)] 在波数 $1500 \sim 1000cm^{-1}$ 范围内没有出现明显的特征吸收峰，而加入不同P123量制备的样品 [图3-14(b)～(e)] 在波数 $1500 \sim 1000cm^{-1}$ 范围内均出现了两个特征吸收峰，分别在 $1368 \sim 1386cm^{-1}$ 处附近，这两个特征吸收峰对应的是无定形炭的C—C单键伸缩振动吸收峰[37,38]，说明加入P123制备的样品中存在无定形炭。图3-14(f)是P123加入量分别为0%、2%、5%、8%和10%制备的样品的XRD谱图（设备型号 Dutch PANalytica X'Pert³ Powder，$2\theta = 10° \sim 70°$）。从

图 3-14(f) 可以看出，制备的所有样品在 $2\theta = 18.2°$、$29.9°$、$35.3°$、$36.9°$、$42.9°$、$53.1°$、$56.6°$和 $62.2°$附近都出现了衍射峰，这些衍射峰与正尖晶石型 $ZnFe_2O_4$ 的标准谱图（JCP-DS 22-1012）相符，分别对应（111）、（220）、（311）、（222）、（400）、（422）、（511）和（440）晶面的衍射峰，这说明制备的 5 个样品均为正尖晶石型 $ZnFe_2O_4$。然而，加入不同量 P123 制备的样品的 XRD 谱图中并未出现碳的特征衍射峰，这说明加入的 P123 在氩气气氛下高温分解形成的是无定形炭[39]。

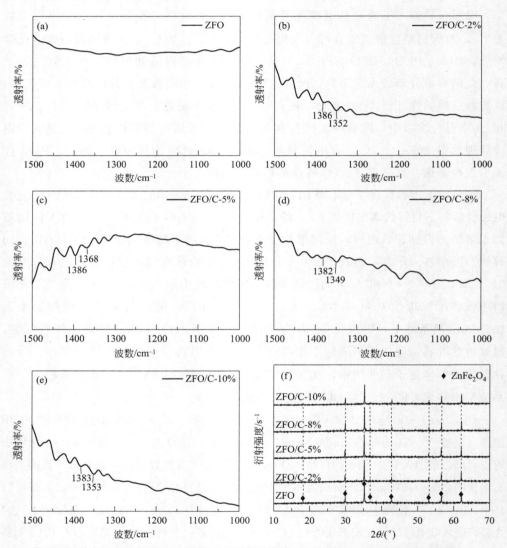

图 3-14　未加 P123 和不同 P123 加入量制备的样品 FT-IR 谱图（a～e）和 XRD 谱图（f）

图 3-15 是不同 P123 加入量制备的 ZFO（即 ZnFe$_2$O$_4$）和 ZFO/C 的 FESEM
图（设备型号 Japan Hitachi S-4800，放大倍数 20000 倍）。从图中可以看出，未加
入 P123 制备的 ZFO 和不同 P123 加入量制备的 ZFO/C 样品都是由不规则颗粒构
成，但是 5 个样品中：ZFO［图 3-15(a)］和 ZFO/C-2％［图 3-15(b)］的颗粒相
对较小，粒径约为 200nm，且 ZFO/C-2％样品表面还存在明显的小气孔；ZFO/C-
5％样品［图 3-15(c)］颗粒分布较广，粒径在 200～900nm 之间；ZFO/C-8％［图
3-15(d)］和 ZFO/C-10％［图 3-15(e)］样品显示出最大的粒径约为 1000nm。

图 3-15　未加 P123 制备的 ZFO 样品 (a)和不同 P123 加入量制备的 ZFO/C-2% (b)、
ZFO/C-5% (c)、 ZFO/C-8% (d)和 ZFO/C-10% (e)样品的 FESEM 图

样品储锂性能研究的主要设备同 3.1 节。图 3-16 是未加入 P123 和 P123 加入
量分别为 2％、5％、8％和 10％制备的 ZFO 和 ZFO/C 样品电极的第 1 圈 CV 曲线
和第 4 圈 CV（稳态）曲线，扫描速率为 0.1mV/s，电位扫描范围为 0.005～3V。
从第 1 圈的 CV 曲线［图 3-16(a)］可以看出，所有样品在 0.5V 附近均出现一个
强的还原峰，其对应于 Zn^{2+} 和 Fe^{3+} 还原为单质 Zn 和 Fe、Li 和 Zn 的合金化反应
以及 SEI 膜的生成；所有样品在 1.6 V 附近出现了一个较强的氧化峰，对应单质
Zn、Fe 氧化为 ZnO 和 Fe$_2$O$_3$ 以及 LiZn 合金的脱合金化反应。比较第 1 圈和第 4
圈 CV 曲线可以发现，第 4 圈 CV 曲线的还原峰移至 0.9 V 附近，且峰面积明显减
小。这是因为 SEI 膜的形成是不可逆过程。对比 5 个样品的第 4 圈 CV 曲线可以发
现，ZFO/C-2％样品电极的峰面积最大，其次是 ZFO、ZFO/C-5％、ZFO/C-8％
样品电极，而 ZFO/C-10％样品电极的峰面积最小，说明制备的 5 个样品电极中，
ZFO/C-2％的样品电极电化学活性最高、循环可逆性最好。

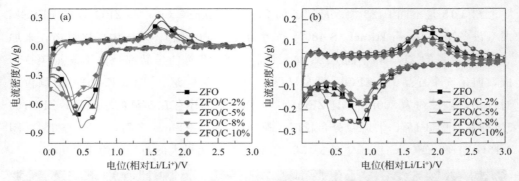

图 3-16　未加 P123 和不同 P123 加入量制备的样品电极　(a)第 1 圈和　(b)第 4 圈 CV 曲线

图 3-17(a) 是 ZFO、ZFO/C-2％、ZFO/C-5％、ZFO/C-8％和 ZFO/C-10％样品电极在电流密度为 60mA/g、120mA/g、200mA/g、500mA/g、800mA/g 和 1000mA/g 的倍率性能曲线。从图中可以明显看出，制备的 5 个样品电极的倍率性能存在如下的规律性：ZFO/C-2％＞ZFO＞ZFO/C-5％＞ZFO/C-8％＞ZFO/C-10％。例如在电流密度为 200mA/g 的条件下，ZFO、ZFO/C-2％、ZFO/C-5％、ZFO/C-8％和 ZFO/C-10％样品电极的放电比容量分别为 419mA·h/g、545mA·h/g、358mA·h/g、272mA·h/g 和 213mA·h/g。图 3-17(b) 对比了制备的 5 个样品电极在 120mA/g 电流密度下的循环性能曲线，很明显 ZFO/C-2％样品电极具有相对最好的循环性能和最高的放电比容量，余下依次是未加入 P123 制备的样品电极（ZFO）、ZFO/C-5％和 ZFO/C-8％样品电极，循环性能和放电比容量最低的是 ZFO/C-10％样品电极。例如，P123 加入量为 2％制备的 ZFO/C-2％样品电极在 120mA/g 电流密度下，首圈的放电比容量为 1253mA·h/g，循环 10 圈放电比容量衰减至 657mA·h/g，经过 50 圈循环放电比容量稳定在 578mA·h/g，比未加入 P123 制备的 ZFO 样品电极（433mA·h/g）高出 145mA·h/g，比 P123 加入量为 10％制备的 ZFO/C-10％样品电极（240mA·h/g）高出 338mA·h/g。ZFO/C-2％样品电极的较好的储锂性能可以归因于样品颗粒表面的小孔［图 3-15(b)所示］，这种形貌结构有助于电解液在活性材料中的渗透，极大地增大了活性材料和电解液的接触面积；同时，该种结构有利于缩短锂离子的扩散距离，提高锂离子的扩散速率，从而改善活性材料的储锂性能。而随着 P123 加入量的增加，颗粒之间团聚加剧导致颗粒变大且颗粒表面的小孔消失［图 3-15(c)～(e)所示］，不利于电解液的渗透和锂离子的传输，因此 ZFO/C-5％、ZFO/C-8％和 ZFO/C-10％样品电极的储锂性能逐渐变差。

图 3-18 是制备的 ZFO 和 ZFO/C 复合电极材料在 120mA/g 电流密度下第 1

铁酸锌基电极材料
及储锂性能

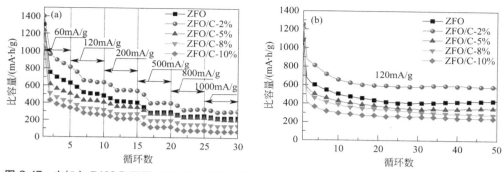

图 3-17　未加入 P123 和不同 P123 加入量制备的样品电极的倍率性能曲线（a）和循环性能曲线（b）

圈、第 5 圈、第 20 圈和第 50 圈的充放电曲线。如图 3-18（a）所示，5 个样品电极的第 1 圈放电和充电曲线分别在 0.8V 和 1.6V 左右出现电位平台，对应于嵌锂/脱锂过程中的还原/氧化反应。这一结果表明，在充放电过程中，5 个样品电极发生了类似的氧化还原反应。此外，所有样品电极的初始不可逆容量损失都比较大，这主要是由于 SEI 膜的不可逆生成以及电解液的分解。从图 3-18（b）～（e）可知，随着放电/充电循环圈数的增加，5 个样品电极的放电和充电曲线的电位平台逐渐变短，比容量逐渐变小，极化效应增大。在 5 个样品电极中，ZFO/C-2％样品电极的极化效应最小，放电/充电比容量最大。

为了进一步解释未加入 P123 和不同 P123 加入量制备的 ZFO 和 ZFO/C 复合电极材料的容量衰减机理，对制备的 5 个样品进行了电化学阻抗谱（EIS）测试（频率为 10kHz～0.01Hz，振幅为 5mV，测试电位为工作电极完全充电态下的开路电位）。图 3-19（a）给出了 ZFO、ZFO/C-2％、ZFO/C-5％、ZFO/C-8％和 ZFO/C-10％样品电极在 120mA/g 电流密度下循环 50 圈后的 Nyquist 图。所有样品的 Nyquist 图都是由一个高频区的半圆和低频区的斜线组成，它们分别对应电极电化学反应阻抗和由离子扩散引起的 Warburg 阻抗[27]。通过图 3-19（b）所示的等效电路图对 5 个样品电极的 Nyquist 曲线进行拟合，得到 5 个样品的电化学反应电阻（R_{ct}）分别为 67Ω（ZFO）、41Ω（ZFO/C-2％）、73Ω（ZFO/C-5％）、111Ω（ZFO/C-8％）和 120Ω（ZFO/C-10％）。在制备的 5 个样品电极中，ZFO/C-2％样品电极的电化学反应电阻最小，而其他 3 种 P123 加入量制备的 ZFO/C-5％、ZFO/C-8％和 ZFO/C-10％样品电极的电化学反应电阻明显高于未加入 P123 制备的 ZFO 样品电极，结果表明 ZFO/C-2％样品电极的电化学反应动力学最优，其次是未加入 P123 制备的 ZFO 样品电极。因此，在均相沉淀过程中加入适量的 P123（2％）作为碳源和形貌调控剂制备的 $ZnFe_2O_4/C$ 复合电极材料具有更优异的循环性能和倍率能力。

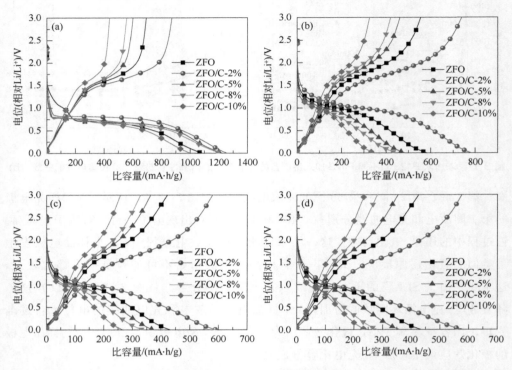

图 3-18　未加入 P123 和不同 P123 加入量制备的样品电极在 120mA/g 电流密度下的
第 1 圈　(a)、第 5 圈　(b)、第 20 圈　(c) 和第 50 圈　(d) 对应的充放电曲线

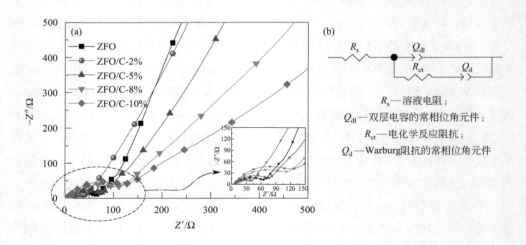

图 3-19　未加入 P123 和不同 P123 加入量制备的样品电极的 Nyquist 图　(a) 和拟合等效电路图　(b)

铁酸锌基电极材料
及储锂性能

3.4

均相沉淀法制备铁酸锌/氧化锌复合电极材料

纳米 ZnO 和纳米 $ZnFe_2O_4$ 材料一样，本身也可以作为锂离子电池负极材料，且具有良好的电化学性能[40,41]。将纳米 ZnO 和 $ZnFe_2O_4$ 复合，可以发挥两者之间的协同效应，使材料电化学性能得到改善[20]。在此，通过简单地调节原料中 Zn 和 Fe 的比例，利用均相沉淀法制备了 $ZnFe_2O_4/ZnO$ 复合电极材料，系统研究了 Zn 过量比例对制备的 $ZnFe_2O_4/ZnO$ 复合材料微观结构和储锂性能的影响规律。

按照以下步骤制备纯 $ZnFe_2O_4$ 和不同 ZnO 复合量的 $ZnFe_2O_4/ZnO$ 复合电极材料：①将锌铁摩尔比为分别为 1:2、1.05:2、1.1:2、1.15:2 和 1.2:2 的 $Zn(NO_3)_2 \cdot 6H_2O$ 和 $Fe(NO_3)_3 \cdot 9H_2O$ 用蒸馏水溶解，得到不同锌离子浓度的锌铁溶液；按尿素与溶液中三价铁离子的摩尔比为 40:1 的比例向锌铁溶液中加入尿素；加入蒸馏水使溶液中铁离子浓度为 0.30mol/L。②将上述溶液在反应温度为 80℃，搅拌速率为 400r/min 的条件下，恒温反应 6h 后取出，在冰浴中冷却 1h，得到砖红色沉淀，过滤沉淀并将沉淀置于干燥箱中于 80℃ 下干燥至恒重，得到铁酸锌前驱体。③将铁酸锌前驱体置于马弗炉中在空气气氛下 900℃ 烧结 6h。然后将制备的 5 个样品分别组装成 CR2025 型扣式半电池，具体操作步骤同 3.1。将原料液中锌铁摩尔比为 1:2、1.05:2、1.1:2、1.15:2 和 1.2:2 制备的样品用如下结构简式表示：

$ZnFe_2O_4$、$Zn_{1.05}Fe_2O_4$、$Zn_{1.1}Fe_2O_4$、$Zn_{1.15}Fe_2O_4$ 和 $Zn_{1.2}Fe_2O_4$

图 3-20(a) 是不同锌铁比例制备的 5 个电极材料的 XRD 图谱（测量条件：Cu 靶射线、$\lambda = 1.54056Å$、电流为 30mA、电压为 40kV、扫描速率为 20(°)/min 和扫描范围为 10°~70°）。从图中可以看出：锌铁比为 1:2 制备的样品为纯的正尖晶石型铁酸锌 $ZnFe_2O_4$（JCPDS 22-1012）；而锌铁比分别为 1.05:2、1.1:2、1.15:2 和 1.2:2 制备的样品的 XRD 图谱中，除了 $ZnFe_2O_4$（JCPDS 22-1012）的特征衍射峰外，还在 $2\theta = 31.8°$、$34.4°$、$36.3°$ 附近出现了 ZnO（JCPDS 36-1451）的特征衍射峰，并且随着锌铁比的增加，其特征衍射峰越来越明显，说明当原料液中锌铁比大于 1:2 时生成了 $ZnFe_2O_4/ZnO$ 复合材料。图 3-20(b) 是不同锌铁比

制备的电极材料在波速为 $2000 \sim 400\mathrm{cm}^{-1}$ 范围内的 FT-IR 图谱。对比锌铁比为 $1:2$ 制备的样品的 FT-IR 图谱，锌铁比为 $1.05:2$、$1.1:2$、$1.15:2$ 和 $1.2:2$ 制备的样品的 FT-IR 图谱中在 $1400\mathrm{cm}^{-1}$ 附近出现了 ZnO 中的 Zn—O 键特征吸收峰[41]，进一步证实了锌铁比大于 $1:2$ 时样品除了含有 $ZnFe_2O_4$ 相以外还含有少量的 ZnO，这与 XRD 分析结果一致。

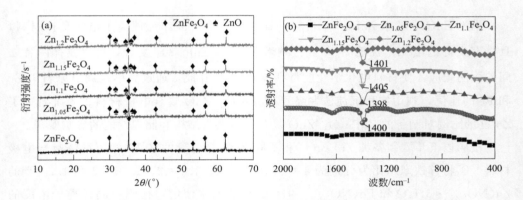

图 3-20　不同锌铁比例制备的样品的 XRD 谱图 (a) 和 FT-IR 谱图 (b)

图 3-21 为不同锌铁比制备的 $ZnFe_2O_4$ ［图 3-21（a）］和 $ZnFe_2O_4/ZnO$ ［图 3-21(b)～(e)］样品的 FESEM 图，放大倍数为 100 000 倍。从图中可以看出，锌铁摩尔比为 $1:2$ 制备的 $ZnFe_2O_4$ 样品由粒径约为 200nm 的不规则颗粒构成；锌铁摩尔比为 $1.05:2$ 制备的 $ZnFe_2O_4/ZnO$ 复合材料是由粒径较小（<50nm）的类球形颗粒和粒径较大（50～100nm）的不规则颗粒构成；随着锌铁比的逐渐增加，类球形小颗粒与不规则大颗粒逐渐融为一体，表面呈现出珊瑚状。

样品储锂性能研究的主要设备同 3.1 节。图 3-22 为不同锌铁比制备的样品电极第 4 圈的 CV 曲线。从图中可以看出，所有样品电极的还原峰和氧化峰的峰形和出峰位置非常接近，说明所有样品具有相同的反应机理。但是，5 个样品电极 CV 曲线的峰面积（S）和电位差（ΔE）却存在一定的差异。其中锌铁比为 $1.1:2$ 的样品（$Zn_{1.1}Fe_2O_4$）电极的 CV 曲线的 S 最大，说明其反应活性最好；余下依次是 $Zn_{1.15}Fe_2O_4$、$Zn_{1.05}Fe_2O_4$ 和 $Zn_{1.2}Fe_2O_4$ 样品电极；锌铁比为 $1:2$ 的空白 $ZnFe_2O_4$ 样品电极的 S 最小、反应活性最差。表 3-4 给出了 5 个样品电极第 4 圈 CV 曲线的阳极峰与阴极峰的电位差（ΔE）。从表中可以看出，5 个样品电极的 ΔE 有如下规律：$\Delta E（Zn_{1.1}Fe_2O_4）<\Delta E（Zn_{1.15}Fe_2O_4）<\Delta E（Zn_{1.05}Fe_2O_4）<\Delta E(Zn_{1.2}Fe_2O_4)<\Delta E(ZnFe_2O_4)$。说明锌铁比为 $1.1:2$ 的样品（$Zn_{1.1}Fe_2O_4$）

图 3-21 不同锌铁比制备的样品的 FESEM 图

电极电化学活性最佳、可逆性最好。

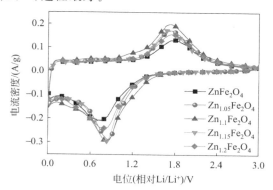

图 3-22 不同锌铁比制备的样品电极第 4 圈的 CV 曲线

表 3-4 不同锌铁比制备的样品电极的第 4 圈 CV 曲线的阳极峰与阴极峰电位差 ΔE

样品	$ZnFe_2O_4$	$Zn_{1.05}Fe_2O_4$	$Zn_{1.1}Fe_2O_4$	$Zn_{1.15}Fe_2O_4$	$Zn_{1.2}Fe_2O_4$
ΔE/mV	1060	884	862	870	920

图 3-23(a) 是不同锌铁比制备的 5 个样品电极的倍率性能曲线，充放电电流密度分别为 60mA/g、120mA/g、200mA/g、500mA/g、800mA/g 和 1000mA/g。从图中可以看出，制备的 5 个样品电极的倍率性能好坏规律为 $Zn_{1.1}Fe_2O_4 > Zn_{1.15}Fe_2O_4 > Zn_{1.05}Fe_2O_4 > Zn_{1.2}Fe_2O_4 > ZnFe_2O_4$，结果说明锌铁比大于 1:2 制备的 $ZnFe_2O_4/ZnO$ 复合电极材料优于锌铁比为 1:2 制备

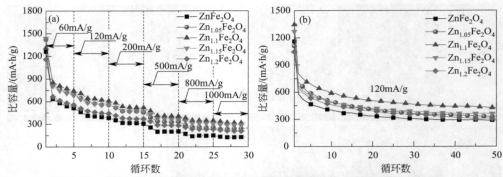

图 3-23　不同锌铁比例制备的样品电极的倍率性能曲线 (a)和循环性能曲线 (b)

的 $ZnFe_2O_4$。另外，5 个样品电极的放电比容量均随着电流密度的增大而减小。例如在 60mA/g、120mA/g、200mA/g、500mA/g、800mA/g、1000mA/g 电流密度下，$Zn_{1.1}Fe_2O_4$ 和纯 $ZnFe_2O_4$ 样品电极的放电比容量分别为 824mA·h/g 和 635mA·h/g、592mA·h/g 和 412mA·h/g、471mA·h/g 和 316mA·h/g、337mA·h/g 和 199mA·h/g、258mA·h/g 和 140mA·h/g、230mA·h/g 和 124mA·h/g，说明通过适当调节锌铁比例（1.1：2）制备 $ZnFe_2O_4$/ZnO 复合电极材料，可以显著改善 $ZnFe_2O_4$ 负极材料的倍率性能。这是因为 ZnO 作为一种半导体材料与 $ZnFe_2O_4$ 复合，通过两者协同作用，可以增强材料的电荷传导率，减小电荷传递电阻[42]。图 3-23（b）是不同锌铁比制备的样品电极在 120mA/g 电流密度下的循环性能曲线。从图中可以看出，锌铁摩尔比大于 1：2 制备的 $ZnFe_2O_4$/ZnO 复合电极材料的循环性能明显优于锌铁比为 1：2 的 $ZnFe_2O_4$ 电极材料，其中锌铁比为 1.1：2 制备的样品电极（$Zn_{1.1}Fe_2O_4$）的放电比容量最高，首圈放电比容量高达 1345mA·h/g，经过 5 圈充放电循环放电比容量衰减至 688mA·h/g，经过 20 圈充放电循环放电比容量降至 503mA·h/g，50 圈充放电循环后放电比容量基本稳定在 420mA·h/g。而锌铁比为 1：2 制备的 $ZnFe_2O_4$ 样品电极的首次放电比容量为 1160mA·h/g，经过 5 圈充放电循环放电比容量衰减至 467mA·h/g，经过 20 圈充放电循环放电比容量降至 334mA·h/g，50 圈充放电循环后放电比容量仅有 287mA·h/g。这说明在均相沉淀过程中适当的调整锌铁比至 1.1：2 可以获得具有较好循环稳定性的 $ZnFe_2O_4$/ZnO 复合电极材料。因为 ZnO 作为杂质相可能被吸附在 $ZnFe_2O_4$ 晶粒表面，对结晶成核过程产生抑制，避免 $ZnFe_2O_4$ 晶粒长大；另外，$ZnFe_2O_4$ 和 ZnO 复合，利用两相的协同作用可以有效缓解活性材料在循环过程中体积膨胀，从而改善材料的循环性能[20,32]。锌过量太少（如 $Zn_{1.05}Fe_2O_4$），生成的 ZnO 相

铁酸锌基电极材料
及储锂性能

太少，其作用有限，但锌过量太多（如 $Zn_{1.15}Fe_2O_4$ 和 $Zn_{1.2}Fe_2O_4$），两者协同产生积极作用的同时，小颗粒融到一起导致粒度再一次增大从而产生不利的影响。因此锌过量比例不能太大也不能太小。

图 3-24 是不同锌铁比制备的 5 个样品电极（$ZnFe_2O_4$、$Zn_{1.05}Fe_2O_4$、$Zn_{1.1}Fe_2O_4$、$Zn_{1.15}Fe_2O_4$ 和 $Zn_{1.2}Fe_2O_4$）在 120mA/g 电流密度下充放电循环第 1 圈、第 5 圈、第 20 圈和第 50 圈循环对应的充放电曲线。从 5 个样品电极第 1 圈的充放电曲线 [图 3-24(a)] 可以看出，5 个样品电极的放电平台和充电平台都分别在 0.8V 和 1.6V 附近，且 5 个样品电极都具有很大的首次不可逆容量，这主要是由于生成不可逆的 SEI 膜引起的[16]，其中 $Zn_{1.1}Fe_2O_4$ 样品电极的首圈放电容量最高。从图 3-24(b) 可以看出，5 个样品电极经过 5 圈充放电循环，放电电位明显提高，充放电平台缩短，极化增大、充放电比容量减小，其中 $Zn_{1.1}Fe_2O_4$ 样品电极充放电比容量最大，极化最小，库仑效率达到 96%。从图 3-24(c) 和图 3-24(d) 可以看出，随着循环圈数的逐渐增加，5 个样品电极的充放电平台进一步变短，充放电比容量进一步降低，极化逐渐增大，而且 $Zn_{1.1}Fe_2O_4$ 样品电极始终是 5 个样品电极中充放电平台最大、充放电比容量最高和极化最小的样品电极。另外，锌铁

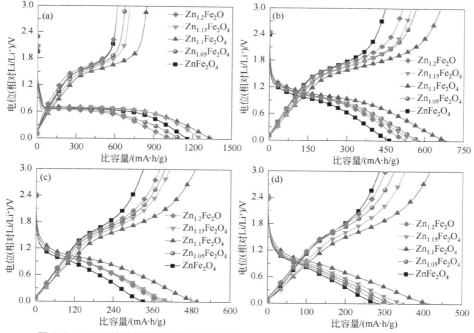

图 3-24　不同锌铁比制备的样品电极的在 120mA/g 电流密度下的第 1 圈 (a)、第 5 圈 (b)、第 20 圈 (c) 和第 50 圈 (d) 循环对应的充放电曲线

比大于 1：2 制备的 $Zn_{1.05}Fe_2O_4$、$Zn_{1.1}Fe_2O_4$、$Zn_{1.15}Fe_2O_4$ 和 $Zn_{1.2}Fe_2O_4$ 样品电极的充放电比容量均比锌铁比等于 1：2 制备的 $ZnFe_2O_4$ 样品电极大，极化均比 $ZnFe_2O_4$ 样品电极小，说明锌铁比大于 1：2，即锌过量[锌铁比（1.05～1.2）：2]有利于样品电极储锂性能的改善。

为了进一步研究不同锌铁比制备的样品电极储锂性能差异的原因，对制备的 $ZnFe_2O_4$、$Zn_{1.05}Fe_2O_4$、$Zn_{1.1}Fe_2O_4$、$Zn_{1.15}Fe_2O_4$ 和 $Zn_{1.2}Fe_2O_4$ 样品电极循环 50 圈后进行了 EIS 测试（频率为 10kHz～0.01Hz，振幅为 5mV，测试电位为工作电极完全充电态下的开路电位）。图 3-25 是不同锌铁比制备的样品电极循环 50 圈后的 Nyquist 图以及拟合所用的等效电路图。从图 3-25(a) 可以看出，5 个样品电极的电化学阻抗谱均由高频区的半圆和低频区的斜线组成。其中，高频区的半圆为电极电化学反应的电阻容抗弧，低频区的斜线为由离子扩散引起的 Warburg 阻抗[27]。采用图 3-25(b) 给出的等效电路图对 5 个样品电极的 Nyquist 图进行拟合可以得到 $ZnFe_2O_4$、$Zn_{1.05}Fe_2O_4$、$Zn_{1.1}Fe_2O_4$、$Zn_{1.15}Fe_2O_4$ 和 $Zn_{1.2}Fe_2O_4$ 样品电极的电化学反应阻抗分别为 260Ω、159Ω、118Ω、157Ω 和 204Ω。显然，锌铁比等于 1：2 制备的 $ZnFe_2O_4$ 样品电极的电化学反应阻抗最大，说明锌过量会使制备的 $ZnFe_2O_4/ZnO$ 复合电极材料的电化学反应更容易进行。另外，锌铁比为 1.1：2 制备的样品电极（$Zn_{1.1}Fe_2O_4$）拟合得到的电化学反应电阻最小，说明该样品电极的电化学反应最容易进行、活性最高。

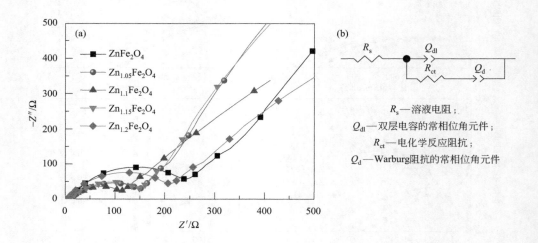

图 3-25　不同锌铁比制备的样品电极的 Nyquist 图 (a) 和拟合等效电路图 (b)

3.5

总结

① 以 Zn(NO$_3$)$_2$·6H$_2$O、Fe(NO$_3$)$_3$·9H$_2$O 和尿素为原料，采用均相沉淀法制备了前驱体，研究了前驱体烧结温度对合成材料微观结构和电化学性能的影响。XRD 分析发现 500℃下烧结前驱体获得的 ZnFe$_2$O$_4$ 样品结晶较差，并且含有明显的 ZnO 和 Fe$_2$O$_3$ 相的衍射峰；随着烧结温度的升高，ZnFe$_2$O$_4$ 样品中 ZnO 和 Fe$_2$O$_3$ 相逐渐减少，结晶变好；当烧结温度达到 900℃时可获得纯相并且结晶较好的 ZnFe$_2$O$_4$ 样品。FESEM 分析表明，随着烧结温度的升高，样品由均匀的类球形形貌转变为不规则的颗粒形貌，颗粒的粒径也随之增大。电化学测试表明，在 900℃下烧结的 ZnFe$_2$O$_4$ 样品具有最好的嵌锂活性、最高的电化学反应可逆性、最低的电化学反应阻抗和良好的倍率性能。

② 在均相沉淀制备 ZnFe$_2$O$_4$ 前驱体过程中引入了 P123，系统研究了不同 P123 加入量对制备样品的微观结构和储锂性能的影响规律。XRD 分析表明，制备的样品均为正尖晶石型 ZnFe$_2$O$_4$，随着 P123 加入量的增加，样品的平均晶粒尺寸逐渐减小。FESEM 测试表明，随着 P123 加入量的增加，样品的形貌逐渐由不规则颗粒变为球形颗粒，且颗粒尺寸逐渐减小。P123 加入量为 8% 制备的样品球形颗粒比例最大，颗粒尺寸最小。P123 加入量过大（10%）会导致小颗粒团聚。电化学性能研究表明，制备的 5 个样品电极中，P123 加入量为 8% 制备的样品电极的电化学活性最高，倍率性能和循环稳定性最好。在 120mA/g 电流密度下循环 50 圈，P123 加入量为 8% 制备的样品电极的放电比容量基本稳定在 463mA·h/g，而未加入 P123 制备的样品电极在 120mA/g 电流密度下循环 50 圈，其放电比容量仅为 250mA·h/g。因此，在采用均相沉淀法制备 ZnFe$_2$O$_4$ 前驱体的过程中加入适量的 P123 可以显著改善 ZnFe$_2$O$_4$ 电极材料的储锂性能。

③ 在均相沉淀法制备 ZnFe$_2$O$_4$ 前驱体过程中加入不同量的 P123，然后在 900℃氩气中烧结可以成功制备 ZnFe$_2$O$_4$/C 复合电极材料。研究发现，在制备过程中加入适量的 P123（P123 的质量与理论生成铁酸锌的质量之比的百分数为 2%）可以明显抑制 ZnFe$_2$O$_4$ 粒子的聚集，使颗粒较小且颗粒表面会出现许多小孔，进而有利于提高样品电极的储锂性能。然而，增加 P123 加入量（5%～10%）会导

致组成样品的颗粒之间发生严重团聚,颗粒变大,颗粒表面的小孔消失,从而使样品电极的储锂性能显著下降。因此,在制备的 5 个样品中,ZFO/C-2％样品电极具有最大的可逆容量、最好的倍率性能和循环稳定性、最佳的电化学反应动力学。

④ 在均相沉淀过程中通过调节锌铁摩尔比使锌过量不同比例制备 $ZnFe_2O_4$/ZnO复合电极材料,研究不同锌铁比制备的样品的微观结构和储锂性能。研究发现,随着锌过量比例的增加,制备的 $ZnFe_2O_4$/ZnO 复合材料中 ZnO 的量逐渐增多。ZnO 相的出现能够降低 $ZnFe_2O_4$ 颗粒大小,但随着 ZnO 量增多,两相颗粒相融使复合材料粒度增大。储锂性能研究发现,锌过量制备 $ZnFe_2O_4$/ZnO 复合材料有利于其性能的提升,但锌过量不能太高也不能太低。锌铁摩尔比为 1.1∶2 时制备的 $ZnFe_2O_4$/ZnO 样品电极具有最高的充放电比容量、最优的倍率性能和循环性能,以及最小的电化学反应阻抗。该样品电极在 120mA/g 的电流密度下循环,首圈放电比容量高达 1345mA·h/g,经过 50 圈循环放电比容量基本稳定在 420 mA·h/g,在 1000mA·h/g 的电流密度下,放电比容量仍有 230mA·h/g 的放电比容量。与适量的 ZnO 复合,可以利用两相之间的协同作用改善 $ZnFe_2O_4$ 的储锂电化学性能。

参考文献

[1] 王峰,吴锋,吴川,等. 均相沉淀法制备 LiFePO₄ 正极材料的电化学性能研究[J]. 华南师范大学学报:自然科学版,2009(z2):68-69.

[2] 周友元,何敏,周耀,等. 高容量球形 LiNi$_{0.5}$Co$_{0.2}$Mn$_{0.3}$O₂ 锂电正极材料的制备[J]. 矿冶工程,2012,32(5):113-115.

[3] Wu F,Wang Z,Su Y,et al. Synthesis and characterization of hollow spherical cathode Li$_{1.2}$Mn$_{0.54}$Ni$_{0.13}$Co$_{0.13}$O₂ assembled with nanostructured particles via homogeneous precipitation-hydrothermal synthesis [J]. Journal of Power Sources,2014,267:337-346.

[4] Zhu P,Yang Z,Zeng P,et al. Homogeneous precipitation synthesis and electrochemical performance of LiFePO₄/CNTs/C composites as advanced cathode materials for lithium ion batteries [J]. RSC Advances,2015,5(130):107293-107298.

[5] Park H K,Kim G. Ammonium hexavanadate nanorods prepared by homogeneous precipitation using urea as cathodes for lithium batteries [J]. Solid State Ionics,2010,181(5-7):311-314.

[6] Chen L,Wu P,Xie K,et al. FePO₄ nanoparticles embedded in a large mesoporous carbon matrix as a high-capacity and high-rate cathode for lithium-ion batteries [J]. Electrochimica Acta,2013,92(1):433-437.

[7] Shen D,Zhang D,Wen J,et al. LiNi$_{1/3}$Co$_{1/3}$Mn$_{1/3}$O₂ coated by Al₂O₃ from urea homogeneous precipitation method:improved Li storage performance and mechanism exploring [J]. Journal of Solid State Electrochemistry,2015,19(5):1523-1533.

[8] Wang J,Niu B,Du G,et al. Microwave homogeneous synthesis of porous nanowire Co₃O₄ arrays with high capacity and rate capability for lithium ion batteries [J]. Materials Chemistry and Physics,2011,126(3):747-754.

[9] Wu M,Chen J,Wang C,et al. Facile synthesis of Fe₂O₃ nanobelts/CNTs composites as high-performance anode for lithium-ion battery [J]. Electrochimica Acta,2014,132:533-537.

铁酸锌基电极材料
及储锂性能

[10] Dong H, Zhang H, Xu Y, et al. Facile synthesis of α-Fe₂O₃ nanoparticles on porous human hair-derived carbon as improved anode materials for lithium ion batteries [J]. Journal of Power Sources, 2015, 300: 104-111.

[11] Liu L, Song Z, Wang J, et al. Synthesis of Fe₂O₃/graphene composite anode materials with good cycle stability for lithium - ion batteries[J]. International Journal of Electrochemical Science, 2016, 11:8654-8661.

[12] Li Y, Xu W, Zheng Y, et al. Hierarchical flower-like nickel hydroxide with superior lithium storage performance [J]. Journal of Materials Science:Materials in Electronics, 2017, 28(22):17156-17160.

[13] Cao Z, Ding Y, Zhang J, et al. Submicron peanut-like MnCO₃ as an anode material for lithium ion batteries [J]. RSC Advances, 2015, 5(69):56299-56303.

[14] 李博, 刘顺强, 刘磊, 等. 杨桃状 ZnO 纳米片微球的制备及气敏性能的研究[J]. 无机化学学报, 2010, 26(4):591-595.

[15] Liu Z L, Wei T S. Direct growth Fe₂O₃ nanorods on carbon fibers as anode materials for lithium ion batteries [J]. Materials Letters, 2012, 72:74-77.

[16] Ding Y, Yang Y F, Shao H X. High capacity ZnFe₂O₄ anode material for lithium ion batteries [J]. Electrochimica Acta, 2011, 56(25):9433-9438.

[17] Shangguan E B, Chang Z R, Tong H W, et al. Comparative structural and electrochemical study of high density spherical and non-spherical Ni(OH)₂ as cathode materials for Ni-metal hydride batteries[J]. Journal of Power Sources, 2011, 196(18):7797-7805.

[18] 田宝珍, 汤鸿霄. 聚合铁的红外光谱和电导特征[J]. 环境化学, 1990, 9(6):70-76.

[19] 魏敏. 动态流化还原 FeOOH 法制备 α-Fe 纳米纤维及性能研究[D]. 武汉理工大学, 2007.

[20] Woo M A, Kim T W, Kim I Y, et al. Synthesis and lithium electrode application of ZnO-ZnFe₂O₄ nanocomposites and porously assembled ZnFe₂O₄ nanoparticles [J]. Solid State Ionics, 2011, 182(1):91-97.

[21] 张长拴, 赵峰, 张继军, 等. 纳米尺寸氧化铝的红外光谱研究[J]. 化学学报, 1999(3):275-280.

[22] 李莉娟, 孙凤久, 楼丹花, 等. 纳米氧化铝的晶型及粒度对其红外光谱的影响[J]. 功能材料, 2007, 38(3):479-481, 484.

[23] Xing Z, Ju Z C, Yang J, et al. One-step hydrothermal synthesis of ZnFe₂O₄ nano-octahedrons as a high capacity anode material for Li-ion batteries [J]. Journal of Nano Research, 2012, 5(7):477-485.

[24] Zhao H X, Jia H M, Wang S M, et al. Fabrication and application of MFe₂O₄(M= Zn, Cu) nanoparticles as anodes for Li ion batteries [J]. Journal of Experimental Nanoscience, 2011, 6(1):75-83.

[25] Guo X W, Lu X, Fang X P, et al. Lithium storage in hollow spherical ZnFe₂O₄ as anode materials for lithium ion batteries [J]. Electrochemistry Communications, 2010, 12(6):847-850.

[26] Li Y W, Yao J H, Zhu Y X, et al. Synthesis and electrochemical performance of mixed phase α/β nickel hydroxide [J]. Journal of Power Sources, 2012, 203:177-183.

[27] 庄全超, 魏涛, 魏国祯, 等. 尖晶石 LiMn₂O₄ 中锂离子嵌入脱出过程的电化学阻抗谱研究[J]. 化学学报, 2009, 67(19):2184-2192.

[28] Xia H, Qian Y Y, Fu Y S, et al. Graphene anchored with ZnFe₂O₄ nanoparticles as a high-capacity anode material for lithium-ion batteries [J]. Journal of Solid State Sciences, 2013, 17:67-71.

[29] Sui J H, Zhang C, Hong D, et al. Facile synthesis of MWCNT-ZnFe₂O₄ nanocomposites as anode materials for lithium ion batteries [J]. Journal of Materials Chemistry, 2012, 22(27):13674-13681.

[30] Xu H Y, Chen X L, Xu L Q, et al. A comparative study of nanoparticles and nanospheres ZnFe₂O₄ as anode material for lithium ion batteries [J]. International Journal of Electrochemical Science, 2012, 7(9): 7976-7983.

[31] Etacheri V, Marom R, Elazari R, et al. Challenges in the development of advanced Li-ion batteries:a review [J]. Energy and Environmental Science, 2011, 4(9):3243-3262.

[32] Bruce P G, Scrosati B, Tarascon J M, et al. Nanomaterials for Rechargeable Lithium Batteries [J]. Angewandte Chemie International Edition, 2008, 47(16):2930-2946.

[33] 陈小梅, 关翔凤, 李莉萍, 等. MFe₂O₄(M= Co, Zn)中空微球的气泡模板法合成及在锂离子电池中的应用 [J]. 高等学校化学学报, 2011, 33(3):624-629.

[34] Mueller F, Bresser D, Paillard E, et al. Influence of the carbonaceous conductive network on the electrochemical performance of ZnFe₂O₄ nanoparticles [J]. Journal of Power Sources, 2013, 236:87-94.

[35] Wu X, Jiang X, Huo Q, et al. Facile synthesis of Li₂FeSiO₄/C composites with triblock copolymer P123 and

their application as cathode materials for lithium ion batteries [J]. Electrochimica Acta,2012,80:50-55.

[36]   Mehran Rezaei,Khajenoori M ,Nematollahi B . Synthesis of high surface area nanocrystalline MgO by pluronic P123 triblock copolymer surfactant [J]. Powder Technology,2011,205(1-3):112-116.

[37]   肖松文,肖骁,曹建保,等 . 六氯苯机械化学还原脱氯 [J]. 环境科学与工程:英文版,2008,2(4): 45-49.

[38]   高善明,刘新,徐慧,等 . $SiO_2/TiO_{2-x}/C$ 的制备、表征及其吸附与可见光催化性能 [J]. 无机化学学报,2013,29(3):557-564.

[39]   Rui X H,Li C,Chen C H. Synthesis and characterization of carbon-coated $Li_3V_2(PO_4)_3$ cathode materials with different carbon sources [J]. Electrochimica Acta,2009,54(12):3374-3380.

[40]   Huang X H,Xia X H,Yuan Y F,et al. Porous ZnO nanosheets grown on copper substrates as anodes for lithium ion batteries [J]. Electrochimica Acta,2011,56(14):4960-4965.

[41]   Wang H B,Pan Q M,Cheng Y X,et al. Evaluation of ZnO nanorod arrays with dandelion-like morphology as negative electrodes for lithium-ion batteries [J]. Electrochimica Acta,2009,54(10):2851-2855.

[42]   Ng H S,Wang J Z,Wexler D,et al. Amorphous carbon-coated silicon nanocomposites:a low-temperature synthesis via spray pyrolysis and their application as high-capacity anodes for lithium-ion batteries [J]. Journal of Physical Chemistry:Part C,2007,111(29):11131-11138.

铁酸锌基电极材料
及储锂性能

第 4 章
化学共沉淀法制备铁酸锌基电极材料及其储锂性能研究

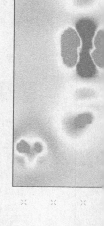

化学共沉淀法（chemical coprecipitation method）是指在含有两种或两种以上的阳离子的均相溶液中加入合适的沉淀剂，使溶液中含有的两种或两种以上阳离子共同沉淀下来，生成的均匀沉淀物经过过滤、洗涤、干燥、煅烧等步骤得到高纯的粉体材料。化学共沉淀法是制备含有两种或两种以上金属氧化物超细粉体的重要方法。化学共沉淀法的优点是制备工艺简单、成本低、制备条件易于控制、设备简单、合成周期短、产品性能较好等；缺点在于沉淀剂的加入会导致溶液的局部浓度过高，从而产生团聚或组成不均。化学共沉淀法在制备高性能二元或多元金属氧化物锂离子电池材料方面同样发挥着重要作用。表 4-1 摘录了近十年来研究学者利用化学共沉淀法制备高性能锂离子电池用二元或多元金属氧化物电极材料的部分研究报道。从调研的文献看，有关化学共沉淀法制备高性能铁酸锌电极材料的研究还很少。在此，我们采用化学共沉淀法对铁酸锌电极材料、铁酸锌和氧化锌复合电极材料以及掺杂铁酸锌电极材料进行了设计制备，并对其储锂性能和机理进行了较深入的研究。

表 4-1　利用化学共沉淀法制备高性能锂离子电池用二元或多元金属氧化物电极材料的研究

制备的样品	储锂性能	文献
CrNbO$_4$	在 16mA/g 电流密度下循环 50 圈比容量保持在 210mA·h/g；在电流密度为 32mA/g、80mA/g 和 160mA/g 时，比容量分别为 232.4mA·h/g、176.8mA·h/g 和 137.1mA·h/g	[1]
一维 ZnMn$_2$O$_4$ 纳米棒	在 0.1C 和 0.5C 下，放电比容量分别为 1119.3mA·h/g 和 572.6mA·h/g；在 0.5C 下循环 300 圈，容量保持率为 80%	[2]
分级 Co$_3$V$_2$O$_8$ 微球	在 500mA/g 电流密度下，初始放电比容量为 1099.0mA·h/g，循环 200 圈后容量保持率为 114.3%；在 2000mA/g 的电流密度下平均放电比容量为 545.5mA·h/g	[3]
反尖晶石型 SnFe$_2$O$_4$ 纳米颗粒	初始充电和放电比容量为 780mA·h/g 和 1361mA·h/g；在 100mA/g 的电流密度下循环 150 圈，可逆比容量为 534mA·h/g 和 540mA·h/g，容量保持率为 68.5%	[4]
FeTaO$_4$	在 16mA/g 电流密度下循环 100 圈比容量保持在 200mA·h/g	[5]
海胆状 NiCo$_2$O$_4$ 中空纳米球	在 0.1C 下，放电比容量为 1232.3mA·h/g，初始库仑效率为 78.4%；在 0.5C 下循环 100 圈，容量保持率为 95.6%	[6]
多孔 Zn$_{0.5}$Ni$_{0.5}$Co$_2$O$_4$	初始库仑效率为 84%，在 100mA/g 电流密度下循环 50 圈比容量约为 1445mA·h/g；在 1500mA/g 电流密度下循环 200 圈，可逆比容量仍可达到约 730mA·h/g。倍率能力：在 500 和 6000mA/g 电流密度下，比容量分别为约 1080mA·h/g 和约 425mA·h/g	[7]
薄片结构的 ZnCo$_2$O$_4$	在 100mA/g 电流密度下循环 50 圈，比容量 1275mA·h/g。倍率能力：在 500mA/g 和 3000mA/g 电流密度下，比容量分别为 1130mA·h/g 和 730mA·h/g	[8]
花絮穗状 ZnFe$_2$O$_4$	初始放电比容量为 1647.2mA·h/g；在 100mA/g 电流密度下循环 100 圈，比容量 1398.1mA·h/g；在 1200mA/g 电流密度下放电比容量为 766mA·h/g	[9]
介孔 ZnFe$_2$O$_4$ 纳米棒	在 100mA/g 电流密度下循环 50 圈，可逆比容量仍可达到 983mA·h/g	[10]

铁酸锌基电极材料
及储锂性能

4.1

化学共沉淀法制备纳米铁酸锌电极材料

采用化学共沉淀法制备 $ZnFe_2O_4$ 前驱体，将前驱体冷冻干燥后在不同温度下烧结获得 4 个 $ZnFe_2O_4$ 样品，具体制备过程如下：① 将 5mmol $ZnSO_4 \cdot 7H_2O$，和 10mmol $FeSO_4 \cdot 7H_2O$ 溶于 100mL 去离子水中，超声分散 10min，获得均一的锌铁混合溶液。② 在室温持续搅拌（转速为 400r/min）下，将 250mL NH_4OH 水溶液（约 0.34mol/L）逐滴加入步骤①的锌铁混合溶液中，连续搅拌 6h，然后将含有沉淀物的母液在室温下放置 12h。③ 将获得的沉淀进行过滤，并用去离子水反复洗涤滤饼至滤液呈中性，冷冻干燥至恒重，获得铁酸锌前驱体。④ 将制备的前驱体置于马弗炉中以 5℃/min 的升温速度从室温分别升温至 600℃、700℃、800℃ 和 900℃ 并保温 2h，随炉冷却后得到不同烧结温度下制备的 4 个 $ZnFe_2O_4$ 样品。

为了弄清化学共沉淀法制备的 $ZnFe_2O_4$ 前驱体在空气中烧结的热分解行为，采用美国 TA 公司 SDTQ600 型热分析仪对 $ZnFe_2O_4$ 前驱体的热稳定性能进行了分析，测试的温度范围为 25~900℃，升温速率为 10℃/min，空气气氛，其测试结果如图 4-1（a）所示。从图中可以看出，样品共有三个失重区间：其中 25~100℃ 的失重区间对应的是前驱体表面吸附水分的失去[11]，质量损失量约 6%；100~600℃ 的非常明显的失重区间对应的是前驱体中 $Fe(OH)_3$、$FeO(OH)$、$Zn(OH)_2$ 和 $Fe_{0.78}Zn_{0.24}O_{1.165}$ 转化为尖晶石型 $ZnFe_2O_4$ 和 H_2O，生成的水高温蒸发[12,13]，质量损失量约 15%；600~800℃ 的不太明显的失重区间对应的是吸附的少量硫酸盐的蒸发[14]，质量损失量约 1.6%。800~900℃ 范围内没有发现失重区间，说明当分解温度大于 800℃ 时，已经生成了稳定的尖晶石型 $ZnFe_2O_4$ 相。根据热重分析结果，铁酸锌前驱体的烧结温度确定为 600~900℃。为了确定制备的样品的物相结构，采用荷兰帕纳科公司 PANalytica X′Pert³ Powder X 射线衍射仪对不同温度烧结样品的物相结构进行了分析，测试电流为 30mA，电压为 40kV，采用 Cu 靶射线，$\lambda = 0.15405nm$，扫描速率为 5(°)/min，扫描范围为 15°~80°。图 4-1（b）给出了不同温度烧结样品的 XRD 谱图。从图中可以看出，

4 个温度烧结的样品均分别在 2θ 为 29.9°、35.3°、42.8°、53.1°、56.6°和 62.2° 附近出现了明显的衍射峰，这些衍射峰与尖晶石型 $ZnFe_2O_4$ 的标准图谱（JCPDS 22-1012）的衍射峰相一致，4 个样品均没有观察到其他杂质峰，说明不同温度烧结的 4 个样品均为高纯的尖晶石型 $ZnFe_2O_4$。对比 4 个样品的衍射峰可以发现，随着烧结温度的升高，样品的衍射峰越来越尖锐，说明随着温度的升高，样品的结晶度越来越好。采用 Jade 软件计算得到 4 个样品的平均晶粒尺寸分别为 13.0nm（600℃）、22.4nm（700℃）、55.1nm（800℃）和 62.3nm（900℃）。计算结果表明，烧结温度越高，生成的 $ZnFe_2O_4$ 的结晶越好，晶粒逐渐长大导致晶粒尺寸逐渐增大。

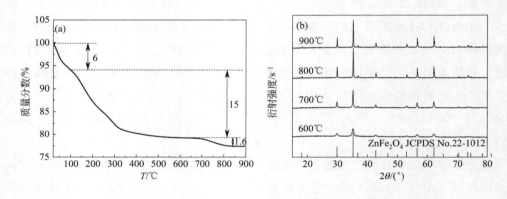

图 4-1　前驱体的 TG 曲线 (a) 和不同温度烧结样品的 XRD 谱图 (b)

为了进一步了解不同烧结温度对制备的 $ZnFe_2O_4$ 样品表面形貌的影响，采用日本日立 SU5000 型场发射扫描电子显微镜（FESEM）观察了不同温度烧结样品的表面形貌，放大倍数分别为 2000、20 000、50 000 和 100 000 倍，如图 4-2 所示。从较低的放大倍数（2000 倍）的 FESEM 图［图 4-2(a)(e)(i)(m)］可以看出，4 个样品均为不规则的块状形貌，表面看不出明显差别。但是，在高放大倍数下可以观察出 4 个样品实质上是由类球形颗粒构成，且 4 个样品之间存在明显的差异。随着烧结温度的升高初级小颗粒逐渐增大，其中 600℃烧结样品的初级颗粒最小（约 50nm）；700℃烧结样品颗粒的分散程度得到明显改善，颗粒尺寸在 50~100nm 范围内；800℃烧结样品的初级颗粒大小在 100nm 左右，颗粒分布非常均匀，且颗粒之间相互连接形成大量空隙；900℃烧结样品的初级颗粒尺寸最大，最小颗粒尺寸在 100nm 左右，最大颗粒尺寸 300nm 左右，颗粒与颗粒连接边界清晰。图 4-3 是 800℃烧结制备的 $ZnFe_2O_4$ 样品的透视电子显微镜

（TEM）图像和高分辨率透射电子显微镜（HRTEM）图像。从图 4-3（a）（b）可以看出，该样品的粒径在 $50\sim100$nm 范围内，这与 XRD 数据计算的结果一致。HRTEM 图［图 4-3（c）］显示出该 $ZnFe_2O_4$ 样品的初级纳米颗粒为单晶颗粒，晶格条纹间距为 0.49nm，对应尖晶石型 $ZnFe_2O_4$ 的（111）晶面。这种纳米颗粒构成的团聚体有望在以下几个方面提高其电化学性能：①纳米结构为锂离子的快速扩散提供了大的比表面积和短的扩散路径；②纳米颗粒之间的刚性连接为 $ZnFe_2O_4$ 样品提供了连续的电子传递通道；③相互连接的纳米颗粒形成的大量空隙不仅确保了电解液的有效渗透，而且还可以缓解样品在放电/充电循环时因体积变化而产生的内应力。

图 4-2 600℃（a~d）、700℃（e~h）、800℃（i~l）和 900℃（m~p）烧结样品的 FESEM 图

图 4-4 显示了 800℃烧结制备的 $ZnFe_2O_4$ 样品的氮吸附-脱附等温线，测试设备为 Tristar Ⅱ-3020 型氮吸附仪。当相对压力（p/p_0）为 $0.1\sim0.95$ 范围时，该样品的吸附-脱附等温线属于 IUPAC 分类中的Ⅳ型吸附等温线，且具有明显的 H3 型滞后回线，这是介孔材料的典型特征。计算得到该 $ZnFe_2O_4$ 样品的 BET 比表面

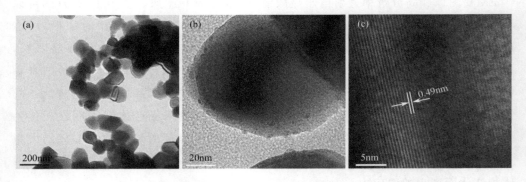

图 4-3　800℃烧结制备的 ZnFe₂O₄ 样品的 TEM 图 (a) (b) 和 HRTEM 图 (c)

积为 $7.5 m^2 /g$，平均孔径为 $3.6nm$，孔容积为 $0.0132 cm^3 /g$。该材料较大的比表面积和介孔结构有利于 ZnFe₂O₄ 电极的电化学反应和电解液的渗透。

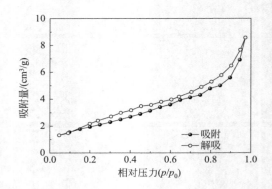

图 4-4　800℃烧结制备的 ZnFe₂O₄ 样品的氮吸附-脱附等温线

　　将制备的 4 个 ZnFe₂O₄ 样品分别组装成 CR2016 扣式半电池，具体操作步骤为：将制备的 ZnFe₂O₄ 材料作为活性材料，Super P 炭黑作为导电剂，聚偏氟乙烯（PVDF）作为黏结剂，按质量比 6∶3∶1 混合研磨均匀后，加入适量的 N-甲基-2-吡咯烷酮（NMP）作为溶剂，将其调匀成浆后均匀涂覆在铜箔上，在 80℃下真空干燥 12h，利用 SZ-50-15 型压片机冲裁成直径为 15mm 的电极片；以 ZnFe₂O₄ 电极片为工作电极（活性物质的载量为 $1.0 mg/cm^2$），金属锂片为对电极和参比电极，聚丙烯（PP）多孔膜（Celgard 2400）为隔膜，$1mol/L$ LiPF₆ 的碳酸乙烯酯（EC）、碳酸二甲酯（DMC）和碳酸二乙烯酯（DEC）的混合液（体积比 1∶1∶1）为电解液，在充满氩气的手套箱 ［MIKPROUNA，米开罗那（中国）有限公司］

中组装成电池。采用 CHI860D 电化学工作站（北京科伟永兴仪器有限公司）对样品电极进行循环伏安（CV）和电化学阻抗谱（EIS）测试。CV 测试的扫描速率为 0.1mV/s，电位扫描范围为 0.005～3 V。EIS 测试频率为 10 kHz～0.01Hz，所用正弦激励交流信号振幅为 5mV，测试电位为工作电极完全充电态下的开路电位。采用新威电池测试系统（型号为 BTS-5V1A）测试电极的充放电性能，恒温 25℃，测试的电压范围为 0.01～3.0 V，其中倍率性能测试的电流密度分别为 0.5A/g、1A/g、2A/g、3A/g、4A/g 和 5A/g，循环性能测试在 0.5A/g 电流密度下循环 100 圈，在 1A/g 电流密度下循环 280 圈。

图 4-5 为不同温度烧结样品电极在 0.1mV/s 的扫描速率下第 1 圈和第 4 圈的循环伏安（CV）曲线。如图 4-5(a) 所示，所有样品电极第 1 圈负向扫描时在 0.64V 附近出现了一个尖锐的还原峰，其对应 Zn^{2+}、Fe^{3+} 被还原成单质 Zn、Fe、Zn 与 Li^+ 的合金化反应，以及电解液分解生成固体电解质界面膜（SEI 膜）的过程[15,16]；所有样品电极在第 1 圈正向扫描时在 1.58V 附近出现了一个氧化峰，对应单质 Zn、Fe 被氧化成 ZnO、Fe_2O_3 和 Li-Zn 合金的去合金化的可逆过程[17-20]。与第 1 圈 CV 曲线比较，第 4 圈 CV 曲线 [图 4-5(b)] 的还原峰从 0.64V 移至 0.84V 附近且还原峰明显变弱，这主要是由首圈嵌锂过程中 SEI 膜生成和电极活性物质结构变化引起的[21]；第 4 圈的氧化峰从 1.58V 移至 1.67V 附近，这可能是由电极活性材料结构变化导致的[22]。对比不同温度烧结的 4 个样品电极在第 4 圈的 CV 曲线可以发现，900℃烧结样品电极的峰面积最大，说明 900℃烧结样品电极的活性最大。表 4-2 给出了 4 个样品电极氧化峰电位（V_O）和还原峰电位（V_R）之差，即电位差（ΔE）值。从表中可以看出，ΔE（800℃）$<\Delta E$（900℃）$<\Delta E$（700℃）$<\Delta E$（600℃），显然 800℃烧结样品电极的可逆性最好[23]。

表 4-2　不同温度烧结样品电极的第 4 圈 CV 曲线的氧化峰电位与还原峰电位的电位差 ΔE

烧结温度/℃	600	700	800	900
ΔE/mV	750	747	696	699

图 4-6 为不同温度烧结的 $ZnFe_2O_4$ 样品电极在 0.5A/g 和 1A/g 的电流密度下的循环性能曲线 [图 4-6(a)(f)] 以及不同温度烧结样品电极在电流密度为 0.5A/g 下循环不同圈数对应的充放电曲线 [图 4-6(b)～(e)]。从图 4-6(a) 可以看出，4 个样品电极的首圈放电比容量分别为 1313mA·h/g、1274mA·h/g、1320mA·h/g 和 1222mA·h/g，但是第 2 圈时它们的放电比容量分别降至 1003mA·h/g、915mA·h/g、888mA·h/g 和 792mA·h/g，可见首圈的比容量损失较大，特别

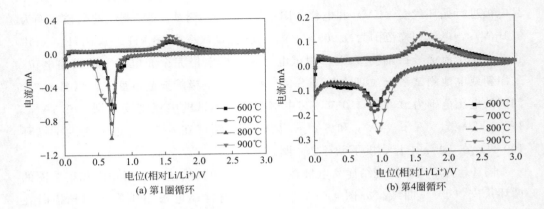

图 4-5　不同温度烧结样品电极的第 1 圈和第 4 圈循环的 CV 曲线　(0.1mV/s)

是烧结温度为 800℃和 900℃制备的样品，首圈容量的损失主要是由于首圈放电过程中在活性材料表面生成了不可逆的 SEI 膜[24]；4 个样品电极的比容量随着循环数的增加缓慢衰减直到最低，然后又逐渐增大。例如 600℃烧结的样品电极循环 70 圈放电比容量降至最低（623mA·h/g），然后随着循环数增加而缓慢增加，当循环至 100 圈时比容量增加至 697mA·h/g；700℃烧结的样品电极循环 35 圈放电比容量降至最低（706mA·h/g），然后随着循环数增加而缓慢增加，当循环至 100 圈时比容量增加至 763mA·h/g；800℃烧结的样品电极循环 28 圈放电比容量降至最低（687mA·h/g），然后随着循环数增加而增加得相对较快，当循环至 100 圈时比容量增加至 898mA·h/g；900℃烧结的样品电极循环 19 圈放电比容量降至最低（618mA·h/g），然后随着循环数增加而增加得也比较快，当循环至 100 圈时比容量增加至 851mA·h/g。随着循环数的增加，放电比容量逐渐增加，这主要是因为随着循环的进行在电极活性材料表面可逆生成聚合物胶体膜引起的储锂容量的提高[25-27]。通过对比发现，800℃烧结的 $ZnFe_2O_4$ 样品电极的比容量和循环性能明显优于其他 3 个温度烧结制备的 $ZnFe_2O_4$ 电极。4 个样品在 1A/g 电流密度下循环 280 圈的循环性能曲线 [图 4-6(f)] 同样可以看出，放电比容量随着循环圈数的增加先降低后又逐渐增加，其中 800℃烧结的 $ZnFe_2O_4$ 样品电极表现出最高的比容量和循环性能，该电极材料在 1A/g 电流密度下循环 280 圈仍具有 834mA·h/g 放电比容量，而 700℃烧结样品在相同条件下比容量仅有 672mA·h/g。图 4-6 (b)~(e) 分别给出了 4 个样品电极在 0.5A/g 电流密度下循环数为 1、2、10、25、50 和 100 的充放电曲线。4 个样品电极第 1 圈的放电曲线在 0.8V 左右出现了一个

铁酸锌基电极材料
及储锂性能

较长的放电平台，最后逐渐下降到 0.01V 的截止电位，这对应于 $ZnFe_2O_4$ 的还原反应和电极活性材料表面 SEI 膜的生成[28]；随着循环圈数的增加，放电平台移至 1.0V 左右，这与 CV 分析结果相吻合。4 个样品电极的充电曲线均在 $1.5\sim2.0V$ 处出现一个倾斜的平台，这是由于充电过程中单质 Zn 和 Fe 被氧化为 Zn^{2+} 和 Fe^{3+}[29]。另外，在充放电 50 圈之前，随着充放电圈数的增加，600℃和 700℃烧结样品的充放电平台逐渐缩短，而循环至 100 圈时，其充放电平台又略微变长；800℃和 900℃烧结样品的充放电平台在前 25 圈随着充放电圈数增加而逐渐缩短，而第 50 和 100 圈又逐渐恢复变长。4 个样品充放电 100 圈时，800℃烧结样品电极的充放电平台最明显，充放电比容量最大，放电和充电比容量分别为 898mA·h/g 和 884mA·h/g，库仑效率可达 98.4%。

图 4-7(a) 是不同温度烧结的 $ZnFe_2O_4$ 样品电极在不同电流密度下的倍率性能曲线。从图 4-7(a) 中可以看出，制备的 4 个 $ZnFe_2O_4$ 样品电极具有相同的倍率性能趋势，即随着电流密度的增大，放电比容量逐渐减少，这是因为当电流密度从小逐渐变大时，电池内部发生的反应是由深充深放逐渐变为浅充浅放，嵌锂能力逐渐减弱，从而使放电比容量逐渐降低。另外，4 个样品电极经过不同电流密度充放电数圈后重新恢复到最初的 0.5A/g 时，样品电极的放电比容量恢复能力较好，表明 4 个烧结温度制备的 $ZnFe_2O_4$ 样品电极具有良好的电化学反应可逆性。对比 4 个样品电极的倍率性能可以发现，800℃烧结所得的样品电极倍率性能最优，其次是 900℃和 700℃烧结制备的样品电极，600℃烧结样品电极的倍率性能相对最差。例如 800℃烧结样品电极在 0.5A/g、1A/g、2A/g、3A/g、4A/g、5A/g、0.5A/g 电流密度下放电比容量分别为 976mA·h/g、800mA·h/g、668mA·h/g、593mA·h/g、550mA·h/g、514mA·h/g 和 806mA·h/g，而相同电流密度下 600℃烧结样品电极的放电比容量分别为 817mA·h/g、625mA·h/g、485 mA·h/g、409mA·h/g、362mA·h/g、325mA·h/g 和 514mA·h/g。800℃烧结的 $ZnFe_2O_4$ 样品电极具有如此优异的倍率性能可能与其适中的颗粒大小有关；600℃和 700℃烧结的样品结晶不好，颗粒虽小但团聚和不均匀性相对严重；900℃烧结的样品，颗粒大，活性材料比表面积小。图 4-7(b)～(e) 是不同温度烧结样品电极在不同电流密度下对应的充放电曲线。从图中可以看出，随着电流密度的增大，4 个样品电极的放电电位逐渐降低，充电电位逐渐升高，这主要是由于极化效应影响的结果。4 个样品电极中，800℃烧结样品电极的极化最小，不同电流密度下充放电比容量最高，即使在 5 A/g 的大电流密度下，也能很好地区分充放电平台，放电容量仍远高于石墨负极的理论容量（372mA·h/g）。

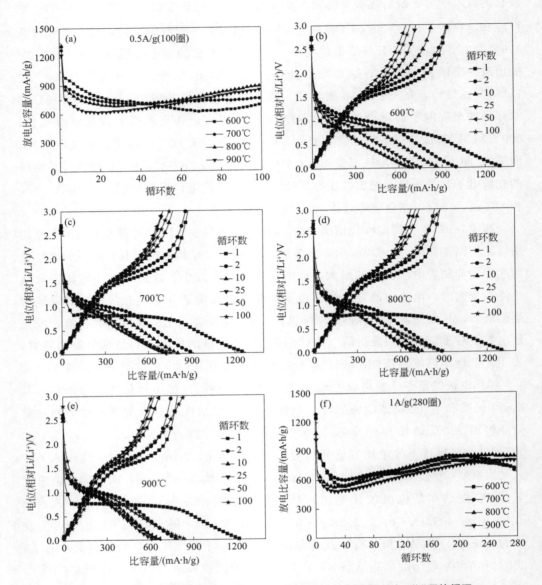

图 4-6　不同温度烧结样品电极在电流密度为 0.5A/g（a）和 1A/g（b）下的循环
性能曲线，以及 0.5A/g 下不同温度烧结样品在不同循环数的充放电曲线（b～e）

图 4-8（a）～（d）是对不同温度烧结所得的 $ZnFe_2O_4$ 样品电极，在 0.5A/g 电流密度下循环不同圈数后进行 EIS 测试所得的 Nyquist 图，测试在全充电状态下进行。从图中可以看出，4 个样品电极的电化学阻抗谱图都是由高频区的半圆和低频区的斜线两部分组成。其中，高频区的半圆为电极电化学反应的电阻

铁酸锌基电极材料
及储锂性能

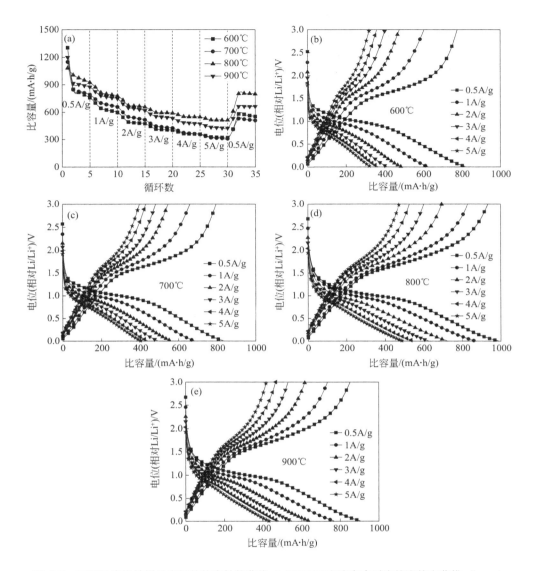

图 4-7 不同温度烧结样品电极的倍率性能曲线 (a)和不同电流密度对应的充放电曲线 (b～e)

容抗弧，低频区的斜线为由锂离子扩散引起的 Warburg 阻抗[30,31]。值得注意的是，当 4 个样品电极循环到第 60 圈后，它们的 Nyquist 曲线在高频区出现了两个半圆弧，因此在分析 4 个样品电极第 60 圈和第 100 圈阻抗时分别用两个半圆弧进行拟合。采用图 4-8(e) 所示的拟合电路对 Nyquist 图进行分析和拟合，得到 600℃、700℃、800℃、900℃下烧结样品电极的电化学反应阻抗值

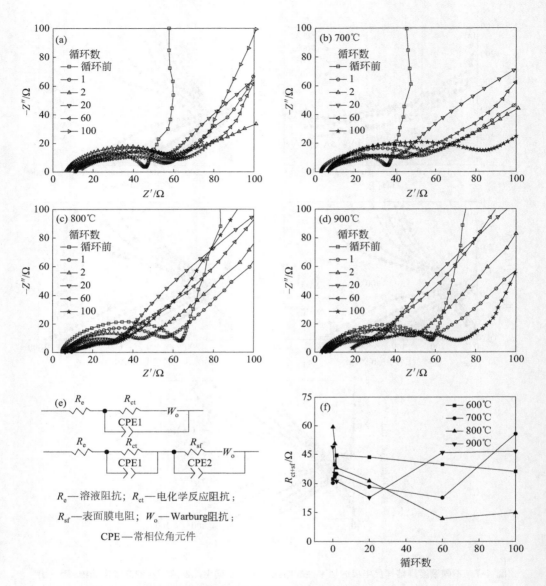

图 4-8　不同温度烧结样品电极循环不同圈数后的 Nyquist 图 (a~d)，
拟合所用的等效电路图 (e) 和拟合所得的 R_{ct+sf} 值 (f)

(R_{ct+sf})，如图 4-8(f) 所示。从图 4-8(f) 可以看出，前 20 圈循环，600℃和 700℃
烧结制备的样品电极 R_{ct+sf} 值的变化趋势一致，即 R_{ct+sf} 值随着循环数增加先升
高后减小；而 800℃和 900℃烧结制备的样品电极 R_{ct+sf} 值的变化趋势一致，即
R_{ct+sf} 值随着循环数增加而减小。4 个样品电极经过 20 圈循环的 Nyquist 图拟合的

铁酸锌基电极材料
及储锂性能

R_{ct+sf} 值分别为 43.5Ω、28.3Ω、31.4Ω 和 22.7Ω。然而，随着循环数的继续增加，800℃烧结样品电极表现出相对最小的 R_{ct+sf} 值，例如第 60 圈和第 100 圈的 R_{ct+sf} 值仅为 11.9Ω 和 14.9Ω。因此，800℃烧结样品电极在 60 圈之后电极反应最容易进行，可逆容量最高。

综合比较不同温度烧结制备的 4 个样品电极的储锂性能发现，烧结温度为 800℃制备的样品电极的储锂性能相对最优，为此对该样品进行了更深入的研究。图 4-9 是 800℃烧结制备的 $ZnFe_2O_4$ 样品电极循环前和在 0.5A/g 电流密度下循环 100 圈后的 FESEM 图。从图 4-9(a)~(c) 可以看出，循环之前的 $ZnFe_2O_4$ 样品电极是由相互连接的初级纳米颗粒构成，纳米颗粒表面光滑。经过 100 次循环后，电极仍然保持良好的结构完整性。通过仔细观察可以发现，初级纳米颗粒呈不规则形态，且不规则纳米颗粒表面出现了一些裂纹，但纳米颗粒之间相互连接良好，说明在反复循环的情况下电极仍具有一定的柔韧性，可以缓冲体积的膨胀/收缩。$ZnFe_2O_4$ 样品良好的机械强度是由于其相互连接形成的多孔结构，能够缓冲放电/充电过程中体积变化引起的机械应力，保持结构的完整性。

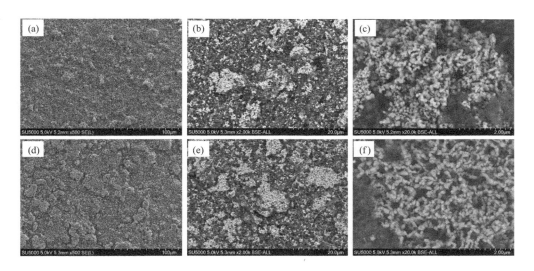

图 4-9 800℃烧结制备的 $ZnFe_2O_4$ 样品电极循环前 (a~c)
和在 0.5A/g 电流密度下循环 100 圈后 (d~f) 的 FESEM 图

为了进一步揭示制备的 $ZnFe_2O_4$ 样品电极具有优异的循环稳定性和高倍率率能力的可能原因，在不同的扫描速率下对不同烧结样品电极进行了 CV 测试，结果如图 4-10 所示。随着扫描速率的增加，样品电极的还原峰逐渐向低电位方向移动，氧化峰轻微向高电位方向移动；另外，氧化峰和还原峰的面积随着扫描速率的增加而逐渐增大。在测定的扫描速率范围（0.1~1.2mV/s）内，4个样品电极的CV曲线均能够保持良好的形状，说明这4个样品电极的电化学反应具有良好的可逆性。已有研究表明，当电极的活性材料的尺寸减小到纳米级时，赝电容效应对总电荷有显著的贡献[32-34]。由于制备的$ZnFe_2O_4$样品电极是由非常小的初级纳米粒子构成的，因此可以推测它们在电化学反应过程中可能表现出显著的赝电容效应。赝电容效应对电极总电荷存储的定量贡献可以用扫描伏安法来估算[34]。在该方法中，固定电位下的总电流响应$i(V)$可分为赝电容效应电流响应（k_1v）和扩散控制过程电流响应（$k_2v^{1/2}$），计算式如下[35]：

$$i(V) = k_1v + k_2v^{1/2} \tag{4-1}$$

$$i(V)/v^{1/2} = k_1v^{1/2} + k_2 \tag{4-2}$$

式中，v为扫描速率；k_1、k_2为常数。在固定的电压下，通过线性拟合$v^{1/2}$和$i(V)/v^{1/2}$，根据直线的斜率和截距可以分别计算出k_1和k_2。因此，通过该方法可以从固定电位下的总电流响应$i(V)$中区分出赝电容效应电流响应（k_1v）和扩散控制过程电流响应（$k_2v^{1/2}$）。图4-11给出了制备的4个$ZnFe_2O_4$样品电极在扫描速率分别为0.3mV/s和0.8mV/s下的赝电容效应电流响应与总电流响应分布的比较，其中（a）（b）600℃、（c）（d）700℃、（e）（f）800℃、（g）（h）900℃，黑色线是固定扫描速率下对应的CV曲线，所围面积为总电流响应；虚线所围面积（阴影部分）为赝电容效应所贡献的电流响应。显然，赝电容效应对总电荷容量有相当大的贡献，特别是在电位范围为-0.8~0.01V的嵌锂过程中，4个样品电极的赝电容贡献非常显著。图4-12（a）~（d）分别给出了600℃、700℃、800℃和900℃烧结的$ZnFe_2O_4$样品电极在不同扫描速率下赝电容贡献比容量与扩散过程控制贡献比容量比例。从图中可以看出，4个样品电极的赝电容贡献均随着扫描速率的增加而逐渐增大。例如当扫描速率为0.1mV/s时，4个样品电极的赝电容对总电荷容量的贡献比例分别为41%、40%、46%、52%；而当扫描速率增大到1.2mV/s时，4个样品电极的赝电容贡献分别增加至71%、70%、75%、79%。另外，4个样品电极在各种扫描速率下赝电容效应对总电荷容量的贡献都比较大，特别是较大的扫描速率（＞0.5mV/s）下，赝电容效应对总电荷容量的贡献均大于60%。由于本文制备的$ZnFe_2O_4$样品电极具有显著的赝电容效应，产生明显的表面或近表面电荷存储，因此它们要比那些主要基于缓慢的扩散控制反应机理的电极材料具有更加优异的倍率和循环性能。

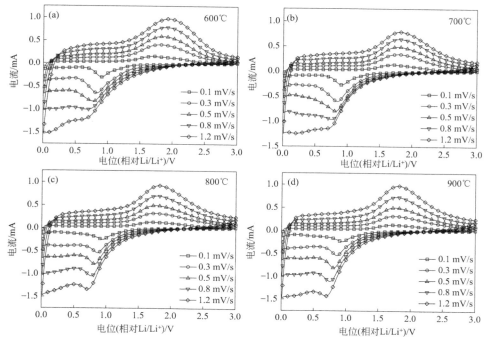

图 4-10 600℃ (a)、 700℃ (b)、 800℃ (c)和 900℃ (d)
烧结的 ZnFe₂O₄ 样品电极在不同扫描速率下的 CV 曲线

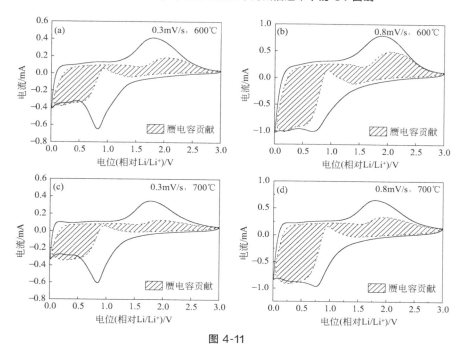

图 4-11

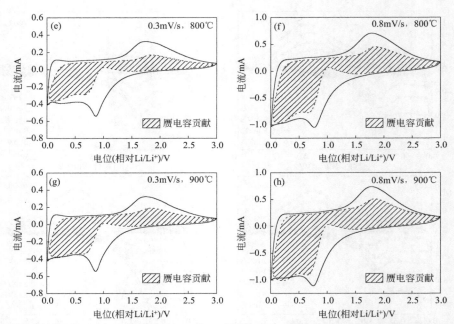

图 4-11 600℃（a、b）、700℃（c、d）、800℃（e、f）和 900℃（g、h）烧结的 $ZnFe_2O_4$ 样品电极在扫描速率分别为 0.3mV/s 和 0.8mV/s 下的赝电容效应电流响应与总电流响应分布的比较

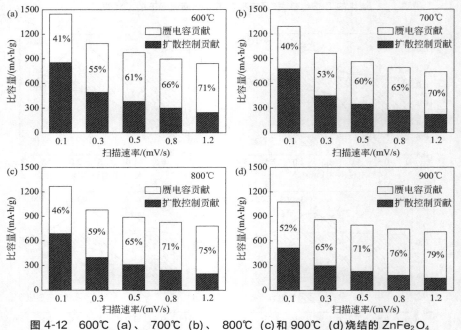

图 4-12 600℃（a）、700℃（b）、800℃（c）和 900℃（d）烧结的 $ZnFe_2O_4$ 样品电极在不同扫描速率下赝电容贡献容量和扩散过程控制贡献容量的比例

铁酸锌基电极材料
及储锂性能

4.2

化学共沉淀法制备铁酸锌/氧化锌复合电极材料

调整锌铁的摩尔比，使锌过量不同比例，然后利用化学共沉淀法制备 $ZnFe_2O_4/ZnO$ 复合电极材料，具体制备过程如下：①按照 1∶2、1.25∶2、1.5∶2、1.75∶2 的锌铁摩尔比称取 5mmol $ZnSO_4 \cdot 7H_2O$ 和物质的量分别为 10mmol、8mmol、6.67mmol、5.71mmol 的 $FeSO_4 \cdot 7H_2O$，分别溶于 100mL 去离子水中，超声分散 10min，获得 4 种锌过量不同比例的均一的锌铁混合溶液。②在室温持续搅拌（转速为 400r/min）下，将 250mL NH_4OH 水溶液（约 0.34mol/L）逐滴加入步骤①的锌铁混合溶液中，连续搅拌 6h 后，然后将含沉淀物的母液在室温下放置 12h。③将获得的沉淀进行过滤，并用去离子水反复洗涤滤饼至滤液呈中性，冷冻干燥至恒重，获得样品前驱体。④将制备的前驱体置于马弗炉中以 5℃/min 的升温速率从室温升温至 800℃并保温 2h，随炉冷却后得到锌过量不同比例制备的 4 个样品。

为了确定制备的 4 个样品的物相结构，采用荷兰帕纳科公司 PANalytica X′Pert[3] Powder X 射线衍射仪对不同锌铁摩尔比制备的样品的物相结构进行了分析，测试电流为 30mA，电压为 40kV，采用 Cu 靶射线，$\lambda = 0.15405nm$，扫描速度为 5 °/min，扫描范围为 10°~80°，测试结果如图 4-13 所示。从图中可以看出，制备的 4 个样品均分别在 2θ 为 29.9°、35.3°、36.9°、42.8°、53.1°和 56.6°附近出现了明显的衍射峰，这些衍射峰与尖晶石型铁酸锌的标准衍射图谱（$ZnFe_2O_4$，JCPDS 22-1012）一致。4 个样品中，锌铁比为 1∶2 和 1.25∶2 制备的样品除了尖晶石型 $ZnFe_2O_4$ 的衍射峰外没有观察到其他明显的衍射峰，而锌铁比例为 1.5∶2 和 1.75∶2 制备的样品除了尖晶石型 $ZnFe_2O_4$ 的衍射峰外还在 2θ 为 31.8°、34.4°、36.3°等位置附近出现了 ZnO（JCPDS 36-1451）的衍射峰，且这些衍射峰强度随着锌铁比例的增加而越来越强，说明当锌铁比为 1∶2 时制备的样品为纯的 $ZnFe_2O_4$，随着锌过量比例的增加，制备的样品中逐渐出现了 ZnO 相，且 ZnO 的量越来越多，从而形成 $ZnFe_2O_4/ZnO$ 复合材料。

采用日本日立 SU5000 型场发射扫描电子显微镜（FESEM）观察了不同锌铁比制备的 4 个样品的前驱体和烧结后的样品的表面形貌，如图 4-14 和图 4-15 所

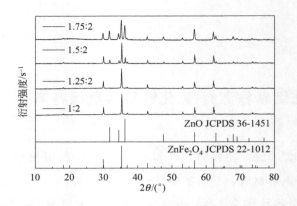

图 4-13　不同锌铁比例制备的样品的 XRD 图谱

示。从锌铁比为 1∶2 制备的样品前驱体的 FESEM 图 [图 4-14(a)(b)] 可以看出，该样品前驱体的形貌呈现无定形的松散的絮状，且絮状分布均匀，未见明显的结晶现象。与锌铁比为 1∶2 制备的样品前驱体相比较，锌铁比为 1.25∶2、1.5∶2 和 1.75∶2 制备的样品前驱体的形貌 [见图 4-14(c)～(h)] 也呈现絮状，但是随着锌铁比的增加，絮状逐渐收缩成团簇且表面存在零星的片状。图 4-15 是不同锌铁比制备的前驱体，在空气气氛下 800℃烧结后得到的样品的 FESEM 图。从图中可以看出，4 个样品材料的初级颗粒均为类球形颗粒，结晶较好。图 4-15(a)～(c)所示的纯 $ZnFe_2O_4$ 样品（锌铁比 1∶2）由粒径约 100nm 的纳米颗粒组成，颗粒分布均匀，且颗粒之间相互团聚（或桥连）形成大量空隙。与锌铁比为 1∶2 制备的纯 $ZnFe_2O_4$ 样品形貌相比，图 4-15(d)～(f) 所示的锌铁比为 1.25∶2 制备的样品是由粒径约 60nm 的纳米初级颗粒组成，颗粒相对分散，这说明锌过量比例较小（锌铁比 1.25∶2）时，过量的锌在结晶过程中可以抑制 $ZnFe_2O_4$ 颗粒的团聚。对锂离子负极材料来说，更小的纳米颗粒意味着更大的活性表面积，从而增大电解液与活性材料的接触面积；另外，更小的纳米颗粒有利于缩短锂离子的扩散路径，改善材料的储锂性能。然而，从锌铁比为 1.5∶2 和 1.75∶2 制备的 $ZnO/ZnFe_2O_4$ 复合材料的形貌 [图 4-15(g)～(l)] 可以看出，随着锌铁比的继续增加，颗粒尺寸又逐渐增大，如锌铁比为 1.5∶1 制备的样品的初级颗粒在 50～150nm 范围内，而锌铁比为 1.75∶2 制备的样品是由 50～200nm 范围内的初级颗粒组成，且颗粒逐渐分散以致颗粒之间没有形成明显的空隙。这主要与不同锌过量比例形成的 ZnO 量有关：锌过量形成的 ZnO 相可以抑制 $ZnFe_2O_4$ 纳米颗粒的团聚，使材料的分散性增强；但是随着锌过量比例的增加，生成的 ZnO 相增加，ZnO 和 $ZnFe_2O_4$ 两相协同作用显著导致其形貌与纯 $ZnFe_2O_4$ 有明显差别。

铁酸锌基电极材料
及储锂性能

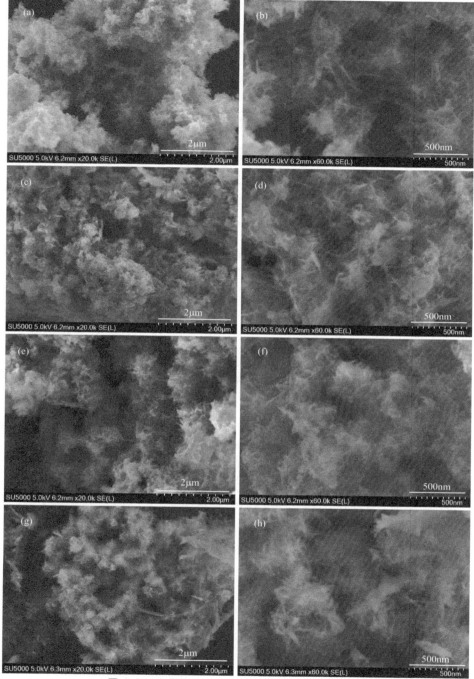

图 4-14　不同锌铁比制备的样品前驱体的 FESEM 图

锌铁摩尔比：（a）(b) 1∶2；（c）(d) 1.25∶2；（e）(f) 1.5∶2；（g）(h) 1.75∶2

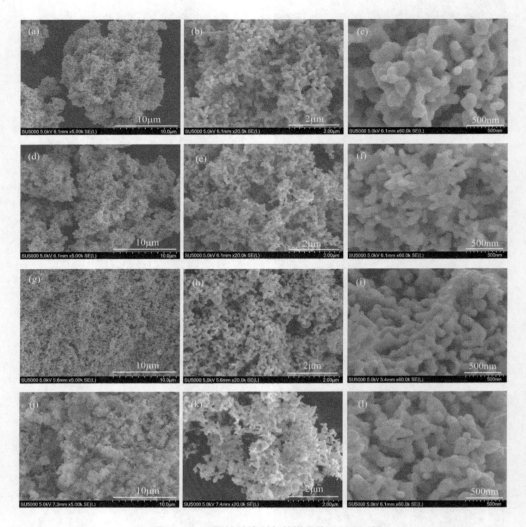

图 4-15 不同锌铁比制备的样品的 FESEM 图

锌铁摩尔比：(a)～(c) 1∶2；(d)～(f) 1.25∶2；(g)～(i) 1.5∶2；(j)～(l) 1.75∶2

将不同锌过量比例（1∶2、1.25∶2、1.5∶2 和 1.75∶2）制备的 4 个样品材料分别组装成 CR2016 扣式半电池。组装电池和电化学性能测试方法同 4.1。倍率性能测试的电流密度分别为 0.5A/g、1A/g、2A/g、3A/g、4A/g 和 5A/g，循环性能测试在 0.5A/g 电流密度下循环 100 圈。

图 4-16 是不同锌铁比（1∶2、1.25∶2、1.5∶2 和 1.75∶2）制备的 4 个样品电极在 0.1 mV/s 扫描速率下的第 1 圈和第 4 圈的 CV 曲线。从图 4-16(a) 可以观

铁酸锌基电极材料
及储锂性能

察到当锌铁比为 1：2 制备的 $ZnFe_2O_4$ 电极材料仅在中心位于 0.60V 附近出现了一个尖锐的还原峰，其对应 Zn^{2+}、Fe^{3+} 被还原成单质 Zn、Fe，Zn 与 Li^+ 的合金化反应以及电解液分解生成固体电解质界面膜（SEI 膜）的过程[15,16]；然而，随着锌铁比例的逐渐增加，位于 0.60V 附近的尖锐的还原峰逐渐移至 0.72V，除此之外，锌过量还导致样品在 0.35V 附近又出现一个明显的还原峰，且该还原峰的强度随着锌铁比例的增大而增强，这个还原峰对应着 ZnO 中的 Zn^{2+} 还原成 Zn 的过程[36,37]。4 个不同锌铁比例制备的样品电极的第 1 圈的氧化峰的中心位置都出现在 1.62V 左右，对应着 Zn 和 Fe 被氧化成 ZnO、Fe_2O_3 和 Li-Zn 合金的去合金化过程[17-20]。从 4 个样品的第 4 圈的 CV 曲线［图 4-16（b）］可以看出，4 个样品第 4 圈的负向扫描时仅在 0.95V 附近出现了一个还原峰，在 1.67V 附近出现了一个氧化峰，与第 1 圈对应的还原峰和氧化峰比较，还原峰和氧化峰均向高电位方向移动，且峰面积明显减小，这主要是由活性材料经过第一次循环后结构发生重排导致的[21,22]。对比 4 个样品在第 4 圈 CV 曲线可知，锌铁比为 1：2 和 1.25：2 制备的样品电极的峰面积相对较大，说明这两个样品电极的电化学活性相对较高。

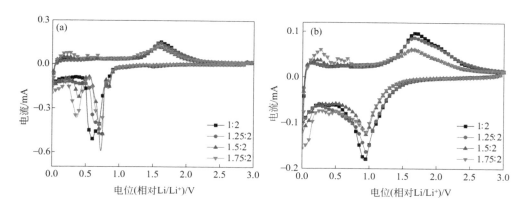

图 4-16　不同锌铁比制备的样品电极在 0.1mV/s 扫描速率下的
第 1 圈（a）和第 4 圈（b）的 CV 曲线

图 4-17 为不同锌铁比（1：2、1.25：2、1.5：2 和 1.75：2）制备的 4 个样品电极在电流密度为 0.5A/g 下循环 100 圈的循环性能曲线和不同循环圈数下对应的充放电曲线。从图 4-17（a）可以看出，4 个样品电极的放电比容量随着循环数的变化趋势相同，即随着循环数的增加，放电比容量先降低后逐渐增加。例如，4 个样品电极的首圈放电比容量分别为 1019mA·h/g、1011mA·h/g、958mA·h/g 和

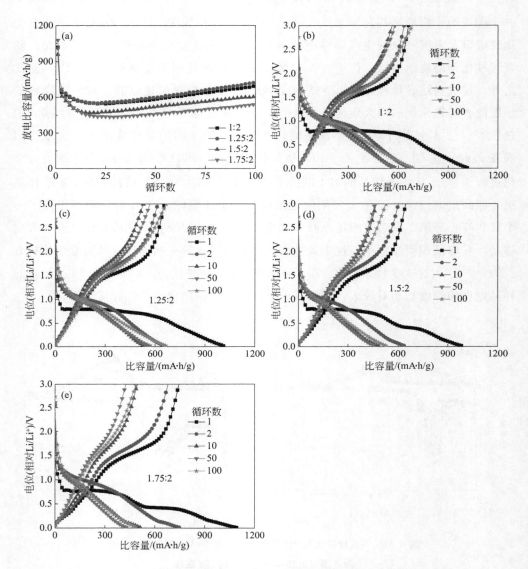

图 4-17　不同锌铁比制备的样品电极在电流密度为 0.5A/g 的
循环性能曲线　(a)和不同循环数对应的充放电曲线（b）~（e）

1076mA·h/g；但是到第 2 圈时，4 个样品电极的放电比容量分别降至 669 mA·h/g、678mA·h/g、637mA·h/g 和 733mA·h/g。4 个样品电极首圈容量损失均较大，这是由于在首圈放电过程中生成了不可逆的 SEI 膜[24]。随后 4 个样品电极在循环 25 圈左右放电比容量逐渐降至最小，可能是由循环圈数较少时电极

铁酸锌基电极材料
及储锂性能

材料活化不充分导致的；然后放电容量又逐渐增大，当循环数为 100 时 4 个样品电极的放电比容量分别增加至 693mA·h/g、726mA·h/g、605mA·h/g 和 537 mA·h/g，其中锌铁比为 1.25∶2 制备的样品电极具有最高的放电比容量，其次是锌铁比为 1∶2 制备的样品电极，然后是锌铁比为 1.5∶2 和 1.75∶2 制备的样品电极。后期比容量的逐渐升高可能是由活性材料表面形成了可逆的聚合物凝胶层引起的[25-27]，其他过渡金属氧化物锂离子电池负极材料也有类似的现象。这一结果说明采用化学共沉淀法制备铁酸锌的过程中：锌离子过量较少时，锌离子的过量能够轻微提高其循环过程中的放电比容量；当锌离子过量比例较大而形成 $ZnFe_2O_4/ZnO$ 复合材料时，随着 ZnO 在复合相中比例的增加反而会降低其循环过程中的放电比容量。这可能与 ZnO 本身容量较低有关。从图 4-17(b)～(e) 的不同循环数的充放电曲线可以看出，4 个样品电极在 0.6～1.0V 之间出现了一个很长的放电平台，对应 4 个样品的第 1 圈 CV 曲线负向扫描过程中 0.6V 附近的还原峰。仔细观察图 4-17(d)(e) 会发现，锌铁比为 1.5∶2 和 1.75∶2 制备的样品电极在 0.2～0.5V 之间还出现了一个较短的放电平台，其对应着 CV 曲线中 0.35V 附近的小还原峰（ZnO 中的 Zn^{2+} 还原成单质 Zn），再一次证明了锌铁比较大时形成了 $ZnFe_2O_4/ZnO$ 复合材料。4 个样品电极在 1.3～1.8V 之间出现了明显的充电平台，其对应 4 个样品电极第 1 圈 CV 曲线 1.62V 附近的氧化峰。从 4 个样品前 50 圈的充放电曲线（第 1、2 和 10 圈）可以看到，样品电极的放电平台和充电平台逐渐缩短，极化增加，这与电解液的分解以及生成 SEI 膜有关。充放电循环 50 圈后（第 50 和 100 圈），随着循环圈数的增加，样品电极的充放电平台略微有所恢复，极化略微降低。4 个样品电极中，锌铁比较大（1.75∶2 和 1.5∶2）时制备的样品电极的极化相对较大。

图 4-18 是不同锌铁比（1∶2、1.25∶2、1.5∶2 和 1.75∶2）制备的 4 个样品电极的倍率性能曲线和不同电流密度对应的充放电曲线。从图 4-18(a) 中可以看出，制备的 4 个 $ZnFe_2O_4$ 样品电极具有相同的倍率性能趋势，即随着电流密度的增大，放电比容量逐渐减少，但是可以明显发现，当电流密度＞3A/g 时，电流密度对放电比容量的影响相对减小，特别是 $ZnFe_2O_4/ZnO$ 复合电极材料。例如锌铁比为 1.75∶2 制备的 $ZnFe_2O_4/ZnO$ 复合电极，在电流密度为 3A/g、4A/g 和 5A/g 时，放电比容量分别为 351mA·h/g、318mA·h/g 和 294mA·h/g，降低了 51mA·h/g；而锌铁比为 1∶2 制备的 $ZnFe_2O_4$ 样品电极在相同条件下放电比容量降低了 77mA·h/g。另外，4 个样品电极中锌铁比为 1.25∶2 制备的样品具有相对最好的倍率性能，其次是锌铁比为 1∶2 制备的样品电极，而锌铁比为 1.5∶2 和

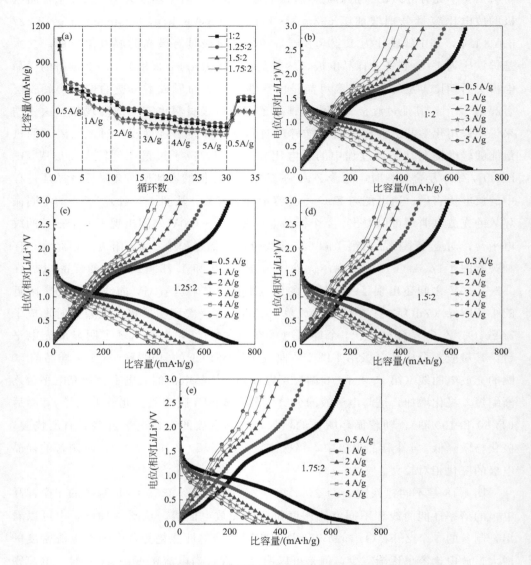

图 4-18 不同锌铁比制备的样品电极倍率性能曲线（a）和
不同电流密度对应的充放电曲线（b）~（e）

1.75：2制备的样品电极倍率性能较差。例如，在大电流密度5A/g条件下，锌铁比为1：2、1.25：2、1.5：2和1.75：2制备的样品电极的放电比容量分别为364mA·h/g、394mA·h/g、325mA·h/g和294mA·h/g。这一结果说明：当锌过量比例较小时，有利于样品倍率性能的改善；然而当锌过量比例较大时，

ZnO 相的形成不利于复合电极材料倍率性能的提升，特别是在相对较小的电流密度范围内。图 4-18（b）～（e）分别为 4 个样品电极在不同电流密度下循环第 3 圈对应的充放电曲线。从图中可以看出，在 0.5A/g 的电流密度下，4 个样品电极在 0.8～1.3V 附近出现一个较长的放电平台，在 1.5～2.0V 处出现一个明显的充电平台，但是随着电流密度的增大，样品的充放电平台逐渐缩短，而且放电平台的电位降低，充电平台的电位升高，这是样品电极极化的结果。4 个样品中：锌铁比为 1.25∶2 制备的样品电极的极化程度最小，放电比容量最高；而锌铁比为 1.75∶2 制备的样品电极的极化程度最大，放电比容量最低。当电流密度增加到 4A/g 时，锌铁比为 1.75∶2 制备的样品电极的放电平台基本消失，比容量仅有 318mA·h/g；而锌铁比为 1.25∶2 制备的样品电极在 4A/g 电流密度下的放电平台仍清晰可见，放电比容量高达 418mA·h/g。这可能是由于 $ZnFe_2O_4$/ZnO 复合材料中较少的 ZnO 与 $ZnFe_2O_4$ 存在协同作用，但是过多的 ZnO 导致两者协同效应降低，且较低的 ZnO 嵌锂活性导致复合材料的整体活性降低。

图 4-19（a）是对不同锌铁比例制备的样品电极在 0.5A/g 电流密度下循环 30 圈后进行 EIS 测试得到的 Nyquist 图，测试在全充电状态下进行。从图中可以看出，4 个样品电极的电化学阻抗谱图都是由高频区和中频区的两个半圆弧和低频区的斜线组成。其中，高频区和中频区的两个半圆弧分别为 SEI 表面膜阻抗（R_{sf}）和电极电化学反应阻抗（R_{ct}），低频区的斜线为由锂离子扩散引起的 Warburg 阻抗（W_o）[30,31]。采用图 4-19（b）所示的拟合电路对 Nyquist 图进行分析和拟合，得到不同锌铁比（1∶2、1.25∶2、1.5∶2 和 1.75∶2）制备的 4 个样品电极的表面膜阻抗（R_{sf}）和电极电化学反应阻抗（R_{ct}）之和分别为 17.3Ω、14.0Ω、20.9Ω 和 25.7Ω。显然，循环较为稳定的 30 圈后，锌铁比为 1.25∶2 制备的样品

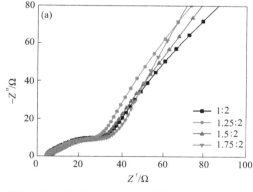

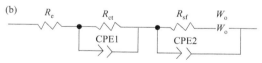

R_e—溶液阻抗；R_{ct}—电化学反应阻抗；R_{sf}—表面膜电阻；W_o—Warburg 阻抗；CPE—常相位角元件

图 4-19 不同锌铁比制备的样品电极循环 30 圈后的 Nyquist 图（a）和拟合所用的等效电路图（b）

电极的阻抗值最小，其次是锌铁比为 1：2 制备的样品电极，然后是锌铁比为 1.5：2 和 1.75：2 制备的 $ZnFe_2O_4/ZnO$ 复合电极材料。这一结果与第 30 圈的循环结果基本一致，即阻抗越大，容量越低。

为了进一步揭示制备的 4 个样品电极具有优异储锂性能的可能原因，在 0.1mV/s、0.3mV/s、0.6mV/s、1.1mV/s 和 1.6mV/s 的扫描速率下对不同锌铁比例制备的样品电极进行了 CV 测量，结果如图 4-20 所示。随着扫描速率的增加，4 个样品电极的还原峰轻微向低电位方向移动，而氧化峰的位置没有明显的变化。在测定的扫描速率范围（0.1～1.5mV/s）内，4 个样品电极的 CV 曲线均能够保持良好的形状，说明 4 个样品电极的电化学反应具有良好的可逆性。依据图 4-20 的数据，同样采用扫描伏安法[34] 来估算赝电容效应对电极总电荷存储的定量贡献。图 4-21 给出了不同锌铁比制备的 4 个样品电极在扫描速率分别为 0.1mV/s、0.6mV/s 和 1.5mV/s 下的赝电容效应所贡献的电流响应与总电流响应分布的比较。从图中可

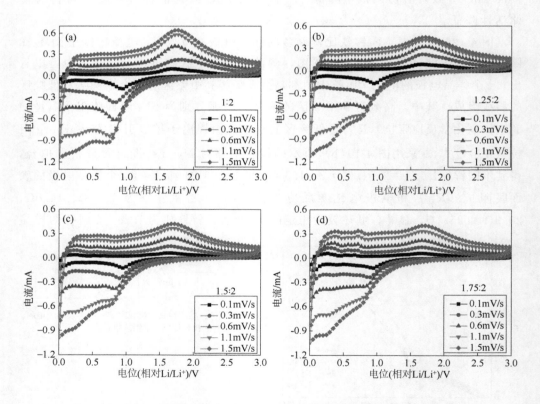

图 4-20　不同锌铁比例制备的样品电极在不同扫描速率下的 CV 曲线

(a) 1：2；(b) 1.25：2；(c) 1.5：2；(d) 1.75：2

铁酸锌基电极材料
及储锂性能

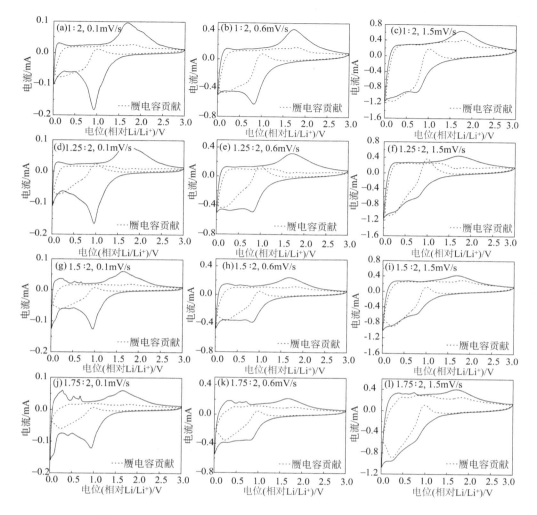

图 4-21 不同锌铁比例制备的样品电极在扫描速率分别为 0.1mV/s、
0.6mV/s 和 1.5mV/s 下的赝电容效应所贡献的电流响应与总电流响应分布的比较

锌铁比：(a)～(c) 1∶2；(d)～(f) 1.25∶2；(g)～(i) 1.5∶2 和 (j)～(l) 1.75∶2

以看出，在电位范围为 -0.85～0.01V 的嵌锂过程中，赝电容效应对总电荷容量的贡献较大。图 4-22(a)～(d) 分别给出了锌铁比分别为 1∶2、1.25∶2、1.5∶2 和 1.75∶2 制备的样品电极在不同扫描速率下赝电容贡献容量与扩散过程控制贡献容量比例关系。从图中可以看出，4 个样品电极的赝电容贡献均随着扫描速率的增加而逐渐增大。例如，当扫描速率为 0.3mV/s 时，4 个样品电极的赝电容对总电荷容量的贡献比例分别为 40%、29%、41%和 34%；而当扫描速率增大到 1.5mV/s 时，4 个样品电极的赝电容贡献分别增加至 73%、62%、73%和 84%。另外，锌过量比例较小时，如锌铁比为 1.25∶2 制备的样品电极，锌的过量会使赝电容的贡献降低。

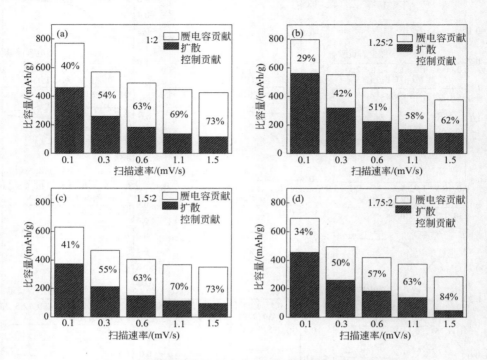

图 4-22　不同锌铁比例制备的样品电极在不同扫描速率下
赝电容贡献容量与扩散过程控制贡献容量的比例关系

锌铁比：(a) 1∶2；(b) 1.25∶2；(c) 1.5∶2；(d) 1.75∶2

4.3

化学共沉淀法制备锰掺杂铁酸锌电极材料

采用化学共沉淀法制备不同 Mn 掺杂比例的纳米 $ZnFe_2O_4$ 电极材料，具体制备过程如下：①将 5mmol $ZnSO_4 \cdot 7H_2O$ 和 10mmol $FeSO_4 \cdot 7H_2O$ 溶于 100mL 去离子水中，按照 Mn 与 Fe 的摩尔比为 0%、1%、5%和 10%的比例称取 $MnSO_4 \cdot H_2O$ 分别加入到上述的锌铁溶液中，超声震荡直至溶解，获得均一的混合溶液。②在室温25℃持续搅拌（转速为350r/min）下，将250mL NH₄OH水溶液（约0.34mol/L）逐滴加入到步骤①所得的混合溶液中（滴加时间约3h），连续搅拌反应6h，然后将含有沉淀物的母液在室温下放置12h。③将获得的沉淀进行过滤，并用去离子水反复洗涤滤饼至滤液呈中性，冷冻干燥至恒重，获得前驱体。④将制备的前驱体置于马弗炉中以5℃/min的升温速率从室温升温至800℃并保温2h，随炉冷却后得到不同Mn掺杂比例制备的$ZnFe_2O_4$样品。

图4-23（a）（b）分别为不同Mn掺杂比例（0%、1%、5%和10%）制备的前驱体及烧结后样品的XRD谱图（设备型号Dutch PANalytica X′Pert³ Powder）。由图4-23（a）可知：各种Mn掺杂比例制备的前驱体的衍射峰比较弥散，说明前驱体的结晶度不高。烧结后的4个样品的衍射峰变得非常尖锐，且与尖晶石型$ZnFe_2O_4$（JCPDS 79-1150）的衍射峰相对应。4个样品中，Mn掺杂比例为0%（未掺杂Mn）和1%制备的样品除了尖晶石$ZnFe_2O_4$的衍射峰外没有观察到其他明显的衍射峰，但是Mn掺杂比例为5%和10%制备的样品，除了尖晶石型$ZnFe_2O_4$的衍射峰外还在2θ为32.9°处出现了明显的衍射峰，该衍射峰与Mn_2O_3（JCPDS 76-0150）的（222）晶面的衍射峰相对应，且该衍射峰强度随着锰掺杂比例的增加而越来越强。XRD分析结果表明，当Mn掺杂比例为0%时，即未加入Mn制备的样品为纯的$ZnFe_2O_4$；当Mn掺杂比例为1%时，由于Mn掺杂量较少，Mn可能作为填隙离子进入$ZnFe_2O_4$晶格中；当Mn掺杂比例为5%和10%时，制备的样品为$ZnFe_2O_4/Mn_2O_3$复合材料，且复合相中Mn_2O_3相越来越多。

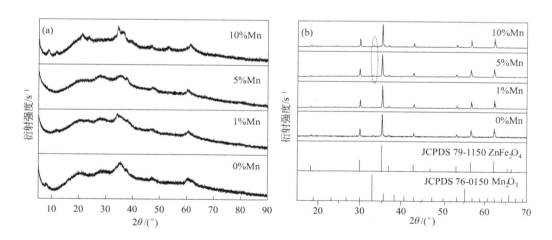

图4-23 不同Mn掺杂比例制备的前驱体（a）和烧结后样品（b）的XRD谱图

采用日本日立 SU5000 型场发射扫描电子显微镜（FESEM）观察了不同 Mn 掺杂比例制备的前驱体和烧结后的样品的表面形貌，如图 4-24 和图 4-25 所示。从

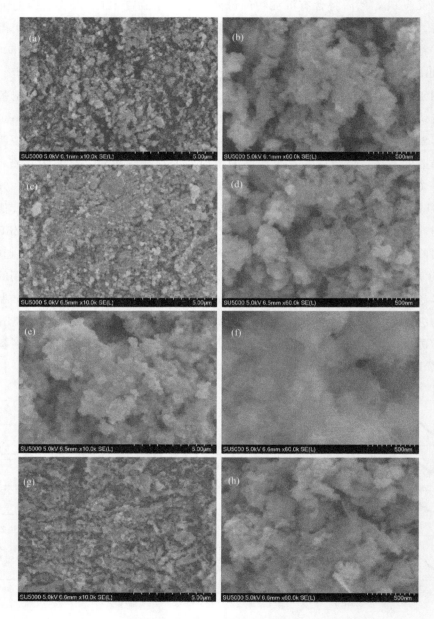

图 4-24　不同 Mn 掺杂比例制备的前驱体的 FESEM 图

(a)(b) 0％；(c)(d) 1％；(e)(f) 5％；(g)(h) 10％

铁酸锌基电极材料
及储锂性能

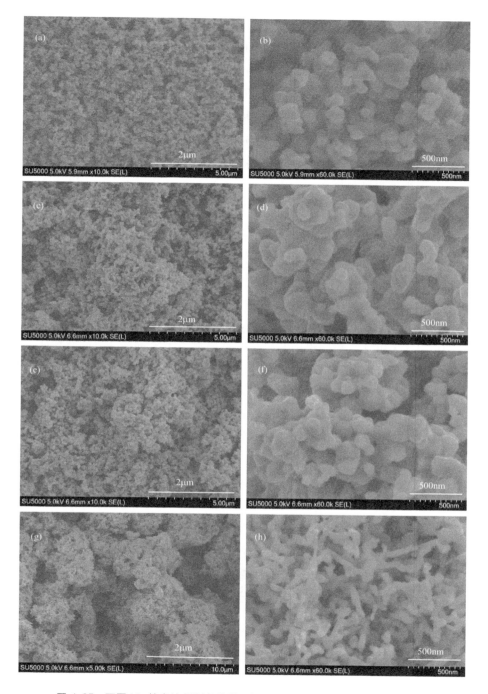

图 4-25 不同 Mn 掺杂比例制备的前驱体经烧结后获得的样品的 FESEM 图

(a)(b) 0%；(c)(d) 1%；(e)(f) 5%；(g)(h) 10%

图 4-24 可以看出，0%未掺杂 Mn［图 4-24（a）（b）］和掺杂 1% Mn［图 4-24（c）（d）］制备的前驱体颗粒，未独立成形且团聚现象十分显著，两个样品的形貌没有明显差别；掺杂 5% Mn 制备的前驱体［图 4-24（e）（f）］呈现棉花状堆积；继续增加 Mn 掺杂量至 10%［图 4-24（g）（h）］，可以看出该前驱体呈现棉花状和少量片状混合堆积在一起的形貌。结果表明，Mn 掺杂比例较大时会明显影响样品前驱体的表面形貌。图 4-25 是不同 Mn 掺杂比例制备的前驱体经烧结后得到的样品的FESEM 图。从图 4-25 中可以看出，Mn 掺杂比例为 0%（未掺杂）、1% 和 5%制备的样品均由类球形颗粒构成，颗粒之间存在明显的团聚现象，其中：未掺杂 Mn的样品的颗粒大小在 50～100nm 之间；1% 和 5% Mn 掺杂制备的样品颗粒大小略微增大，约 100～150nm。Mn 掺杂比例为 10%制备的样品的形貌明显不同于其他三个样品，出现了一些细长的棒状形貌颗粒。这些棒状颗粒的宽度为 50nm 左右。这是由于 Mn 掺杂量过多生成了 $ZnFe_2O_4/Mn_2O_3$ 复合材料的缘故，与上文的XRD 分析结果相对应。

将不同 Mn 掺杂比例（0%、1%、5% 和 10%）制备的 4 个样品材料分别组装成 CR2016 扣式半电池。组装电池和电化学性能测试方法同 4.1。倍率性能测试的电流密度分别为 0.5A/g、1A/g、2A/g、3A/g、4A/g、5A/g 和 0.5A/g，循环性能测试在 1.0A/g 电流密度下循环 300 圈。

图 4-26 是不同 Mn 掺杂比例（0%、1%、5% 和 10%）制备的 4 个样品电极在 0.1mV/s 扫描速率下的第 1 圈和第 4 圈循环的 CV 曲线。从图 4-26（a）可以看出，4 个样品在第 1 圈负向扫描时均在 0.63V 附近出现了一个尖锐的还原峰，其对应 Zn^{2+}、Fe^{3+} 被还原成单质 Zn、Fe，Zn 与 Li^+ 的合金化反应以及电解液分解生成

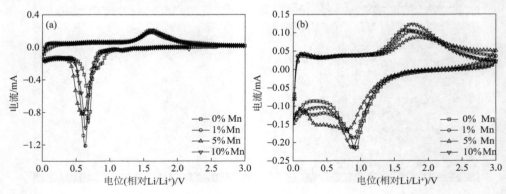

图 4-26　不同 Mn 掺杂比例制备的样品电极在 0.1mV/s 扫描速率下的
第 1 圈（a）和第 4 圈（b）循环 CV 曲线

固体电解质界面膜（SEI 膜）的过程[15-16]；Mn 掺杂导致首圈还原峰的面积略微增大。4 个样品电极第 1 圈的氧化峰的中心位置都出现在 1.62V 左右，对应着 Zn 和 Fe 被氧化成 ZnO、Fe_2O_3 和 Li-Zn 合金的去合金化过程[17-20]，4 个样品电极第 1 圈的氧化峰没有明显区别。与第 1 圈的 CV 曲线相比，第 4 圈 4 个样品电极的还原峰位置移至 0.90V 左右，氧化峰的位置移至 1.77V 左右。除此之外，4 个样品电极第 4 圈的还原峰和氧化峰的面积明显减小，这主要是由电极活性材料结构重排导致的[21-22]。对比 4 个样品在第 4 圈 CV 曲线可知，Mn 掺杂比例为 10% 制备的样品电极的峰面积相对较大，说明该样品电极的电化学活性最高。

图 4-27 是不同 Mn 掺杂比例（0%、1%、5% 和 10%）制备的 4 个样品电极在电流密度为 1.0A/g 下循环 300 圈的循环性能曲线和不同循环数对应的充放电曲线。从图 4-27(a) 可以看出，4 个不同 Mn 掺杂比例制备的样品电极首圈的放电比容量分别为 1380mA·h/g、1280mA·h/g、1271mA·h/g 和 1312mA·h/g，但是第 2 圈的放电比容量分别降至 915mA·h/g、683mA·h/g、696mA·h/g 和 848mA·h/g，很明显 4 个样品电极首圈的容量损失较大，这是由于在首圈放电过程中生成了不可逆的 SEI 膜[24]。4 个样品电极中，Mn 掺杂比例为 10% 制备的样品电极具有最高的放电比容量和最好的循环稳定性，在 1A/g 电流密度下循环 300 圈后仍能保持 1001mA·h/g 的放电比容量。随着 Mn 掺杂比例的降低，样品电极的放电比容量逐渐下降，循环 300 圈时 Mn 掺杂比例为 5%、1% 和 0% 制备的样品电极的放电比容量分别降低为 862mA·h/g、730mA·h/g 和 715mA·h/g。这可能是由于掺杂 Mn 以后，其微观形貌的较大变化以及 $ZnFe_2O_4/Mn_2O_3$ 复合材料中 Mn_2O_3 和 $ZnFe_2O_4$ 存在协同作用。值得注意的是，纯相 $ZnFe_2O_4$ 材料（0% Mn）在循环了接近 300 圈的时候放电比容量开始迅速衰减，而其他不同 Mn 掺杂比例制备的样品电极的放电比容量仍随着循环圈数的增加而轻微地增加，说明 Mn 掺杂改善了 $ZnFe_2O_4$ 材料的循环稳定性和结构稳定性，且提高了其放电比容量。图 4-27(b)~(e) 是不同 Mn 掺杂比例（0%、1%、5% 和 10%）制备的 4 个样品电极在电流密度为 1.0A/g 下循环不同圈数对应的充放电曲线。从图中可以看出，不同 Mn 掺杂比例制备的 4 个样品电极第一圈放电平台出现在 0.65V 附近，这个平台代表的是 Zn^{2+} 和 Fe^{3+} 还原成单质 Zn 和 Fe、生成 SEI 膜和 Li-Zn 的合金化过程[28]。而随着循环圈数的增加，放电平台逐渐上升到了 1.5~2V 之间，其归因于活性材料的表面结构发生了变化[29]。4 个样品电极中，未掺杂 Mn（0% Mn）的样品电极在 1~100 圈（第 1、2、50 和 100 圈）范围内，随着循环圈数的增加，放电平台和充电平台逐渐缩短，极化增加，200 圈时放电平台和充电平台明显变长，300 圈

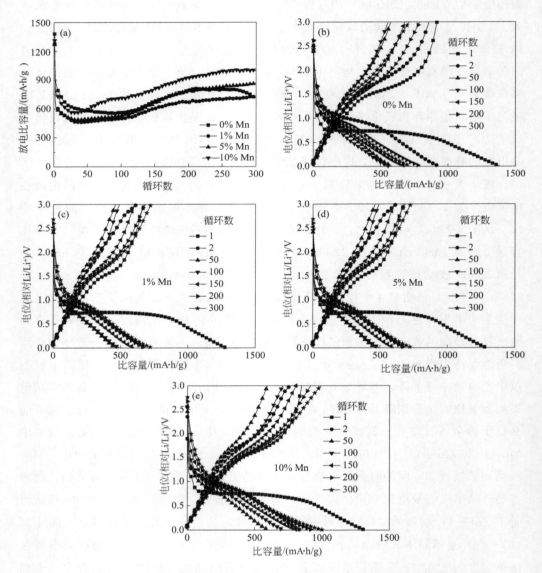

图 4-27 不同 Mn 掺杂比例制备的样品电极在电流密度为 1.0A/g 的
循环性能曲线（a）和不同循环数对应的充放电曲线（b）~（e）

时充、放电平台又较 200 圈时缩短，充放电比容量减小；而 Mn 掺杂 1％、5％和
10％制备的样品电极在第 1、2、50 圈时，随着循环圈数的增加，放电平台和充电
平台逐渐缩短，而后随着循环圈数的增加（第 100、150、200 和 300 圈）放电平台
和充电平台逐渐变长，其中 Mn 掺杂 10％制备的样品电极在不同循环圈数时充放

铁酸锌基电极材料
及储锂性能

电平台都很明显且具有最大的充放电比容量。

图 4-28 是不同 Mn 掺杂比例（0％、1％、5％和 10％）制备的 4 个样品电极的倍率性能曲线和不同电流密度对应的充放电曲线。从图 4-28(a) 中可以看出，4 个样品电极的放电比容量随着电流密度的增加而逐渐减小，其中 Mn 掺杂比例为 10％制备的样品电极容量衰减幅度是最小的且具有最好的倍率性能。例如在电流

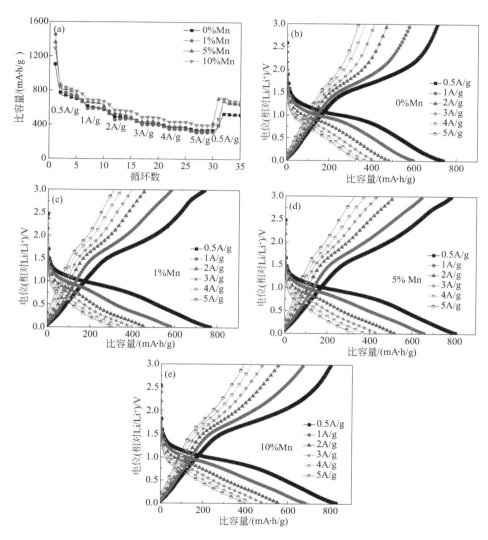

图 4-28　不同 Mn 掺杂比例制备的样品电极倍率性能曲线（a）和

不同电流密度对应的充放电曲线（b）~（e）

密度为 0.5mA/g、1mA/g、2mA/g、3mA/g、4mA/g 和 5mA/g 的电流密度下，Mn 掺杂比例为 10% 制备的样品电极具有 831mA·h/g、685mA·h/g、562mA·h/g、431mA·h/g 和 393mA·h/g 的放电比容量。当电流密度恢复到 0.5A/g 时，其放电比容量迅速恢复至 681mA·h/g，明显优于其他三个样品电极。从不同 Mn 掺杂比例制备的样品电极在各种电流密度下的充放电曲线 [图 4-28(b)~(e)] 可以看出，在 0.5A/g 的电流密度下，在 0.7~1V 附近出现了明显的放电平台，在 1.5~2V 之间出现了明显的充电平台。但是随着电流密度的增大，电极的极化也逐步变大，导致 4 个样品的充电和放电平台逐渐缩短，而且放电平台电压降低，充电平台电压升高。对比 4 个样品的充放电曲线可知，Mn 掺杂比例为 10% 制备的样品电极极化最小，不同电流密度下充放电比容量最高，即使在 5A/g 的大电流密度下仍能保持 393mA·h/g 的放电比容量，高于商业化石墨负极的理论比容量。

4.4
化学共沉淀法制备锡掺杂铁酸锌电极材料

采用化学共沉淀法制备不同 Sn 掺杂比例的纳米 $ZnFe_2O_4$ 电极材料，具体制备过程如下：①将 5mmol $ZnSO_4·7H_2O$ 和 10mmol $FeSO_4·7H_2O$ 溶于 100mL 去离子水中，按照 Sn 与 Fe 的摩尔比为 0%、1%、5% 和 10% 的比例称取 $SnCl_2·2H_2O$ 分别加入到上述的锌铁溶液中，超声震荡直至溶解，获得均一的混合溶液。②在室温 25℃ 持续搅拌（转速为 350r/min）下，将 250mL NH_4OH 水溶液（约 0.34mol/L）逐滴加入到步骤①的所得的混合溶液中（滴加时间约 3h），连续搅拌反应 6h，然后将含有沉淀物的母液在室温下放置 12h。③将获得的沉淀进行过滤，并用去离子水反复洗涤滤饼至滤液呈中性，冷冻干燥至恒重，获得前驱体。④将制备的前驱体置于马弗炉中以 5℃/min 的升温速率从室温升温至 800℃ 并保温 2h，随炉冷却后得到不同 Sn 掺杂比例制备的 $ZnFe_2O_4$ 样品。

图 4-29(a)(b) 分别为不同 Sn 掺杂比例（0%、1%、5% 和 10%）制备的前驱体及烧结后样品的 XRD 谱图（设备型号 Dutch PANalytica X'Pert³ Powder）。由图 4-29(a) 可知：各种 Sn 掺杂比例制备的前驱体的衍射峰比较弥散，说明前驱体的结晶度非常差，无法判断其物相。前驱体烧结后所得样品的 XRD 谱图 [图 4-29

（b）］中各衍射峰非常尖锐，且与尖晶石型 $ZnFe_2O_4$ 标准图谱（JCPDS 79-1150）的衍射峰相对应。4个样品中，Sn 掺杂比例为0%（未掺杂 Sn）和1%制备的样品除了尖晶石型 $ZnFe_2O_4$ 的衍射峰外没有观察到其他明显的衍射峰，但是当 Sn 掺杂比例为5%和10%制备的样品除了尖晶石型 $ZnFe_2O_4$ 的衍射峰外还在 2θ 为26.96°出现了明显的衍射峰，该衍射峰与 SnO_2 标准卡（JCPDS 72-1147）（101）晶面相对应。这一结果表明，当 Sn 掺杂比例为5%和10%时，制备的样品为 $ZnFe_2O_4/SnO_2$ 复合材料。

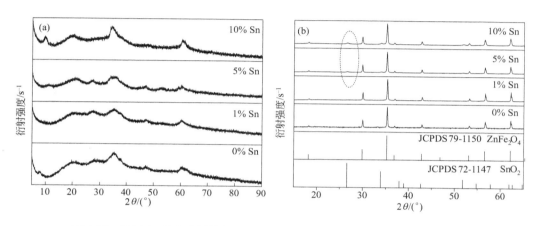

图 4-29　不同 Sn 掺杂比例制备的前驱体（a）和烧结后样品（b）的 XRD 谱图

采用日本日立 SU5000 型场发射扫描电子显微镜（FESEM）研究了不同 Sn 掺杂比例对制备的前驱体和前驱体烧结后样品的表面形貌的影响，如图 4-30 和图 4-31 所示。从图 4-30 可以看出：未掺杂 Sn［0% Sn，图 4-30(a)(b)］制备的前驱体是由未成形的团聚体构成；Sn 掺杂对制备的前驱体影响非常大，Sn 掺杂制备的前驱体呈现薄片组成的絮状形貌，且随着 Sn 掺杂比例的增加薄片越来越明显。图 4-31 是不同 Sn 掺杂比例制备的前驱体烧结后所得样品的 FESEM 图。从图 4-31 中可以看出，Sn 掺杂比例为0%（未掺杂）、1%、5%和10%制备的样品的初级颗粒均为类球形纳米小颗粒（50～100nm），初级颗粒之间存在明显的团聚和桥连现象，且随着 Sn 掺杂比例的增加，初级颗粒略微变小变均匀，颗粒分布更为分散，使得初级纳米颗粒团聚和桥连形成的大小不等的团聚体，逐渐变为松散的且越来越薄的片体。例如，Sn 掺杂比例为0%（未掺杂）制备的样品是由初级颗粒大小为 50～100nm 的颗粒相互团聚和桥连，形成大小不等的团聚体构成；而 Sn 掺杂比例为10%制备的样品是由初级颗粒大小约 50nm 的颗粒相互连接形成的松散的薄片构成。

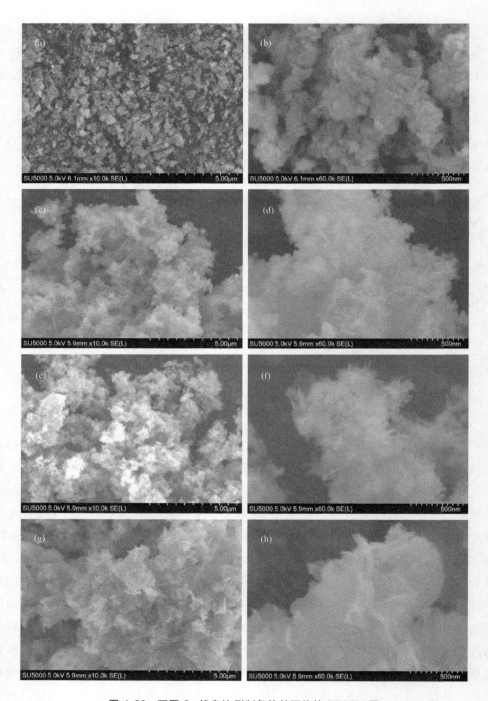

图 4-30　不同 Sn 掺杂比例制备的前驱体的 FESEM 图

Sn 掺杂比例：（a）（b）0％；（c）（d）1％；（e）（f）5％；（g）（h）10％

铁酸锌基电极材料
及储锂性能

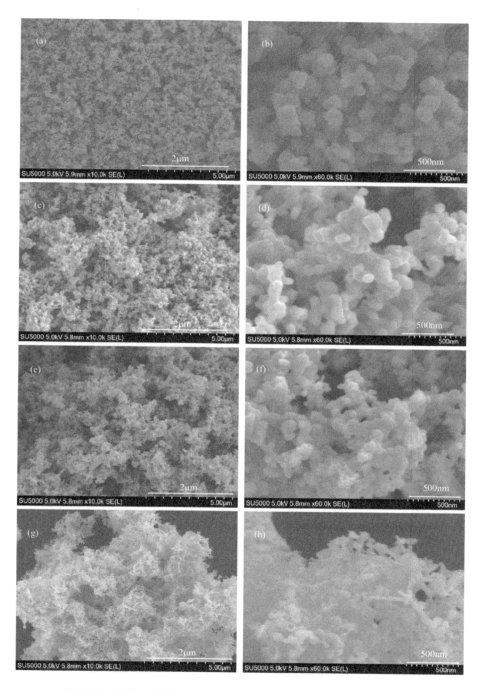

图 4-31　不同 Sn 掺杂比例制备的前驱体烧结后所得样品的 FESEM 图

Sn 掺杂比例：（a）（b）0％；（c）（d）1％；（e）（f）5％；（g）（h）10％

将不同 Sn 掺杂比例（0％、1％、5％和 10％）制备的 4 个样品材料分别组装成 CR2016 扣式半电池。组装电池和电化学性能测试方法同 4.1。倍率性能测试的电流密度分别为 0.5A/g、1A/g、2A/g、3A/g、4A/g、5A/g 和 0.5A/g，循环性能测试在 1.0A/g 电流密度下循环 300 圈。

图 4-32 是不同 Sn 掺杂比例（0％、1％、5％和 10％）制备的 4 个样品电极在 0.1mV/s 扫描速率下的第 1 圈和第 4 圈循环的 CV 曲线。从图 4-32(a) 可以看出，4 个样品在第 1 圈负向扫描时均出现了一个尖锐的还原峰，其中 Sn 掺杂比例为 0％ 制备的样品电极还原峰的中心位于 0.68V，而 Sn 掺杂比例为 1％、5％和 10％制备的 3 个样品电极还原峰的中心向低电位方向移动（0.57V），说明 Sn 掺杂导致电极首圈的还原反应发生了轻微的变化，该还原峰对应的反应主要为 Zn^{2+}、Fe^{3+} 被还原成单质 Zn、Fe，Zn 与 Li^+ 的合金化反应以及电解液分解生成固体电解质界面膜（SEI 膜）的过程[15-16]。4 个样品电极首圈的氧化峰的中心位置都出现在 1.62V 左右，对应着 Zn 和 Fe 被氧化成 ZnO、Fe_2O_3 和 Li-Zn 合金的去合金化过程[17-20]。与第 1 圈的 CV 曲线相比，第 4 圈 4 个样品电极的还原峰的中心均移至 0.90V 左右，氧化峰的中心位置移至 1.74V 左右；4 个样品电极第 4 圈的还原峰和氧化峰的面积较第 1 圈明显变小，这主要是由结构重排导致的[21,22]。另外，不管是第 1 圈还是第 4 圈的 CV 曲线，4 个样品电极中，Sn 掺杂比例为 5％制备的样品电极氧化峰和还原峰面积最大，Sn 掺杂比例为 10％制备的样品电极的峰面积最小，说明 Sn 掺杂比例为 5％制备的样品电极的电化学活性最高，而 Sn 掺杂比例为 10％制备的样品电极的电化学活性最低。

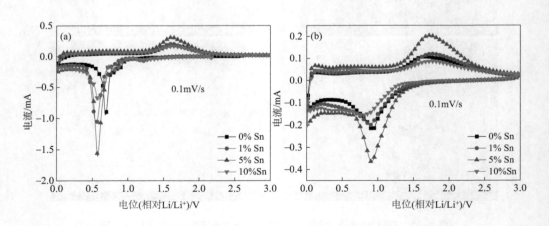

图 4-32　不同 Sn 掺杂比例制备的样品电极第 1 圈（a）和第 4 圈（b）循环 CV 曲线

铁酸锌基电极材料
及储锂性能

图 4-33 是不同 Sn 掺杂比例（0％、1％、5％和 10％）制备的 4 个样品电极在电流密度为 1.0A/g 下循环 300 圈的循环性能曲线和不同循环数对应的充放电曲线。从图 4-33（a）可以看出，4 个不同 Sn 掺杂比例制备的样品电极首圈的放电比容量分别为 1380mA·h/g、1353mA·h/g、1580mA·h/g、1276mA·h/g，而第 2 圈的放电比容量分别降至 927mA·h/g、809mA·h/g、1055mA·h/g、

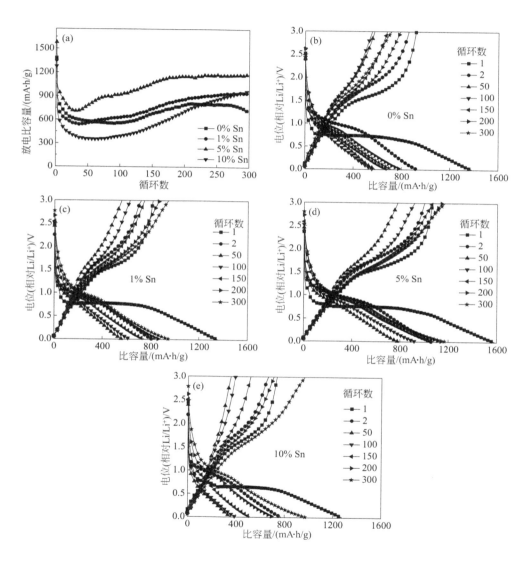

图 4-33　不同 Sn 掺杂比例制备的样品电极在电流密度为 1.0A/g
的循环性能曲线（a）和不同循环数对应的充放电曲线（b～e）

771mA·h/g，很明显与首圈放电比容量相比，放电容量损失较大，这是由于在首圈放电过程中生成了不可逆的 SEI 膜[24]。4 个样品电极中，Sn 掺杂比例为 5％制备的样品电极具有最高的放电比容量和最佳的循环稳定性，在电流密度为 1A/g 条件下循环 150 圈放电比容量保持在 1068mA·h/g，循环 300 圈放电比容量达到 1178mA·h/g，而未掺杂的样品电极在相同条件下循环 150 圈和 300 圈的放电比容量仅为 680mA·h/g 和 715mA·h/g。另外，从图 4-33(a) 可以看出，Sn 掺杂比例为 10％制备的样品电极在循环的前 200 圈容量明显低于未掺杂样品电极，是 4 个样品电极中循环性能最差的，其在电流密度为 1A/g 条件下循环 150 圈放电比容量仅有 516mA·h/g，这一结果说明 Sn 掺杂比例较大时对样品电极的循环性能不利。图 4-33(b)～(e) 是不同 Sn 掺杂比例（0％、1％、5％和 10％）制备的 4 个样品电极在电流密度为 1.0A/g 下循环不同圈数对应的充放电曲线。从图中可以看出，不同 Sn 掺杂比例制备的 4 个样品电极第 1 圈放电平台出现在 0.65V 附近，这个平台代表的是 Zn^{2+} 和 Fe^{3+} 还原成单质 Zn 和 Fe、生成 SEI 膜和 Li-Zn 的合金化过程[28]。而随着循环圈数的增加，放电平台逐渐上升到了 1.5～2V 之间，其归因于活性材料的表面结构发生了变化[29]。4 个样品电极中，未掺杂 Sn 的样品电极在 1～100 圈（第 1、2、50 和 100 圈）范围内，随着循环圈数的增加，放电平台和充电平台逐渐缩短，极化增加，200 圈时放电平台和充电平台明显变长，300 圈时充、放电平台又较 200 圈时缩短，充放电比容量减小；而 Sn 掺杂 1％、5％和 10％制备的样品电极在第 1、2、50 圈时，随着循环圈数的增加，放电平台和充电平台逐渐缩短，而后随着循环圈数的增加（第 100、150、200 和 300 圈），放电平台和充电平台逐渐变长。4 个样品中，Sn 掺杂 5％制备的样品电极在不同循环圈数时充放电平台最明显、充放电比容量最高，而 Sn 掺杂 10％制备的样品电极在第 50、100 和 150 圈的充放电平台基本消失。另外，4 个样品首圈的库仑效率较低，随后库仑效率显著增加。如 Sn 掺杂 5％制备的样品电极首圈的库仑效率为 68％，300 圈时库仑效率达到了 97％，说明电极经过首圈循环后可逆性明显增加。

图 4-34 是不同 Sn 掺杂比例（0％、1％、5％和 10％）制备的 4 个样品电极的倍率性能曲线和不同电流密度对应的充放电曲线。从图 4-34(a) 中可以看出，4 个样品电极的放电比容量随着电流密度的增加而逐渐减小，其中 Sn 掺杂比例为 1％和 5％制备的样品电极倍率性能接近且明显高于未掺杂 Sn 样品电极的倍率性能，而 Sn 掺杂比例为 10％制备的样品电极倍率性能相对最差。例如在电流密度为 0.5A/g、1A/g、2A/g、3A/g、4A/g、5A/g 的电流密度下，Sn 掺杂比例为 1％和 5％制备的样品电极的放电比容量分别为 896mA·h/g 和 912mA·h/g、733

铁酸锌基电极材料
及储锂性能

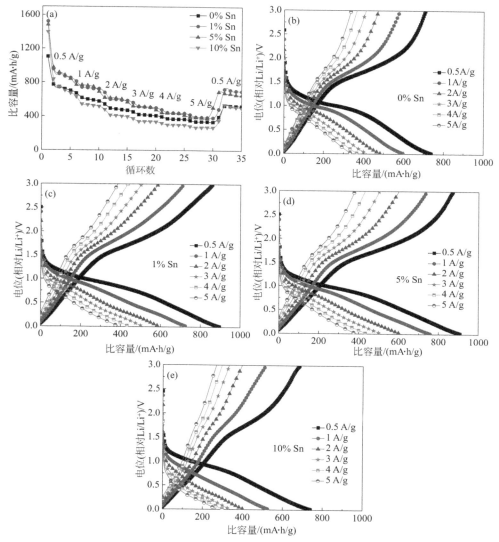

图 4-34　不同 Sn 掺杂比例制备的样品电极倍率性能曲线（a）和
不同电流密度对应的充放电曲线（b）~（e）

mA·h/g 和 759mA·h/g、595mA·h/g 和 610mA·h/g、509mA·h/g 和 510mA·h/g、437mA·h/g 和 439mA·h/g、388mA·h/g 和 384mA·h/g，当电流密度恢复到 0.5A/g 时，其放电比容量迅速恢复至 712mA·h/g 和 668mA·h/g；而未掺杂 Sn（0% Sn）制备的样品电极在上述各个电流密度下的放电比容量分别为 742mA·h/g、600mA·h/g、485mA·h/g、416mA·h/g、369mA·h/g

和 339mA·h/g。从图 4-34(b)～(e) 所示的不同 Sn 掺杂比例制备的样品电极在各种电流密度下的充放电曲线可以看出，4 个样品电极在 0.5A/g 的电流密度下，在 0.7～1V 附近出现明显的放电平台，在 1.5～2V 之间出现明显的充电平台。但是随着电流密度的增大，4 个样品电极的充、放电平台逐渐缩短，电极的极化逐渐增加，而且放电平台电压降低，充电平台电压升高。对比 4 个样品的充放电曲线可知，Sn 掺杂比例为 1% 和 5% 制备的样品电极的充放电曲线非常相似，在测试的电流范围内，充、放电平台明显，电极极化非常小，且不同电流密度下充放电比容量最高，即使在 5A/g 的大电流密度下仍能保持 388mA·h/g 和 384mA·h/g 的放电比容量，高于商业化石墨负极的理论比容量（372mA·h/g）；Sn 掺杂比例为 10% 制备的样品的极化最大，当电流密度为 2A/g 时，充、放电平台已经不明显了。由此可知，适当的 Sn 掺杂比例（如 1% 和 5%）有利于样品电极倍率性能的改善，而 Sn 掺杂比例较高（10%）对样品电极的倍率性能产生反作用。

4.5
总结

① 以 $ZnSO_4·7H_2O$、$FeSO_4·7H_2O$ 和氨水为原料，采用一种非常简单的化学共沉淀法合成了纳米 $ZnFe_2O_4$ 颗粒，系统研究了烧结温度对制备的 $ZnFe_2O_4$ 样品微观结构和储锂性能的影响。在 600～900℃ 烧结温度范围内均可获得 $ZnFe_2O_4$ 样品，但随着温度的升高，颗粒尺寸逐渐增大，团聚现象减轻，均匀性增加。其中 800℃ 烧结的样品颗粒尺寸约为 100nm，且颗粒相互连接形成许多空隙，非常有利于其储锂性能的提升。因此，800℃ 烧结的样品电极作为锂离子电池负极材料具有相对最优的倍率性能和循环稳定性。在电流密度为 0.5A/g、1A/g、2A/g、3A/g、4A/g、5A/g 下该样品电极的放电比容量分别为 976mA·h/g、800mA·h/g、668mA·h/g、593mA·h/g、550mA·h/g 和 514mA·h/g。在电流密度为 1A/g 条件下循环 280 圈，放电容量仍可保持在 834mA·h/g。FESEM 观察证实，相互连接的纳米 $ZnFe_2O_4$ 颗粒具有良好的机械强度，形成的孔隙空间能够有效缓冲放电/充电循环时体积的变化，有利于提高其循环稳定性。更重要的是，纳米 $ZnFe_2O_4$ 在充放电过程中具有显著的表面赝电容效应，当扫描速率大于 0.5mV/s 时，赝电容贡献达到了 60% 以上。该材料

铁酸锌基电极材料
及储锂性能

优异的储锂性能可能与其赝电容贡献密切相关。

② 以 $ZnSO_4 \cdot 7H_2O$、$FeSO_4 \cdot 7H_2O$ 和氨水为原料，通过调整锌铁的摩尔比大小，使锌过量不同比例，系统研究了锌过量不同比例制备的样品的微观结构和储锂性能的差异和规律。研究发现，锌过量较少时（锌铁比为 1.25∶2）制备的样品 XRD 图谱无 ZnO 相出现，而锌铁比例增加至 1.5∶2 和 1.75∶2 时生成了 Zn-Fe_2O_4/ZnO 复合材料，且随着锌过量比例的增加，复合相中 ZnO 量增加。另外，锌过量较小时会使材料的粒度更小更分散更均匀，但随着锌过量比例的增加，材料的粒度又逐渐增大，且颗粒较锌铁比为 1∶2 时制备的 $ZnFe_2O_4$ 样品更分散，以致颗粒之间不再相互交联形成空隙，因此不利于储锂性能的改善。电化学性能分析表明，锌过量比例较小，即锌铁比为 1.25∶2 制备的样品电极，具有相对最好的储锂性能，这与其较小的颗粒尺寸以及过量的锌与 $ZnFe_2O_4$ 的协同效应有关。锌过量比例较大，即锌铁比为 1.5∶2 和 1.75∶2 制备的 $ZnFe_2O_4$/ZnO 复合材料电极，其储锂性能较锌铁比为 1∶2 制备的 $ZnFe_2O_4$ 样品电极要差，且随着锌铁比例的增加越来越差。这与复合相的微观结构和 ZnO 本身相对较差的储锂性能有关。

③ 采用化学共沉淀法以 $FeSO_4 \cdot 7H_2O$、$ZnSO_4 \cdot 7H_2O$、$MnSO_4 \cdot H_2O$ 为原料，氨水为沉淀剂，制备了不同 Mn 掺杂比例（0%、1%、5% 和 10%）的纳米 Zn-Fe_2O_4 电极材料，系统研究了不同 Mn 掺杂比例对制备的 $ZnFe_2O_4$ 样品的微观结构和储锂性能的影响规律。XRD 研究结果表明，随着 Mn 掺杂比例的增加，$ZnFe_2O_4$ 相中逐渐出现了 Mn_2O_3 相，从而形成 $ZnFe_2O_4$/Mn_2O_3 复合材料。FESEM 分析结果发现，Mn 掺杂比例为 10% 制备的样品的形貌明显不同于其他三个样品的形貌，样品由类球形颗粒变为细长的棒状颗粒。电化学性能测试结果表明，4 个样品电极中，Mn 掺杂比例为 10% 制备的样品电极具有最高的放电比容量和最佳的循环稳定性和倍率能力，其首圈放电比容量达到 $1312mA \cdot h/g$，在电流密度为 1A/g 条件下循环 300 圈后放电比容量仍能达到 $1001mA \cdot h/g$，在大电流密度 4A/g 和 5A/g 下循环，放电比容量仍具有 431 和 $393mA \cdot h/g$。该样品具有出色的储锂性能主要与其较细的棒状结构以及复合材料中 Mn_2O_3 和 $ZnFe_2O_4$ 的协同作用有关。

④ 采用化学共沉淀法以 $FeSO_4 \cdot 7H_2O$、$ZnSO_4 \cdot 7H_2O$、$SnCl_2 \cdot 2H_2O$ 为原料，氨水为沉淀剂，制备了不同 Sn 掺杂比例（0%、1%、5% 和 10%）的纳米 Zn-Fe_2O_4 电极材料，系统研究了不同 Sn 掺杂比例对制备的 $ZnFe_2O_4$ 样品的微观结构和储锂性能的影响规律。XRD 研究结果表明，随着 Sn 掺杂比例的增加，$ZnFe_2O_4$ 相中逐渐出现了 SnO_2 相，从而形成 $ZnFe_2O_4$/SnO_2 复合材料。FESEM 分析结果发现，Sn 掺杂对前驱体和前驱体烧结后的样品的形貌都有较大的影响，随着 Sn 掺

杂比例的增加，组成样品的初级颗粒变小变均匀，颗粒分布更为分散，使得初级纳米颗粒团聚和桥连形成的大小不等的团聚体，逐渐变为松散的且越来越薄的片体。电化学性能测试结果表明，4 个样品电极中，Sn 掺杂比例为 5％制备的样品电极具有最高的放电比容量和最佳的循环稳定性和倍率能力，其首圈放电比容量达到 1580mA·h/g，在电流密度为 1A/g 条件下循环 150 圈放电比容量保持在 1068mA·h/g，循环 300 圈放电比容量仍能达到 1178mA·h/g，具有非常好的容量保持率。在大电流密度 4A/g 和 5A/g 下循环，放电比容量仍具有 439mA·h/g 和 384mA·h/g。该样品具有出色的储锂性能主要与其较小的初级颗粒相互桥连的形貌以及复合材料中 SnO_2 和 $ZnFe_2O_4$ 的协同作用有关。

参考文献

[1] Kong F, Jiao G, Wang J, et al. Co-precipitation synthesis and electrochemical properties of CrNbO₄ anode materials for lithium-ion batteries [J]. Materials Letters, 2017, 196: 335-338.

[2] Tian Y, Chen Z, Tang W, et al. A facile synthetic protocol to construct 1D Zn-Mn-Oxide nanostructures with tunable compositions for high-performance lithium storage [J]. Journal of Alloys and Compounds, 2017, 720: 376-382.

[3] Chai H, Wang Y, Fang Y, et al. Low-cost synthesis of hierarchical $Co_3V_2O_8$ microspheres as high-performance anode materials for lithium-ion batteries [J]. Chemical Engineering Journal, 2017, 326: 587-593.

[4] Zhou F, Sun Y, Liu S, et al. Synthesis of $SnFe_2O_4$ as a novel anode material for lithium-ion batteries [J]. Solid State Ionics, 2016, 296: 163-167.

[5] Kong F, Tao S, Qian B, et al. Facile synthesis of MTaO₄ (M＝Al, Cr and Fe) metal oxides and their application as anodes for lithium-ion batteries [J]. Ceramics International, 2018, 44(8): 8827-8831.

[6] Chen F, Zhang W, Cheng F, et al. Stepwise co-precipitation to the synthesis of urchin-like $NiCo_2O_4$ hollow nanospheres as high performance anode material [J]. Journal of Applied Electrochemistry, 2018, 48: 1095-1104.

[7] Song X, Ru Q, Mo Y, et al. A novel porous coral-like $Zn_{0.5}Ni_{0.5}Co_2O_4$ as an anode material for lithium ion batteries with excellent rate performance [J]. Journal of Power Sources, 2014, 269: 795-803.

[8] Song X, Ru Q, Zhang B, et al. Flake-by-flake $ZnCo_2O_4$ as a high capacity anode material for lithium-ion battery [J]. Journal of Alloys and Compounds, 2014, 585: 518-522.

[9] Hou X, Wang X, Yao L, et al. Facile synthesis of $ZnFe_2O_4$ with inflorescence spicate architecture as anode materials for lithium-ion batteries with outstanding performance [J]. New Journal of Chemistry, 2015, 39(3): 1943-1952.

[10] Zhong X, Yang Z, Wang H, et al. A novel approach to facilely synthesize mesoporous $ZnFe_2O_4$ nanorods for lithium ion batteries [J]. Journal of Power Sources, 2016, 306: 718-723.

[11] Vadiyar M M, Bhise S C, Patil S K, et al. Mechanochemical growth of a porous $ZnFe_2O_4$ nano-flake thin film as an electrode for supercapacitor application [J]. Rsc Advances, 2015, 5(57): 45935-45942.

[12] Qi H, Cao L, Li J, et al. High Pseudocapacitance in FeOOH/rGO composites with superior performance for high rate anode in Li-ion battery [J]. ACS Applied Materials & Interfaces, 2016, 8(51): 35253-35263.

[13] Sharma R K, Ghose R. Synthesis and characterization of nanocrystalline zinc ferrite spinel powders by homogeneous precipitation method [J]. Ceramics International, 2015, 41(10): 14684-14691.

[14] López F A, López-Delgado A, Vidales J L M D, et al. Synthesis of nanocrystalline zinc ferrite powders

铁酸锌基电极材料
及储锂性能

from sulphuric pickling waste water [J]. Journal of Alloys & Compounds,1998,265(1-2): 291-296.

[15] Bresser D, Paillard E, Kloepsch R, et al. Carbon coated $ZnFe_2O_4$ nanoparticles for advanced lithium-ion anodes [J]. Advanced Energy Materials,2013,3(4): 513-523.

[16] Yao L,Deng H,Huang Q A,et al. Three-dimensional carbon-coated $ZnFe_2O_4$ nanospheres/nitrogen-doped graphene aerogels as anode for lithium-ion batteries [J]. Ceramics International,2017,43: 1022-1028.

[17] Thankachan R M, Rahman M M, Sultana I, et al. Enhanced lithium storage in $ZnFe_2O_4$-C nanocomposite produced by a low-energy ball milling [J]. Journal of Power Sources,2015,282: 462-470.

[18] Xing Z,Ju Z C,Yang J,et al. One-step hydrothermal synthesis of $ZnFe_2O_4$ nano-octahedrons as a high capacity anode material for Li-ion batteries [J]. Journal of Nano Research,2012,5(7): 477-485.

[19] Zhao H X,Jia H M,Wang S M,et al. Fabrication and application of MFe_2O_4 (M = Zn,Cu) nanoparticles as anodes for Li ion batteries [J]. Journal of Experimental Nanoscience,2011,6(1): 75-83.

[20] Guo X W,Lu X,Fang X P,et al. Lithium storage in hollow spherical $ZnFe_2O_4$ as anode materials for lithium ion batteries [J]. Electrochemistry Communications,2010,12: 847-850.

[21] Su Q M,Wang S X,Yao L B,et al. Study on the electrochemical reaction mechanism of $ZnFe_2O_4$ by in situ transmission electron microscopy [J]. Scientific Reports,2016,6: 28197.

[22] Wang N,Xu H,Chen L,et al. A general approach for MFe_2O_4 (M = Zn,Co,Ni) nanorods and their high performance as anode materials for lithium ion batteries [J]. Journal of Power Sources,2014,247 (3): 163-169.

[23] Li Y,Yao J,Zhu Y,et al. Synthesis and electrochemical performance of mixed phase α/β nickel hydroxide [J]. Journal of Power Sources,2012,203: 177-183.

[24] Xia H,Qian Y,Fu Y,et al. Graphene anchored with $ZnFe_2O_4$ nanoparticles as a high-capacity anode material for lithium-ion batteries [J]. Solid State Sciences,2013,17(7): 67-71.

[25] Rezvani S J,Gunnella R,Witkowska A,et al. Is the solid electrolyte interphase an extra-charge reservoir in Li-ion batteries? [J]. ACS Applied Materials & Interfaces,2017,9(5): 4570-4576.

[26] Hou L,Lian L,Zhang L,et al. Self-sacrifice template fabrication of hierarchical mesoporous Bi-component-active $ZnO/ZnFe_2O_4$ sub-microcubes as superior anode towards high-performance lithium-ion battery [J]. Advanced Functional Materials,2015,25(2): 238-246.

[27] Laruelle S,Grugeon S,Poizot P,et al. On the origin of the extra electrochemical capacity displayed by Mo/Li cells at low potential [J]. Journal of the Electrochemical Society,2002,149(5): A627-A634.

[28] Qiao H,Xia Z,Fei Y,et al. Electrospinning combined with hydrothermal synthesis and lithium storage properties of $ZnFe_2O_4$-graphene composite nanofibers [J]. Ceramics International,2017,43: 2136-2142.

[29] Zhou D,Jia H,Rana J,et al. Local structural changes of nano-crystalline $ZnFe_2O_4$ during lithiation and delithiation studied by X-ray absorption spectroscopy [J]. Electrochimica Acta,2017,246: 699-706.

[30] Li Y,Pan G,Xu W,et al. Effect of Al substitution on the microstructure and lithium storage performance of nickel hydroxide [J]. Journal of Power Sources,2016,307: 114-121.

[31] Li Y,Yao J,Zhu Y,et al. Synthesis and electrochemical performance of mixed phase α/β nickel hydroxide [J]. Journal of Power Sources,2012,203: 177-183.

[32] Li Y,Yao J,Uchaker E,et al. Sn-Doped V_2O_5 film with enhanced lithium-ion storage performance [J]. Journal of Physical Chemistry C,2013,117(45): 23507-23514.

[33] Li Y,Xu W,Xie Z,et al. Structure and lithium storage performances of nickel hydroxides synthesized with different nickel salts [J]. Ionics,2017,23(7): 1625-1636.

[34] Wang J,Polleux J,Lim J,Dunn B. Pseudocapacitive contributions to electrochemical energy storage in TiO_2 (anatase) nanoparticles [J]. Journal of Physical Chemistry C,2007,111(40): 14925-14931.

[35] Liu T C,Pell W G,Conway B E,et al. Behavior of molybdenum nitrides as materials for electrochemical capacitors [J]. Journal of the Electrochemical Society,1998,145(6): 1882-1888.

[36] Jung M H. Carbon-coated ZnO mat passivation by atomic-layer-deposited HfO_2, as an anode material for lithium-ion batteries [J]. Journal of Colloid & Interface Science,2017,505: 631-641.

[37] Lee J H,Hon M H,Chung Y W,et al. The effect of TiO_2 coating on the electrochemical performance of ZnO nanorod as the anode material for lithium-ion battery [J]. Applied Physics A,2011,102(3): 545-550.

第 5 章
液相一步焙烧法制备铁酸锌基电极材料及其储锂性能研究

二维（2D）纳米结构（纳米片）的锂离子电池电极材料具有良好的柔韧性、丰富的活性位点和较短的锂离子扩散路径，一直以来受到了研究者的广泛关注[1-3]。2D 纳米片常见的形貌主要有六种[1]：多孔纳米片、超薄纳米片、纳米片组装的花状结构、三明治纳米片、波纹纳米片和具有特定切面的纳米片。表 5-1 给出了部分关于 2D 纳米片结构的过渡金属氧化物或双过渡金属氧化物锂离子电池负极材料的相关报道[4-14]。从文献调研发现：2D 纳米片结构能够有效提升电极材料的储锂性能，但是大多数报道的合成方法存在制备过程复杂、耗时长、设备要求高、操作条件苛刻等问题；另外，关于 2D 纳米片结构的高性能 $ZnFe_2O_4$ 基锂离子电池负极材料的研究还比较少。因此，开发一种制备简单、成本低、合成高效的高性能 2D 纳米片结构 $ZnFe_2O_4$ 基锂离子电池负极材料，仍然面临着重要挑战。在此，我们开发了一种非常简便的液相一步焙烧法直接制备具有微/纳分级 2D 片状结构的 $ZnFe_2O_4$ 基电极材料，该电极材料作为锂离子电池负极材料表现出非常优异的储锂性能。该方法不仅制备过程简单，且成本低、产率高、制备条件易于控制，适用于大规模生产。文中，系统讨论了制备过程中铁和锌分别过量，对液相一步焙烧法制备的 $ZnFe_2O_4$ 微观结构和储锂性能的影响及作用机理。

表 5-1　具有 2D 纳米片结构的过渡金属氧化物或双过渡金属氧化物锂离子电池负极材料

样品及结构	制备方法	文献
介孔 NiO 纳米片网络结构	溶剂热法结合烧结技术	[4]
超薄 NiO 纳米片	溶剂热法结合烧结技术	[5]
NiO-石墨烯叠片纳米结构	水热法结合烧结技术	[6]
2D 多孔 Co_3O_4 纳米片	自我牺牲模板法	[7]
互连的 α-Fe_2O_3 纳米片阵列	恒电流电沉积方法结合热处理技术	[8]
SnO 纳米片/石墨烯复合材料	原位化学合成方法	[9]
介孔花朵状 Co_3O_4/C 纳米片复合材料	无机-有机层状前驱体的原位热解	[10]
2D 超薄 $NiCo_2O_4$ 纳米片	微波辅助合成方法	[11]
2D 多孔 $MgCo_2O_4$ 纳米片	微波辅助液相法结合烧结技术	[12]
2D 多孔 $ZnFe_2O_4$ 纳米片/还原氧化石墨烯	自组装乙醇酸锌铁/还原氧化石墨烯纳米片	[13]
超薄介孔 $ZnFe_2O_4$/ZnO 纳米片	金属有机框架合成方法	[14]

5.1

铁过量对液相一步焙烧法制备的铁酸锌电极材料的影响

按照以下步骤制备铁未过量样品 A 和铁过量不同比例的样品 B、C 和 D：

（1）铁未过量样品（锌铁摩尔比为 1∶2）A 的制备　将 2g $FeCl_3 \cdot 6H_2O$、1.1g $Zn(NO_3)_2 \cdot 6H_2O$ 和 2g 蔗糖用 5mL 水进行溶解。将制备好的溶液放入马弗炉中，在空气气氛下 600 ℃灼烧 3h，升温速率为 5℃/min。随炉冷却至室温，获得未过量的样品。

（2）铁过量样品 B、C 和 D 的制备　在样品 A 的制备配方的基础上，再向其中加入一定量的 $FeCl_3 \cdot 6H_2O$，使铁过量。Fe 过量的量以样品 A 配方中 Fe 含量为基础进行计算。过量 Fe 与原 Fe 的摩尔比分别为 1∶32（样品 B）、1∶8（样品 C）和 1∶2（样品 D），依此计算则需向配方中再加入 $FeCl_3 \cdot 6H_2O$ 的质量分别为 0.0625g（样品 B）、0.25g（样品 C）和 1g（样品 D）。制备步骤同样品 A。

采用荷兰帕纳科公司的 X′Pert³ Powder 型多功能 X 射线衍射仪（Cu 靶、40 mA、40 kV）对样品 A～D 的晶体结构进行分析，扫描速度 5(°)/min，扫描范围为 5°～90 °，所得 XRD 谱图如图 5-1 所示。从图 5-1 可以看出，4 种样品的衍射峰均有三个以上主强峰的出峰位置与 $ZnFe_2O_4$（JCPDS 22-1012）[15] 和 Fe_2O_3（JCPDS 80-2377）[16] 标准 XRD 谱图的衍射峰出峰位置相吻合。由此可判断 4 种样品均为 $ZnFe_2O_4$ 和 Fe_2O_3 的复合相。另外，从图 5-1 中还可以看出，随着铁过量比例的增加（从样品 A 到样品 D），Fe_2O_3 物相对应的衍射峰的强度明显变强、峰面积增大，表明随着铁过量比例的增加，制备的 $ZnFe_2O_4/Fe_2O_3$ 样品中的 Fe_2O_3 相增多。值得注意的是：即使在制备过程中，Zn 和 Fe 的摩尔比为 1∶2（即铁未过量，样品 A），也无法制备出纯的 $ZnFe_2O_4$，这主要与制备方法有关。

为了进一步研究铁过量不同比例对制备的 $ZnFe_2O_4$ 样品表面形貌的影响，采用日本日立公司 SU5000 型场发射扫描电子显微镜（FESEM）观察了样品的表面形貌，放大倍数分别为 5000 和 50 000 倍。图 5-2 即为 4 个样品 A、B、C 和 D 的 FESEM 图。从图 5-2 中可以看出，采用蔗糖辅助液相一步焙烧法制备的 $ZnFe_2O_4/Fe_2O_3$ 复合材料具有微/纳分级结构二维片状形貌。二维片由

铁酸锌基电极材料
及储锂性能

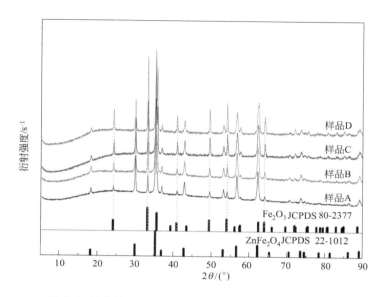

图 5-1　铁未过量和过量不同比例时制备样品的 XRD 图谱

$100\sim150nm$ 的初级小颗粒构成，小颗粒之间存在大量的空隙。二维纳米片结构有利于避免初级纳米小颗粒的团聚，提高材料的结构稳定性[17]；纳米级的初级小颗粒有利于缩短 Li^+ 的扩散路径，改善材料的嵌脱锂动力学性能[18]；纳米初级颗粒之间的空隙有利于电解液的渗透、提高电极活性材料与电解液的接触面积，提供更多的反应活性位点[19]。对比可以发现，随着 Fe 含量的增加，材料由扁平的二维片状形貌转变为褶皱状的二维片状形貌，并且二维片的横向尺寸减小。

　　将制备的样品、导电剂 Super-P 炭黑和黏结剂聚偏氟乙烯（PVDF）按质量比 $6:3:1$ 充分混合后加入适量的 N-甲基吡咯烷酮（NMP）溶剂，调匀成浆状后均匀涂覆在铜箔上，在 $80\,℃$ 下真空干燥至恒重，冲裁后得到电极片。以所制备的电极片作为研究电极，金属锂片为对电极，聚丙烯多孔膜（Celgard 2400）为隔膜，$1.0mol/L\ LiPF_6$ 的碳酸乙烯酯（EC）、碳酸二甲酯（DMC）和碳酸二乙酯（DEC）的混合液 $[m(EC):m(DMC):m(DEC)=1:1:1]$ 为电解液，在充满氩气的手套箱中组装成 CR2016 型扣式电池。采用深圳新威公司的 BTS-5V/10mA 型充放电测试仪测试电池的恒流充放电及倍率性能，电压窗口为 $0.01\sim3V$，其中循环性能测试在 $1.0A/g$ 电流密度下循环 500 圈，倍率性能测试的电流密度分别为 $1A/g$、$3A/g$、$5A/g$、$7A/g$、$10A/g$。采用上海辰华仪器有限公司 CHI1030C 型多

第 5 章
液相一步焙烧法制备铁酸锌基电极材料及其储锂性能研究　　5.1　铁过量对液相一步焙烧法制备的铁酸锌电极材料的影响

151

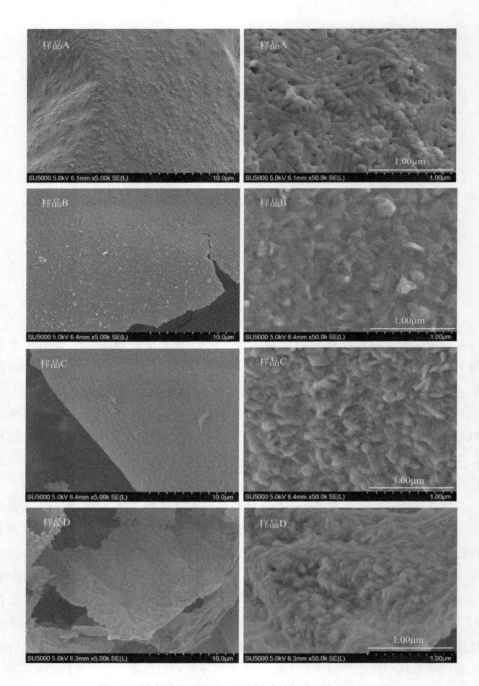

图 5-2 铁未过量和过量不同比例时制备样品的 FESEM 图

铁酸锌基电极材料
及储锂性能

通道电化学工作站测试电池的循环伏安曲线，测试电位窗口为 0.01～3.0V。采用上海辰华仪器有限公司 CHI660D 型电化学工作站对电池进行电化学阻抗测试，测试的频率范围为 $10^{-2}～10^5$ Hz，正弦激励信号振幅为 5mV。

图 5-3 为样品 A、B、C 和 D 的 CV 曲线，扫描速率为 0.1mV/s，电位窗口为 0.01～3.0V。从图中可以看出，4 个样品电极首圈负向扫描时均在 0.74V 附近出现一个非常尖锐的还原峰，该还原峰对应的是 Zn^{2+}、Fe^{3+} 被还原成 Zn^0、Fe^0 以及 Li_2O 的生成，在 0V 处的还原峰对应 Li-Zn 合金的形成[20]；正向扫描时，在 0.16V 处的宽氧化峰对应 Li^+ 从 Li-Zn 合金中脱出过程，在 1.58V 附近的氧化峰对应金属 Zn^0 和 Fe^0 被氧化成 ZnO 和 Fe_2O_3 以及 Li_2O 的分解[21]。在之后的循环过程中，0.74V 附近的还原峰正移至 0.98V，说明电极材料的晶体结构经过首圈循环后发生了重构[22]，1.58V 处的氧化峰轻微正移动至 1.60V 处，第 2～4 圈 CV 曲线基本重合，表明电极材料具有良好的电化学反应可逆性和循环稳定性。

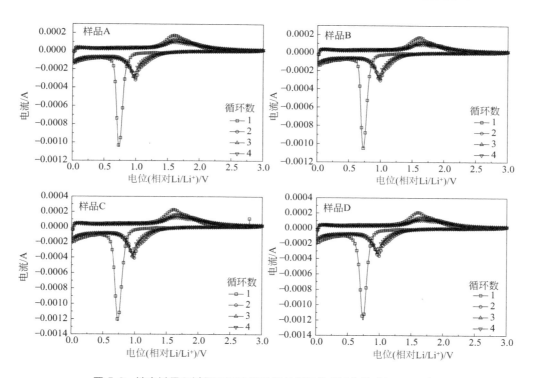

图 5-3　铁未过量和过量不同比例时制备样品的 CV 曲线（0.1mV/s）

图 5-4(a) 是制备的 4 个样品电极在 1A/g 电流密度下的循环性能曲线。从图中可以看出，4 个样品电极的放电比容量变化趋势相似：都是在最初的 1～20 圈循

环中比容量急剧降低，主要是因为电极表面生成 SEI 膜阻碍 Li[+] 嵌入/脱出造成的[23]；21～300 圈循环比容量逐渐上升，这是因为随着充放电循环的进行，电极不断被活化引起的放电比容量增加[24]；300 圈循环后比容量逐渐降低，主要由于循环过程电极活性材料体积反复膨胀、收缩导致其粉化、脱落引起的电极性能衰减[25]。对比可以看出，4 个样品中，样品 B 的电化学活性最好，放电比容量最高，

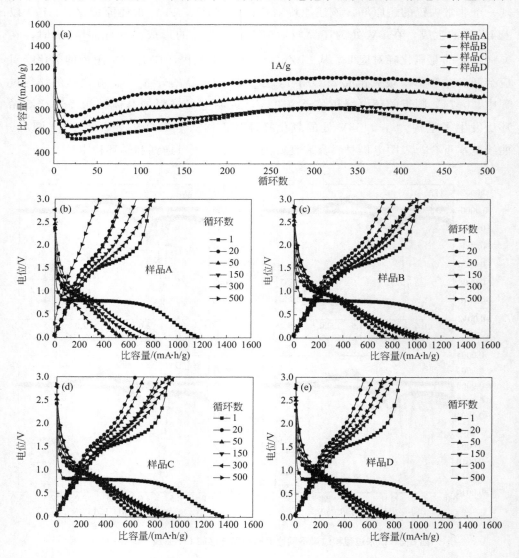

图 5-4 制备的 4 个样品电极在 1A/g 电流密度下的循环性能曲线（a）和对应不同循环圈数下的充放电曲线（b）~（e）

铁酸锌基电极材料
及储锂性能

其次是样品 C，再次是样品 D，最差的是样品 A。经过 300 圈循环后样品 B、C、D和样品 A 的放电比容量分别为 1109mA·h/g、970mA·h/g、819mA·h/g 和819mA·h/g，经过 500 圈循环后样品 B、C、D 和样品 A 的放电比容量分别为1007mA·h/g、912mA·h/g、758mA·h/g、398mA·h/g，可见 Fe 过量制备的 $ZnFe_2O_4/Fe_2O_3$ 二元复合材料有利于提高材料的放电比容量，改善材料的电化学循环稳定性。图 5-4（b）～（e）分别是制备的 4 个样品电极在 1A/g 电流密度下对应不同循环圈数下的充放电曲线。从图中可以看出，样品 A、B、C、D 首圈放电比容量分别为 1174mA·h/g、1519mA·h/g、1358mA·h/g、1284mA·h/g，首圈充电比容量分别为 779mA·h/g、1012mA·h/g、915mA·h/g、851mA·h/g 对应的库仑效率分别为 66.4%、66.6%、67.4%、66.3%。随着循环圈数的增加，样品电极的极化在 1～20 圈循环逐渐增大，对应的充放电比容量降低；样品电极的极化在 20～300 圈循环逐渐减小，对应的充放电比容量逐渐升高；300 圈循环后，样品电极的极化逐渐增加，同时充放电比容量降低。对样品 A，前 300 圈循环可以看到较为明显的充放电平台，但在 500 圈循环下其充放电曲线变为斜线，已观察不到充放电平台。而样品 B、C 和 D 在 1～500 圈循环中都保持有较明显的充放电平台，表明样品 B、C 和 D 具有相对较高的电化学反应可逆性和循环稳定性。仔细观察可以发现，随着循环的进行样品 B、C、D 在 0.9V 附近的放电平台容量几乎保持不变，放电比容量的变化主要集中在 0.9V 以下的斜线区。由以上分析可知，Fe 过量有利于提高材料的嵌锂活性，改善材料的电化学循环稳定性，尤其是过量 Fe 与原 Fe 的摩尔比为 1:32 制备的样品 B 具有最佳的电化学性能。

图 5-5（a）是制备的 4 个样品电极在不同电流密度（1A/g、3A/g、5A/g、7A/g、10A/g）下的倍率性能曲线。从图中可以看出，4 个样品中，样品 B 的倍率性能最佳，在 3A/g 和 5A/g 的高电流密度下其放电比容量分别为 741mA·h/g 和664mA·h/g，即使在 7A/g 和 10A/g 的超高电流密度下其放电比容量仍保持在610mA·h/g 和 530mA·h/g，表明该材料具有优异的大电流充放电性能；样品 C 的倍率性能略优于样品 D；样品 A（铁未过量）的倍率性能最差，在 7A/g 和 10A/g 的电流密度下其放电比容量仅为 330mA·h/g 和 290mA·h/g。图5-5（b）～（e）分别是制备的 4 个样品电极在 1A/g 电流密度下不同循环数（第1、30、50、150、300 和 500 圈）对应的充放电曲线。从图中可以看出，4 个样品的充放电曲线变化趋势基本相同，即随着充放电电流密度的增大，样品的

充电曲线向高电位移动，放电曲线向低电位移动，电极的极化逐渐增加。在相同的电流密度下，样品 B 的充放电比容量最高，其次是样品 C，再次是样品 D，最低的是样品 A。由以上分析可知，Fe 过量有利于改善材料的倍率性能，尤其是过量 Fe 与原 Fe 的摩尔比为 1：32 的样品（样品 B）具有最高的倍率性能。

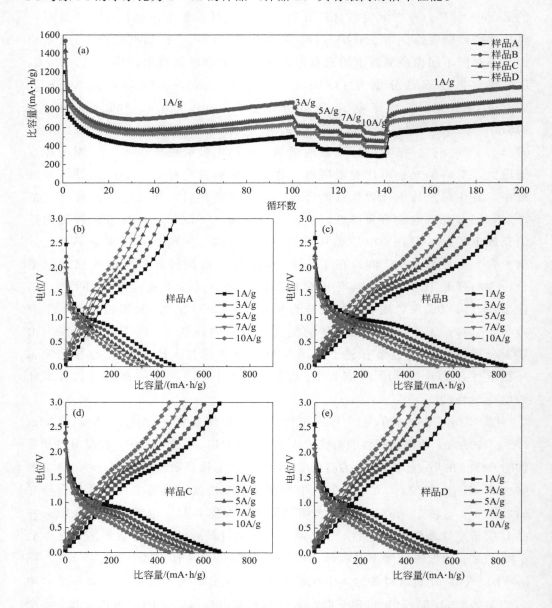

图 5-5　制备的 4 个样品电极在不同电流密度下的倍率性能曲线（a）和对应的充放电曲线（b）~（e）

铁酸锌基电极材料
及储锂性能

图 5-6 是制备的 4 个样品电极在不同扫描速率（0.1mV/s、0.2mV/s、0.4mV/s、0.6mV/s、0.8mV/s、1.0mV/s）下的循环伏安（CV）曲线。对比可以看出，在较慢的扫描速率（0.1mV/s、0.2mV/s、0.4mV/s）下 4 个样品的 CV 曲线变化趋势基本一致，都有一对非常明显的氧化/还原峰。在较快的扫描速率（0.6mV/s、0.8mV/s、1.0mV/s）下，4 个样品的氧化峰峰位和形状仍保持基本一致，但还原峰的形状显示出显著差别：随着扫描速率由 0.5mV/s 增加到 1.0mV/s，样品 A 的还原峰电位由 0.75V 负移至 0.28V（变化 0.25V），电极的极化最大；而样品 B 的还原峰电位由 0.81V 负移至 0.73V（变化仅为 0.04V），电极的电化学极化最小；样品 D 比样品 C 的极化略大。4 个样品的极化大小变化规律为样品 B＜样品 C＜样品 D＜样品 A，电极的极化越小，越有利于电化学反应的进行，进而提高电极的电化学反应活性，这与 4 个样品电极的倍率性能变化规律相一致。

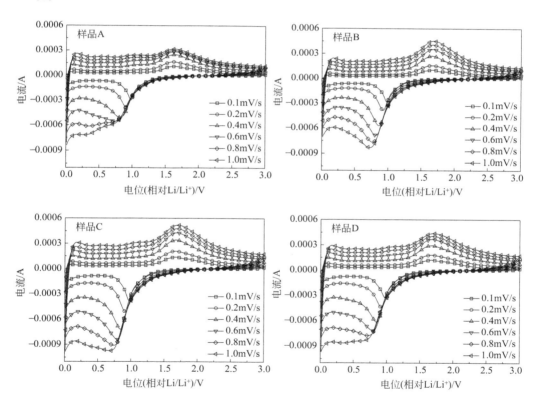

图 5-6　制备的 4 个样品电极在不同扫描速率（0.1mV/s、0.2mV/s、0.4mV/s、0.6mV/s、0.8mV/s、1.0mV/s）下的循环伏安（CV）曲线

CV 曲线中氧化峰电位（E_A）与还原峰电位（E_C）之间的差值（ΔE）反映了电极电化学反应的可逆性，ΔE 越小表明电极反应的可逆性就越好，反之则反应的可逆性越差[26]。图 5-7 是制备的 4 个样品电极 E_A、E_C 和 ΔE 值随扫描速率的变化关系曲线。从图 5-7（a）可以看出，4 个样品的氧化峰电位基本一致，都在 1.65V 附近，并且随着扫描速率的增加氧化峰电位基本保持不变；4 个样品的还原峰电位随着扫描速率的增加明显负移，尤其是样品 A，在扫描速率大于 0.6mV/s 时还原峰电位负移最为显著。从图 5-7（b）可以看出，4 个样品中样品 B 的 ΔE 最小，电化学反应可逆性最好；样品 A 的 ΔE 最大，电化学反应可逆性最差。

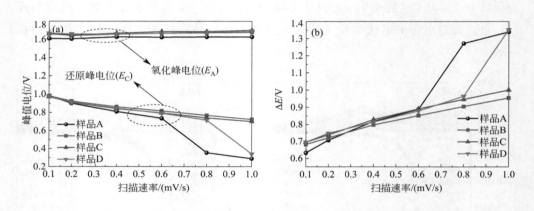

图 5-7　制备的 4 个样品电极 E_A、E_C（a）和 ΔE（b）值随扫描速率的变化关系曲线

图 5-8 是对制备的 4 个样品电极经过 500 圈充放电循环后进行 EIS 测试所得的 Nyquist 图。从图中可以看出，4 个样品电极的 Nyquist 图均由高频区的半圆和低频区的斜线组成。高频区的半圆对应的是电极电化学反应的电阻容抗弧，低频区的斜线对应的是质子扩散引起的 Warburg 阻抗[27]。从图中可以看出，Fe 过量样品的电阻容抗弧直径减小，该直径越小说明该样品的电化学反应阻抗越低，电化学反应越容易进行。采用图 5-8(b) 中插图给出的等效电路对 Nyquist 图进行拟合，等效电路中 R_1 和 R_2 分别代表溶液电阻和电化学反应电阻，CPE_1 代表界面电容的常相位角元件，W_1 代表 Li 在固相中扩散的 Warburg 阻抗。拟合可知，样品 A、B、C、D 的电化学反应阻抗分别为 54.72Ω、39.8Ω、40.08Ω、45.28Ω。可见样品 B 的电化学反应阻抗最小，说明其内部的电化学反应最容易进行，材料的活性最好，这与上文的 CV 和充放电测试结果相一致。

铁酸锌基电极材料
及储锂性能

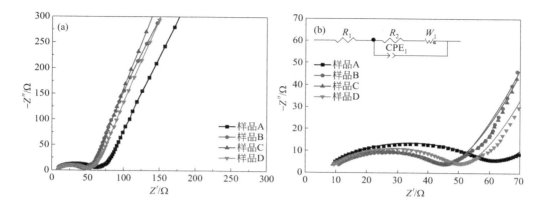

图 5-8　制备的 4 个样品电极经过 500 圈充放电循环后的 Nyquist 图（a）及局部放大（b）

5.2

锌过量对液相一步焙烧法制备的铁酸锌电极材料的影响

按照以下步骤制备铁未过量样品 A 和铁过量不同比例的样品 E、F 和 G：

（1）锌未过量样品 A 的制备　将 2g $FeCl_3 \cdot 6H_2O$、1.1g $Zn(NO_3)_2 \cdot 6H_2O$（Fe：Zn 摩尔比为 2：1）和 2g 蔗糖用 5mL 水进行溶解。将制备好的以上样品放入马弗炉中在空气气氛下 600℃灼烧 3h，升温速率为 5℃/min。随炉冷却至室温，获得未过量的样品。

（2）锌过量样品的制备　在样品 A 的制备配方的基础上，再向其中加入一定量的 $Zn(NO_3)_2 \cdot 6H_2O$，使锌过量。Zn 过量的量以样品 A 配方中 Fe 含量为基础进行计算。过量 Zn 与原 Fe 的摩尔比分别为 1：32（样品 E）、1：8（样品 F）和 1：2（样品 G），依此计算则需向配方中再加入 $Zn(NO_3)_2 \cdot 6H_2O$ 的质量分别为 0.0688g（样品 E）、0.275g（样品 F）和 1.1g（样品 G）。制备步骤同样品 A。

采用荷兰帕纳科公司的 X'Pert[3] Powder 型多功能 X 射线衍射仪（Cu 靶、40mA、40kV）对样品的晶体结构进行分析，扫描速度 5（°）/min，扫描范围为 5°～90°，所得的 XRD 谱图如图 5-9 所示。从图 5-9 可以看出，Zn 未过量时制备的样品 A 是 $ZnFe_2O_4/Fe_2O_3$ 二元复合材料。随着 Zn 过量程度的增加，与 ZnO

（JCPDS 89-7102）[28] 标准 XRD 图谱对应的衍射峰越来越明显，即 ZnO 在样品中所占的比例增大，而 Fe_2O_3（JCPDS 80-2377）[16] 标准 XRD 谱图对应的衍射峰越来越不明显，即 Fe_2O_3 在样品中所占的比例减少。由以上分析可知，在制备过程中 Zn/Fe 比例对样品相结构有显著影响，随着 Zn 过量程度的增加，样品的相结构由最初的 $ZnFe_2O_4/Fe_2O_3$ 二元复合材料逐渐转变为 $ZnFe_2O_4/Fe_2O_3/ZnO$ 三元复合材料，再逐渐变为 $ZnFe_2O_4/ZnO$ 二元复合材料。

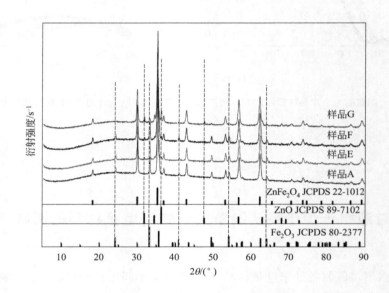

图 5-9　锌未过量和过量不同比例时制备样品的 XRD 图谱

为了进一步研究锌过量不同比例对制备的 $ZnFe_2O_4$ 样品表面形貌的影响，采用日本日立公司 SU5000 型场发射扫描电子显微镜（FESEM）观察了样品的表面形貌，放大倍数分别为 5000 和 50 000 倍。图 5-10 为 4 个样品 A、E、F 和 G 的 FESEM 图。从图 5-10 中可以看出，采用蔗糖辅助液相一步焙烧法制备的 4 个样品都具有微/纳分级结构二维片状多孔形貌，但构成二维片的纳米初级小颗粒形貌与锌过量程度密切相关。样品 A 的二维片由直径为 100～150nm 的纳米棒初级小颗粒组成；样品 E 的二维片是由直径为 100～200nm 的不规则纳米初级小颗粒组成；样品 F 的二维片是由厚度约为 50nm 的薄片形貌初级小颗粒组成；样品 G 的二维片由平均粒径约为 100nm的类球形纳米初级小颗粒组成。相对而言，样品 G 的初级小颗粒排列最为紧密，颗粒之间的空隙最小；而样品 E 和样品 F 的初级纳米小颗粒之间空隙较大，这些空隙可为材料的充放电过程中的体积变化提供缓冲空间，有效地释放因 Li^+ 嵌/脱反应而引

铁酸锌基电极材料
及储锂性能

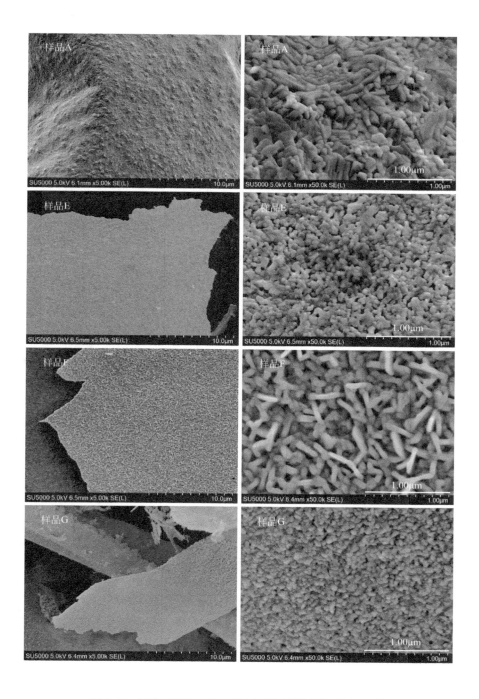

图 5-10 锌未过量和过量不同比例时制备样品的 FESEM 图

起的应力，进而有利于提高材料的电化学循环稳定性[29]。尤其是样品 F 是由阵列状薄壁初级小颗粒构成，可有效缩短 Li^+ 和电子的扩散路径，进而提高材料的电化学反应动力学性能。这与下文的充放电测试结果相一致。

电极制备及电化学性能测试方法同 5.1。图 5-11 为样品 A、E、F、G 的 CV 曲线，扫描速率为 0.1mV/s，电位窗口为 0.01～3V。样品 A 和样品 E 的 CV 曲线非常相似，在首圈负向扫描过程中，分别在 0.74V 和 0.66V 出现一个非常尖锐的还原峰，该还原峰对应的是样品在 Zn^{2+}、Fe^{3+} 被还原成 Zn^0、Fe^0 及 Li_2O 的生成，在更低电位 0V 附近的还原峰对应 Li-Zn 合金的形成[20]；首圈正向扫描时，在 0.16V 处的宽氧化峰对应 Li^+ 从 Li-Zn 合金中脱出过程，在 1.58V 附近的氧化峰对应金属 Zn^0 和 Fe^0 被氧化成 ZnO 和 Fe_2O_3 以及 Li_2O 的分解[21]。在之后的循环过程中，样品 A 和样品 E 在 0.74V 和 0.66V 附近的还原峰分别正移至 0.96V 和 0.94V，说明电极材料的晶体结构经过首圈循环后发生了重排，1.58V 附近的氧化峰略微正移动至 1.60V，第 2～4 圈 CV 曲线基本重合，表明电极材料具有良好的

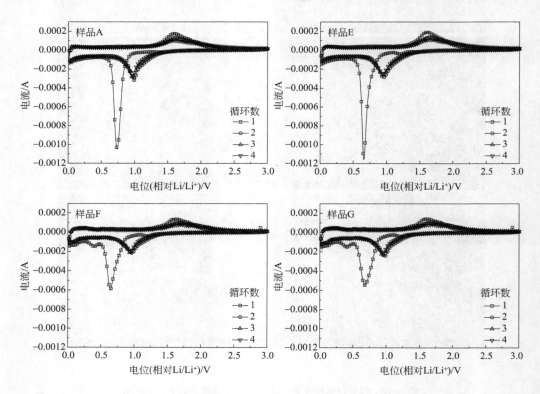

图 5-11　锌未过量和过量不同比例时制备样品的 CV 曲线（0.1mV/s）

铁酸锌基电极材料
及储锂性能

电化学反应可逆性和循环稳定性。样品 F 和样品 G 表现出相似的 CV 行为，在首圈负向扫描过程中，两样品都出现三个还原峰，在 0.65V 附近的强还原峰对应的是样品在 Zn^{2+}、Fe^{3+} 被还原成 Zn^0、Fe^0 及 Li_2O 的生成，在 0.4V 附近的还原峰对应的是 ZnO 还原为 Zn^0 和 Li_2O 的生成[30]，在 0.1V 附近的还原峰对应 Li-Zn 合金的形成；首圈正向扫描时，在 0.25V、0.50V 和 0.67V 处的弱氧化峰对应 Li^+ 从 Li-Zn 合金中脱出过程[31]，在 1.58V 附近的氧化峰对应金属 Zn^0 和 Fe^0 被氧化成 ZnO 和 Fe_2O_3 以及 Li_2O 的分解。在之后的循环过程中，样品 F 和样品 G 在 0.65V 和 0.4V 附近的还原峰正移至 0.95V，1.58V 附近的氧化峰略微正移动至 1.60V，其他峰的位置基本未变，第 2~4 圈 CV 曲线基本重合，表明电极材料具有良好的电化学反应可逆性和循环稳定性。

图 5-12(a) 是制备的 4 个样品电极在 1A/g 电流密度下的循环性能曲线。从图中可以看出，Zn 未过量的样品 A 在最初的 1~20 圈循环中比容量急剧降低，在 21~300 圈循环中比容量逐渐上升并在第 300 圈循环时达到了最高值（822mA·h/g），随后放电比容量逐渐降低，经过 400 圈循环后放电比容量降低至 740mA·h/g。与样品 A 相比，Zn 过量样品（样品 E、F 和 G）具有更好的电化学循环稳定性，在起初的 1~20 圈循环中比容量急剧降低，在 21~400 圈循环中比容量始终保持逐渐上升的趋势，经过 400 圈循环，样品 E、F 和 G 的放电比容量分别为 968mA·h/g、1060mA·h/g 和 735mA·h/g。4 个样品中，样品 F 具有最高的放电比容量和良好的电化学循环稳定性。由以上结果可知，适当的 Zn 过量有利于改善材料电化学反应活性和长周期的电化学循环稳定性。图 5-12(b)~(e) 分别是制备的 4 个样品电极在 1A/g 电流密度下对应不同循环圈数下的充放电曲线。从图中可以看出，样品 A、E、F 和 G 首圈放电比容量分别为 1174mA·h/g、1234mA·h/g、1401mA·h/g 和 1114mA·h/g，首圈充电比容量分别为 785mA·h/g、799mA·h/g、914mA·h/g 和 687mA·h/g，对应的库仑效率分别为 66.9%、64.7%、65.2% 和 61.7%。随着循环圈数的增加，样品电极的极化在 1~20 圈循环逐渐增大，对应的充放电比容量降低，样品 A 电极的极化在 20~300 圈循环逐渐减小，对应的充放电比容量逐渐升高，经过 300 圈充放电循环后，样品电极的极化逐渐增加，同时充放电比容量降低；而样品电极 E、F 和 G 的极化在 20~400 圈循环过程中逐渐减小，对应的放电比容量逐渐升高。4 个样品在整个循环过程中均可观察到明显的充放电平台，说明其具有较好的电化学循环可逆性。由以上分析可知，Zn 过量有利于改善材料的电化学循环稳定性，尤其是过量 Zn 与原 Fe 的摩尔比分别为 1：8 的样品（样品 F）具有最佳的电化学性能。

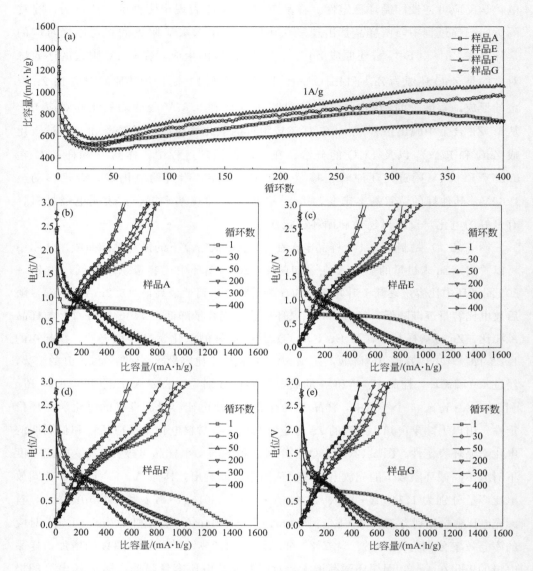

**图 5-12 制备的 4 个样品电极在 1A/g 电流密度下的循环性能曲线（a）和
对应不同循环圈数下的充放电曲线（b）~（e）**

图 5-13（a）是制备的 4 个样品电极在不同电流密度（1A/g、3A/g、5A/g、
7A/g、10A/g）下的倍率性能曲线。从图中可以看出，4 个样品中，样品 F（过量
Zn 与原 Fe 的摩尔比为 1：8）的倍率性能最佳，在 3A/g 和 5A/g 的高电流密度下
其放电比容量分别为 650mA·h/g 和 580mA·h/g，即使在 7A/g 和 10A/g 的超高

铁酸锌基电极材料
及储锂性能

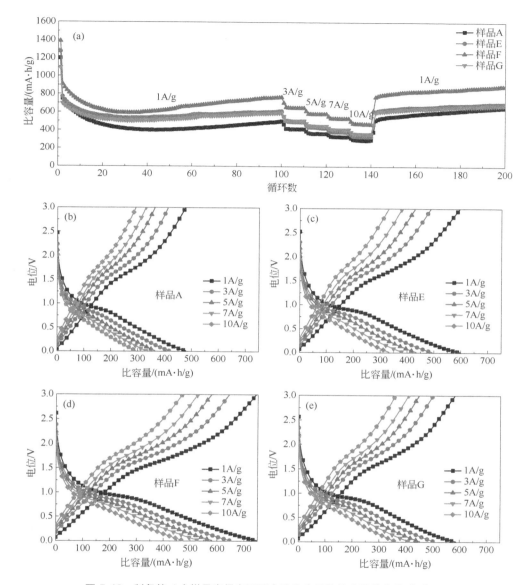

图 5-13　制备的 4 个样品电极在不同电流密度下的倍率性能曲线（a）和
对应的充放电曲线（b）~（e）

电流密度下其放电比容量仍保持在 530mA·h/g 和 470mA·h/g，表明该材料具有
较突出的大电流充放电性能；样品 E（过量 Zn 与原 Fe 的摩尔比为 1∶32）与样品
G（过量 Zn 与原 Fe 的摩尔比为 1∶2）的倍率性能基本相当；样品 A 的倍率性能最
差，在 7A/g 和 10A/g 的电流密度下其放电比容量仅为 330mA·h/g 和 290mA·h/g。

图 5-13（b）～（e）分别是制备的 4 个样品电极在不同电流密度下对应的充放电曲线。从图中可以看出，4 个样品的充放电曲线变化趋势基本相同，即随着充放电电流密度的增大，样品的充电曲线向高电位移动，放电曲线向低电位移动，电极的极化逐渐增加。在相同的电流密度下，样品 F 的充放电比容量最高，样品 E 和 G 基本一致，最低的是样品 A（锌未过量）。由以上分析可知，锌过量有利于改善材料的倍率性能，尤其是过量 Zn 与原 Fe 的摩尔比为 1：8 的样品 F 具有最高的倍率性能。样品 F 出色的大电流充放电能力和优异的电化学循环稳定性，与其独特的多孔微/纳分级结构以及 ZnO、Fe_2O_3、$ZnFe_2O_4$ 之间的协同效应密切相关[14]。

图 5-14 是制备的 4 个样品电极在不同扫描速率（0.1mV/s、0.2mV/s、0.4mV/s、0.6mV/s、0.8mV/s、1.0mV/s）下的循环伏安（CV）曲线。对样品电极 A，在较慢的扫描速率（0.1mV/s、0.2mV/s、0.4mV/s）下有一对非常明显的氧化/还原峰，但在较快的扫描速率（0.6mV/s、0.8mV/s、1.0mV/s）下，其氧化峰逐渐变宽并且相对强度降低，还原峰显著负移，这说明样品电极 A 的极化很大；而样

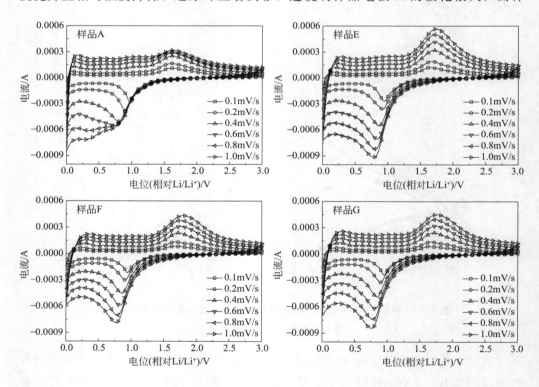

图 5-14　制备的 4 个样品电极在不同扫描速率（0.1mV/s、0.2mV/s、0.4mV/s、0.6mV/s、0.8mV/s、1.0mV/s）下的循环伏安（CV）曲线

铁酸锌基电极材料
及储锂性能

品电极 E、F 和 G 在整个扫描速率范围内都具有一对非常明显的氧化还原峰，电极的极化相对较小。因此可知，锌过量有利于提高材料的电化学反应动力学性质，这与上文的倍率性能测试结果相一致。

CV 曲线中氧化峰电位（E_A）与还原峰电位（E_C）之间的差值（ΔE）反映了电极电化学反应的可逆性，ΔE 越小电极反应的可逆性就越好，反之则可逆性越差[26]。图 5-15 是制备的 4 个样品电极 E_A、E_C 和 ΔE 值随扫描速率的变化关系曲线。从图 5-15(a) 可以看出，随着扫描速率的增加，样品电极 A 的氧化峰电位几乎不变，但其还原峰在扫描速率高于 0.6mV/s 时显著负移，样品电极的极化急剧增加。而样品电极 E、F 和 G 的峰电位随扫描速率的变化趋势基本一致，即随着扫描速率的增加，氧化峰电位略微正移，还原峰电位略微负移。从图 5-15(b) 可以看出，在扫描速率低于 0.6mV/s 时，4 个样品的 ΔE 基本保持一致；但当扫描速率高于 0.6mV/s 时，样品电极 A 的 ΔE 急剧增大，电化学反应可逆性急剧变差。

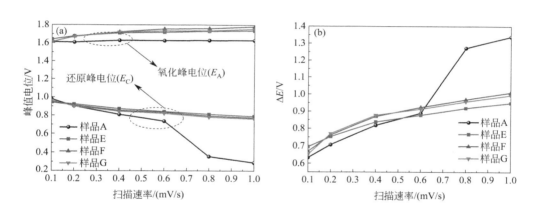

图 5-15　制备的 4 个样品电极 E_A、E_C（a）和 ΔE（b）值随扫描速率的变化关系曲线

图 5-16(a) 是对制备的 4 个样品电极经过 400 圈充放电循环后进行 EIS 测试所得的 Nyquist 图。从图中可以看出，4 个样品电极的 Nyquist 图均由高频区的半圆和低频区的斜线组成。高频区的半圆对应的是电极电化学反应的电阻容抗弧，低频区的斜线对应的是质子扩散引起的 Warburg 阻抗[27]。从图中可以看出，锌过量样品的电阻容抗弧直径减小，该直径越小说明样品的电化学反应阻抗越低，电化学反应越容易进行[32]。采用图 5-16(b) 中的插图等效电路对 Nyquist 图进行拟合，等效电路中 R_1 和 R_2 分别代表溶液电阻和电化学反应电阻，CPE_1 代表界面电容的常相位角元件，W_1 代表 Li 在固相中扩散的 Warburg 阻抗。拟合可知样品 A、

E、F 和 G 的电化学反应阻抗分别为 77.62Ω、65.92.8Ω、34.99Ω 和 65.91Ω。可见样品 F（过量 Zn 与原 Fe 的摩尔比为 1：8）的电化学反应阻抗最小，说明其内部的电化学反应最容易进行，材料的活性最好，这与上文的充放电测试结果相一致。

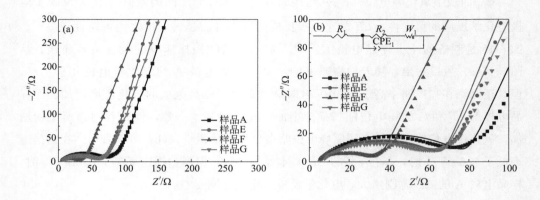

图 5-16　制备的 4 个样品电极经过 400 圈充放电循环后的 Nyquist 图（a）及局部放大（b）

5.3

总结

① 以蔗糖为辅助剂，通过调节溶液中铁过量不同比例，采用液相一步焙烧法制备了 $ZnFe_2O_4/Fe_2O_3$ 纳米复合电极材料，通过 XRD、SEM、循环伏安法、充放电测试和交流阻抗谱研究该电极材料的结构和储锂性能，得到如下主要结果：采用液相一步焙烧法制备的 $ZnFe_2O_4/Fe_2O_3$ 复合材料是具有微/纳分级结构的二维片状形貌，随着 Fe 过量比例的增加，材料由扁平的二维片状形貌转变为褶皱状的二维片状形貌；随着制备过程中 Fe 过量程度的增加，$ZnFe_2O_4/Fe_2O_3$ 复合材料中 Fe_2O_3 相所占比例逐渐增大；铁过量有利于提高 $ZnFe_2O_4/Fe_2O_3$ 复合材料的放电比容量、倍率性能和电化学循环稳定性；过量 Fe 与原 Fe 的摩尔比为 1：32 的 $ZnFe_2O_4/Fe_2O_3$ 复合材料（样品 B）表现出最佳的储锂性能，在 1A/g 电流密度下经过 500 圈循环后该样品的放电比容量稳定在 1007mA·h/g；CV 和 EIS 分析发现，过量 Fe 与原 Fe 的摩尔比为 1：32 的 $ZnFe_2O_4/Fe_2O_3$ 复合材料样

品具有最高的电化学反应可逆性和最低的电化学反应阻抗，这可能是 $ZnFe_2O_4$ 和 Fe_2O_3 之间的协同效应引起的。

② 以蔗糖为辅助剂，通过调节溶液中锌过量不同比例，采用液相一步焙烧法设计制备了 $ZnFe_2O_4$ 基纳米复合电极材料，通过 XRD、SEM、循环伏安法、充放电测试和交流阻抗谱研究了该电极材料的结构和储锂性能，得到如下主要结果：采用液相一步焙烧法制备的 $ZnFe_2O_4$ 复合材料也具有微/纳分级结构二维片状形貌，Zn 含量对材料的微观形貌有很大影响，其中过量 Zn 与原 Fe 的摩尔比为 1 : 8 制备的 $ZnFe_2O_4/Fe_2O_3/ZnO$ 复合材料（样品 F）具有阵列状薄壁初级纳米小颗粒构成的多孔二维片状形貌；随着制备过程中 Zn 过量程度的增加，样品的相结构由最初的 $ZnFe_2O_4/Fe_2O_3$ 二元复合材料逐渐转变为 $ZnFe_2O_4/Fe_2O_3/ZnO$ 三元复合材料，再逐渐变为 $ZnFe_2O_4/ZnO$ 二元复合材料；锌过量有利于提高 $ZnFe_2O_4/Fe_2O_3/ZnO$ 三元复合材料的电化学反应可逆性、倍率性能和循环稳定性；过量 Zn 与原 Fe 的摩尔比为 1 : 8 制备的 $ZnFe_2O_4/Fe_2O_3/ZnO$ 三元复合材料表现出最佳的储锂性能，在 1A/g 电流密度下经过 400 圈循环后该样品的放电比容量稳定在 $1060mA \cdot h/g$；CV 和 EIS 分析发现，过量 Zn 与原 Fe 的摩尔比为 1 : 8 制备的 $ZnFe_2O_4/Fe_2O_3/ZnO$ 三元复合样品具有最高的电化学反应活性、最低的电化学反应阻抗和良好的电化学循环稳定性，这可能是 ZnO、Fe_2O_3 和 $ZnFe_2O_4$ 之间的协同效应引起的。

参考文献

[1] Liu J，Lou X W. Two-dimensional nanoarchitectures for lithium storage[J].Advance Material，2012，24：4097-4111.

[2] Mendoza-Sánchez B，Gogotsi Y. Synthesis of two-dimensional materials for capacitive energy storage[J]. Advance Material，2016，28：6104-6135.

[3] Peng X，Peng L，Wu C，et al. Two dimensional nanomaterials for flexible supercapacitors[J]. Chemical Society Reviews，2014，43：3303-3323.

[4] Wang X，Qiao L，Sun X，et al. Mesoporous NiO nanosheet networks as high performance anodes for Li ion batteries[J]. Journal of Materials Chemistry A，2013，1：4173-4176.

[5] Sun W，Rui X，Zhu J，et al. Ultrathin nickel oxide nanosheets for enhanced sodium and lithium storage[J]. Journal of Power Sources，2015，274：755-761.

[6] Zou Y，Wang Y. NiO nanosheets grown on graphene nanosheets as superior anode materials for Li-ion batteries[J]. Nanoscale，2011，3：2615-2620.

[7] Li L，Jiang G，Sun R，et al. Two-dimensional porous Co_3O_4 nanosheets for high-performance lithium ion batteries[J]. New Journal of Chemistry，2017，41：15283-15288.

[8] Cai D，Li D，Ding L，et al. Interconnected alpha-Fe_2O_3 nanosheet arrays as high-performance anode materials for lithium-ion batteries[J]. Electrochimica Acta，2016，192：407-413.

[9] Liu H，Huang J，Xiang C，et al. In situ synthesis of SnO nanosheet/graphene composite as anode materials for lithium-ion batteries[J]. Journal of Materials ence Materials in Electronics，2013，24(10)：3640-3645.

[10] Liu W，Yang H，Zhao L，et al. Mesoporous flower-like Co_3O_4/C nanosheet composites and their perform-

ance evaluation as anodes for lithium ion batteries[J]. Electrochimica Acta, 2016, 207: 293-300.

[11] Zhu Y, Cao C. A Simple synthesis of two-dimensional ultrathin nickel cobaltite nanosheets for electrochemical lithium storage[J]. Electrochimica Acta, 2015, 176: 141-148.

[12] Wang F, Liu Y, Zhao Y, et al. Facile Synthesis of two-dimensional porous $MgCo_2O_4$ nanosheets as anode for lithium-ion batteries[J]. Applied Sciences, 2017, 8(1): 22.

[13] Yao W, Xu Z, Xu X, et al. Two-dimensional holey $ZnFe_2O_4$ nanosheet/reduced graphene oxide hybrids by self-link of nanoparticles for high-rate lithium storage[J]. Electrochimica Acta, 2018, 292: 390-398.

[14] Cao H, Zhu S Q, Yang C, et al. Metal-organic-framework-derived two-dimensional ultrathin mesoporous hetero-$ZnFe_2O_4$/ZnO nanosheets with enhanced lithium storage properties for Li-ion batteries[J]. Nanotechnology, 2016, 27(46): 465402.

[15] Guo Y, Zhang L, Liu X, et al. Synthesis of magnetic core-shell carbon dots@ MFe_2O_4(M= Mn, Zn and Cu) hybrid materials and their catalytic properties[J]. Journal of Materials Chemistry A, 2016, 4(11): 4044-4055.

[16] Zhong L S, Hu J S, Liang H P, et al. Self-Assembled 3D flowerlike iron oxide nanostructures and their application in water treatment[J]. Advanced Materials, 2006, 18(18): 2426-2431.

[17] Huang X, Chai J, Jiang T, et al. Self-assembled large-area $Co(OH)_2$ nanosheets/ionic liquid modified graphene heterostructures toward enhanced energy storage[J]. Journal of Materials Chemistry, 2012, 22(8): 3404-3410.

[18] Sheng T, Xu Y F, Jiang Y X, et al. Structure design and performance tuning of nanomaterials for electrochemical energy conversion and storage[J]. Accounts of Chemical Research, 2016, 49(11): 2569-2577.

[19] Vu A, Qian Y, Stein A. Porous electrode materials for lithium-ion batteries-how to prepare them and what makes them special[J]. Advanced Energy Materials, 2012, 2(9): 1056-1085.

[20] Won J M, Choi S H, Hong Y J, et al. Electrochemical properties of yolk-shell structured $ZnFe_2O_4$ powders prepared by a simple spray drying process as anode material for lithium-ion battery[J]. Scientific Reports, 2014, 4: 5857.

[21] Mao J, Hou X, Chen H, et al. Facile spray drying synthesis of porous structured $ZnFe_2O_4$, as high-performance anode material for lithium-ion batteries[J]. Journal of Materials Science: Materials in Electronics, 2017, 28(4): 3709-3715.

[22] Xing Z, Ju Z, Yang J, et al. One-step hydrothermal synthesis of $ZnFe_2O_4$, nano-octahedrons as a high capacity anode material for Li-ion batteries[J]. Nano Research, 2012, 5(7): 477-485.

[23] Hou X, Wang X, Yao L, et al. Facile synthesis of $ZnFe_2O_4$ with inflorescence spicate architecture as anode materials for lithium-ion batteries with outstanding performance[J]. New Journal of Chemistry, 2015, 39(3): 1943-1952.

[24] Xia H, Qian Y, Fu Y, et al. Graphene anchored with $ZnFe_2O_4$ nanoparticles as a high-capacity anode material for lithium-ion batteries[J]. Solid State Sciences, 2013, 17(7): 67-71.

[25] Jiang B, Han C, Bo L, et al. In-situ crafting of $ZnFe_2O_4$ nanoparticles impregnated within continuous carbon network as advanced anode materials[J]. ACS Nano, 2016, 10(2): 2728-2735.

[26] Zhang S, Deng C, Fu B L, et al. Effects of Cr doping on the electrochemical properties of Li_2FeSiO_4 cathode material for lithium-ion batteries[J]. Electrochimica Acta, 2010, 55(28): 8482-8489.

[27] Li Y, Yao J, Zhu Y, et al. Synthesis and electrochemical performance of mixed phase α/β-nickel hydroxide [J]. Journal of Power Sources, 2012, 203: 177-183.

[28] Yue H, Shi Z, Wang Q, et al. In situ preparation of cobalt doped ZnO@ C/CNT composites by pyrolysis of cobalt doped MOF for high performance lithium ion battery[J]. RSC Advances, 2015, 5(92): 75653-75658.

[29] Li Y, Fu Z Y, Su B L. Hierarchically structured porous materials for energy conversion and storage[J]. Advanced Functional Materials, 2012, 22(22): 4634-4667.

[30] Xie Q, Zhang X, Wu X, et al. Yolk-shell ZnO-C microspheres with enhanced electrochemical performance as anode material for lithium ion batteries[J]. Electrochimica Acta, 2014, 125: 659-665.

[31] Huang X H, Guo R Q, Wu J B, et al. Mesoporous ZnO nanosheets for lithium ion batteries[J]. Materials Letters, 2014, 122(5): 82-85.

[32] Ko Y, Hwang C, Song H K. Investigation on silicon alloying kinetics during lithiation by galvanostatic impedance spectroscopy[J]. Journal of Power Sources, 2016, 315: 145-151.

铁酸锌基电极材料
及储锂性能

第6章
利用铁矾渣硫酸浸出液制备铁酸锌基电极材料及其储锂性能研究

目前，世界上 80％以上的锌采用"焙烧—热酸浸出—净化—电积"的湿法工艺生产[1,2]。在湿法炼锌的热酸浸出过程中，铁也同锌一起进入浸出液中，为了进一步回收浸出液中的锌，需要对浸出液进行除铁操作。目前，已开发的除铁方法有铁矾法、赤铁矿法、针铁矿法等。我国几乎所有炼锌过程都采用铁矾法除铁[2]。铁矾渣即为铁矾法除铁所得的铁渣。由于铁矾渣很难达到炼铁工艺要求，很多炼锌厂直接将其送往渣场堆放，运输费用高，同时也占用了大量的土地资源。另外，铁矾渣中含有 Zn、Pb、Fe、Cd、Sb、Cu、Sn、As、In、Ag 等金属，在一定的酸性条件下很稳定，但 pH 值上升或者受热就会水解或分解，从而产生大量损害环境的物质[3,4]。因此，铁矾渣如果长期堆放而不充分利用和及时处理，不仅浪费宝贵的资源而且对环境会造成严重污染。因此，铁矾渣的资源化研究和利用迫在眉睫。国内研究者针对铁矾渣中有价金属的综合回收利用进行了许多有意义的探索和尝试。例如，李志强等[5]采用热酸浸出法将铁矾渣中的不溶锌进一步回收以提高锌的总回收率，得到了很好的工业应用。刘超等[6]开发出一种"微波硫酸化焙烧—水浸法"处理铁矾渣的新工艺，可以使 Zn、In、Cu 等进入浸出液中，而 Pb、Ag 富集于浸出渣中。陈永明等[7]提出采用"NaOH 分解—盐酸还原浸出—TBP 萃取铟锌"工艺处理铁矾渣。薛佩毅等[8]实验研究了"焙烧—NH_4Cl 浸出—碱浸"同时回收铁矾渣中有价金属及 Fe 的工艺。特别值得注意的是，近年来很多研究者直接利用铁矾渣中的铁资源或锌、铁资源制备功能材料[9-11]，如 Fe_2O_3、镍锌铁氧体、锰锌铁氧体材料等。

从文献调研发现，目前铁矾渣的利用研究还比较少。纳米铁酸锌基电极材料作为未来大容量动力性电池负极材料的代表，有着良好的发展前景。因此，若能将铁矾渣硫酸浸出液通过简便、快捷的方法，制备成具有低成本、高附加值、高性能的纳米铁酸锌基锂离子电池用电极材料，不仅可以使有限的锌、铁资源得到充分利用、降低环境污染，而且对降低锂离子电池行业的成本具有重要的意义。为此，我们针对 $ZnFe_2O_4$ 作为锂离子电池负极材料存在的缺点（导电性能差、循环稳定性差、颗粒容易团聚等），主要从相结构调控、形貌调控、碳包覆三大方面对直接以铁矾渣硫酸浸出液为原料制备的 $ZnFe_2O_4$ 电极材料进行了改性，并系统研究了其储锂性能和机理。主要研究内容包括：①采用简便的化学共沉淀法，以铁矾渣硫酸浸出液为原料，氨水为沉淀剂，制备出纳米 $ZnFe_2O_4/\alpha\text{-}Fe_2O_3$ 复合电极材料，系统研究了不同氨水用量对 $ZnFe_2O_4/\alpha\text{-}Fe_2O_3$ 复合电极材料微观结构和储锂性能的影响及机理，确定了最佳的氨水用量。②采用化学共沉淀法，以碳酸钠为沉淀剂，首先制备出 $ZnFe_2O_4$ 前驱体，然后在前驱体中加入柠檬酸铵，并在

铁酸锌基电极材料
及储锂性能

空气气氛下烧结制备出 3D 多孔纳米 $ZnFe_2O_4$ 电极材料，系统研究了辅助剂柠檬酸铵用量对 $ZnFe_2O_4$ 电极材料微观结构和储锂性能的影响及机理，确定了最佳的柠檬酸铵用量。③改变研究内容②的烧结气氛为氩气气氛，制备纳米 $ZnFe_2O_4/C$ 复合电极材料，系统研究了辅助剂柠檬酸铵用量对 $ZnFe_2O_4/C$ 复合电极材料微观结构和储锂性能的影响及机理，确定了最佳的柠檬酸铵用量。

6.1

化学共沉淀法制备纳米铁酸锌/α-Fe_2O_3复合电极材料

不同氨水用量制备的纳米 $ZnFe_2O_4/\alpha\text{-}Fe_2O_3$ 复合材料的具体步骤如下：①测定铁矾渣硫酸浸出液中锌离子（Zn^{2+}）和总铁（$Fe_{总}$）的浓度。本研究中采用的原料铁矾渣硫酸浸出液中，Zn^{2+} 的物质的量浓度为 0.045mol/L，$Fe_{总}$ 的物质的量浓度为 0.12mol/L。除此之外浸出液中还含有少量的 Cu^{2+}、Ca^{2+}、As^{3+} 和 In^{3+}。②量取铁矾渣硫酸浸出液 100mL 放入 500mL 的烧杯中，在常温搅拌下向烧杯中加入 100mL 蒸馏水，使溶液中 $Fe_{总}$ 的物质的量浓度为 0.06mol/L，然后向溶液中加入 0.4635g 七水合硫酸锌，使溶液中 Zn^{2+} 与 $Fe_{总}$ 的摩尔比为 1∶2。③分别量取 20mL、30mL 和 40mL 氨水，用蒸馏水稀释至 200mL，将配好的氨水溶液转移至恒压分液漏斗中待用。④在 25℃常规搅拌（搅拌速度350r/min）条件下通过恒压分液漏斗缓慢向步骤②的溶液中滴加步骤③配置的氨水溶液 200mL。开始时溶液呈淡黄色，随着氨水量逐渐增多溶液由淡黄色变为黄色，最后变为深红色。氨水滴加完成后，继续搅拌 3h，然后静置陈化 12h。陈化后，进行过滤、洗涤操作（反复操作 3 次以上），收集滤饼。⑤将滤饼放入干燥箱中在 80℃下干燥 12h，然后将其转移至马弗炉中，在空气气氛中从室温加热至 800℃，升温速度 5℃/min，在 800℃条件下烧结 2h，得到 $ZnFe_2O_4/\alpha\text{-}Fe_2O_3$ 复合电极材料。不同氨水用量 20mL、30mL 和 40mL 制备的样品分别命名为 S-20、S-30 和 S-40。

为了确定制备的 3 个样品的物相结构，采用荷兰帕纳科公司 PANalytica X′Pert³ Powder X 射线衍射仪对样品的物相结构进行了分析，测试电流为 40mA，电压为 40kV，采用 Cu 靶射线，$\lambda=0.15406nm$。图 6-1 为 S-20、S-30 和 S-40 样品的 XRD 谱图。从图中可以看出，3 个样品的衍射峰均与尖晶石型 $ZnFe_2O_4$（JCPDS

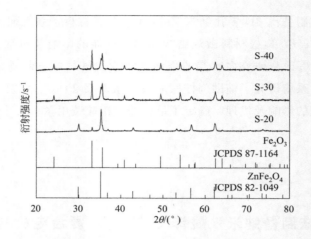

图 6-1　S-20、S-30 和 S-40 样品的 XRD 谱图

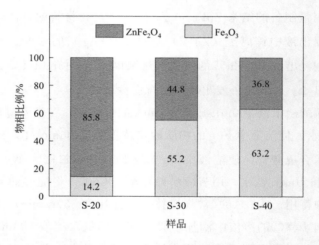

图 6-2　不同氨水用量制备的 S-20、S-30 和 S-40
样品中 $ZnFe_2O_4$ 和 $\alpha\text{-}Fe_2O_3$ 的半定量分析结果

82-1049）和 $\alpha\text{-}Fe_2O_3$（JCPDS 87-1164）标准图谱的衍射峰对应，没有其他杂质的衍射峰出现，表明不同氨水用量制备的 3 个样品均为 $ZnFe_2O_4/\alpha\text{-}Fe_2O_3$ 复合材料。随着氨水用量的增加，氧化铁衍射峰越来越强。图 6-2 是对 XRD 图谱中 $ZnFe_2O_4$ 和 $\alpha\text{-}Fe_2O_3$ 分别进行半定量分析的结果。从图 6-2 可以看出，随着氨水用量的增加，制备的复合材料中 $\alpha\text{-}Fe_2O_3$ 含量逐渐升高而 $ZnFe_2O_4$ 的含量逐渐下降。例如 S-20 复合样品中 $\alpha\text{-}Fe_2O_3$ 的含量仅占 14.2%，随着氨水用量增加至 30mL 和 40mL，制备的 S-30 和 S-40 复合样品中 $\alpha\text{-}Fe_2O_3$ 的含量分别增加至 55.2% 和

铁酸锌基电极材料
及储锂性能

63.2％。这是因为在共沉淀的过程中，氨水分解产生的氨根离子（NH_4^+）与溶液中的锌离子（Zn^{2+}）发生了络合反应，消耗掉了一部分锌离子使得锌铁比例小于1：2，导致铁离子过量，最终生成了 $ZnFe_2O_4$ 和 α-Fe_2O_3 复合相；随着氨水用量的增加，更多的氨根离子与溶液中的锌离子发生络合反应，导致铁过量更多，因而生成更多的 α-Fe_2O_3。

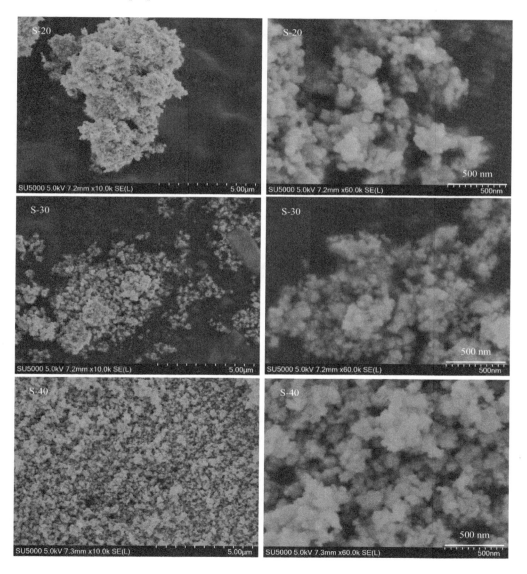

图 6-3　S-20、S-30 和 S-40 样品的 FESEM 图

为了进一步了解不同氨水用量对制备的 $ZnFe_2O_4/\alpha\text{-}Fe_2O_3$ 样品表面形貌的影响，采用日本日立 SU5000 型场发射扫描电子显微镜（FESEM）观察了不同氨水用量制备的样品（S-20、S-30 和 S-40）的表面形貌，放大倍数分别为 10000 和 60000 倍，如图 6-3 所示。从图中可以看出，3 个样品均由大小约为 50nm 的初级小颗粒组成的团聚体构成，随着氨水用量的增加，团聚体变得更加松散均匀。

为了更深入地了解制备的纳米 $ZnFe_2O_4/\alpha\text{-}Fe_2O_3$ 复合材料的结构信息，对氨水用量为 40mL 制备的 S-40 样品进行了更加系统的物理表征：采用日本 Topologic Systems 公司 MFD-500A 型穆斯堡尔（Mössbauer）谱测试仪，分析了 S-40 样品中铁离子的电子环境；采用日本电子株式会社生产的 JEM-2100F 场发射透射电子显微镜（FETEM）对 S-40 样品的表面形貌进行了更细致的观察；采用美国热电公司 ESCALAB 250Xi 型 X 射线光电子能谱仪（XPS）对 S-40 样品的成分及表面元素的价态进行了分析，测试过程中采用单色化 Al Kα（1486.6eV）作为激发光源，分析室本底真空度优于 $1\times10^{-7}Pa$，全谱采集通过能量为 100eV，窄谱采集通过能量为 20eV，步长为 0.1eV，采用 C1s（BE=284.8eV）标准污染峰校对。

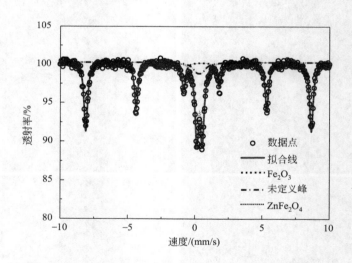

图 6-4　S-40 样品在室温条件下的穆斯堡尔谱

图 6-4 是 S-40 样品在室温条件下的穆斯堡尔谱图，图中的点为实验点，连续曲线为拟合线。表 6-1 给出了相应的穆斯堡尔谱拟合参数：同质异能移位（IS）、四极矩分裂值（QS）和面积百分比（A）。从图 6-4 可以看出，该复合材料的穆斯堡尔谱是由一个六线峰和两个双线峰构成：六线峰为复合材料中的 $\alpha\text{-}Fe_2O_3$，其中

铁含量为 $63\%^{[12,13]}$；顺磁双线峰为复合材料中具有超顺磁性的 $ZnFe_2O_4$，其中铁含量为 $37\%^{[14,15]}$。在 $ZnFe_2O_4$ 中，具有较低四极矩分裂值（QS）的双线峰可以指定为位于四面体位置的 $Fe^{3+[14]}$。$ZnFe_2O_4$ 晶体中 Zn^{2+} 和 Fe^{3+} 的占位情况可以用 $(Zn_{1-\lambda}Fe_\lambda)_{tet}[Zn_\lambda Fe_{2-\lambda}]_{oct}O_4$ 来表示，其中，λ 为转置参数，$0 \leqslant \lambda \leqslant 1$；下标 tet 代表四面体（A）位；下标 oct 代表八面体（B）位。计算得到的 $ZnFe_2O_4$ 的转置参数为 0.22，因此，制备的 S-40 复合材料中 $ZnFe_2O_4$ 的化学式可以表示为 $(Zn_{0.78}Fe_{0.22})[Zn_{0.22}Fe_{1.78}]O_4$，说明制备的 S-40 复合材料中 $ZnFe_2O_4$ 不是完美的正尖晶石型结构，其晶体内部存在少量的锌铁转置缺陷。

表 6-1 氨水用量为 40mL 时制备的 S-40 样品的穆斯堡尔谱参数

拟合线	物相或位点	IS/(mm/s)	QS/(mm/s)	A/%
六线峰	Fe_2O_3	0.376	−0.220	63.2
双线峰	$Fe^{3+}(A)_{tet}$	0.319	0.384	7.6
双线峰	$Fe^{3+}[B]_{oct}$	0.348	0.406	29.2

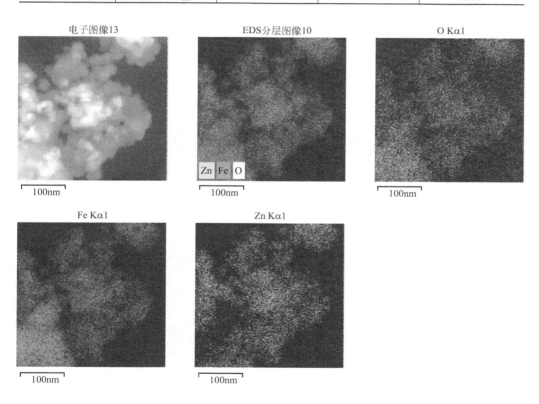

图 6-5 S-40 样品的 EDS 元素分布扫描图

图 6-5 是 S-40 样品的 EDS（能量色散 X 射线光谱）元素分布扫描图，可以看出，样品中 O、Fe 和 Zn 元素分布均匀。图 6-6(a)（b）是 S-40 样品低倍放大和高倍放大的 TEM 图像。从图中可以看出，纳米 $ZnFe_2O_4/\alpha\text{-}Fe_2O_3$ 复合材料实际上是由尺寸在 20～50nm 范围内相互连接的纳米晶组成。依据该样品的 XRD 图谱，利用谢乐公式（Scherrer's formula）计算 $ZnFe_2O_4/\alpha\text{-}Fe_2O_3$ 纳米复合材料中 $ZnFe_2O_4$ 和 $\alpha\text{-}Fe_2O_3$ 的平均晶粒尺寸分别为 30nm 和 44nm，这与 TEM 分析的结果一致。在高分辨率的 TEM 图［图 6-6(b)］中，可以很好地区分出 $ZnFe_2O_4$ 纳米晶和 $\alpha\text{-}Fe_2O_3$ 纳米晶。选区电子衍射（SAED）图［图 6-6(c)］显示了 $ZnFe_2O_4/\alpha\text{-}Fe_2O_3$ 纳米复合材料的多晶特性，通过衍射斑点分析可以观察到 $\alpha\text{-}Fe_2O_3$ 的（012）晶面和（116）晶面以及 $ZnFe_2O_4$ 的（012）晶面，这与 XRD 的分析结果（图 6-1）一致。$ZnFe_2O_4/\alpha\text{-}Fe_2O_3$ 复合材料的初级纳米晶颗粒提供了较大的比表面积和较短的锂离子扩散路径；在 $ZnFe_2O_4/\alpha\text{-}Fe_2O_3$ 复合材料中，相互连接的初级纳米晶颗粒提供了连续的电子转移通道；相互连接的纳米晶形成的大量空隙有利于电解液在电极材料中的渗透，同时在一定程度上降低了材料在放电/充电循环时由于体积变化而引起的内应力。此外，相互连接的 $ZnFe_2O_4$ 和 $\alpha\text{-}Fe_2O_3$ 构成的异质结构可以增强 $ZnFe_2O_4$ 和 $\alpha\text{-}Fe_2O_3$ 纳米晶界面的内部电场，这有利于加快电极的电化学反应动力学性能[16-18]。

采用 XPS 对 S-40 样品的组成和表面元素价态进行了表征，结果如图 6-7 所示。

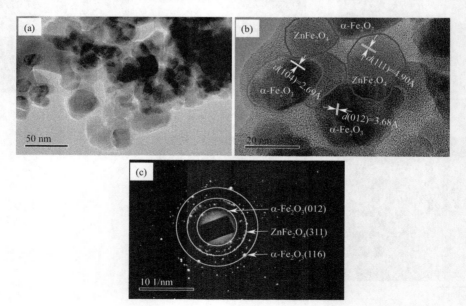

图 6-6　S-40 样品的 TEM 图（a、b）和 SAED 图（c）

从样品的 XPS 全谱图 [图 6-7(a)] 可以看出，样品中存在 Zn、Fe、O 和 C 元素，其中 C 元素可能来自于吸附的 CO_2 和/或碳氢化合物的污染。图 6-7(b) 所示的 Fe 2p 图谱在 711.1eV 和 725.1eV 显示了两个主峰，分别对应 Fe $2p_{3/2}$ 和 Fe $2p_{1/2}$[19]；在 719.5eV 和 733.4eV 出现了两个卫星峰，这是 $ZnFe_2O_4/\alpha\text{-}Fe_2O_3$ 纳米复合材料中 Fe^{3+} 的特征峰[18]。图 6-7(c) 所示的 Zn 2p 图谱由位于 1021.4eV 和 1044.5eV 的两个强峰组成，分别为 Zn^{2+} 的 Zn $2p_{3/2}$ 和 Zn $2p_{1/2}$[20]。O 1s 图谱 [图 6-7(d)] 也包括两个峰，分别位于 530.1eV 和 531.3eV，这可以归因于 $ZnFe_2O_4/\alpha\text{-}Fe_2O_3$ 纳米复合材料中的晶格氧和表面吸附的碳氢氧化合物[21]。

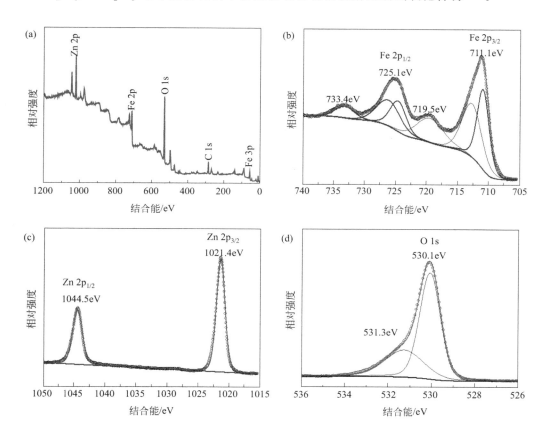

图 6-7 S-40 样品的 XPS 谱图

（a）XPS 全谱图；（b）Fe 2p 谱；（c）Zn 2p 谱；（d）O 1s 谱

将制备的 3 个 $ZnFe_2O_4/\alpha\text{-}Fe_2O_3$ 样品（S-20、S-30 和 S-20）分别组装成 CR2032 扣式半电池，具体操作步骤为：将制备的 $ZnFe_2O_4/\alpha\text{-}Fe_2O_3$ 材料作为活

性材料，Super P 炭黑作为导电剂，聚偏氟乙烯（PVDF）作为黏结剂，按质量比 6∶3∶1 混合研磨均匀后，加入适量的 N-甲基-2-吡咯烷酮（NMP）作为溶剂，将其调匀成浆后均匀涂覆在铜箔上，在 80℃ 下真空干燥 12h，利用 SZ-50-15 型压片机冲裁成 15mm 的电极片；以 $ZnFe_2O_4/\alpha\text{-}Fe_2O_3$ 电极片为工作电极（活性物质的载量为 $1.0mg/cm^2$），金属锂片为对电极和参比电极，聚丙烯（PP）多孔膜（Celgard 2400）为隔膜，1mol/L $LiPF_6$ 的碳酸乙烯酯（EC）、碳酸二甲酯（DMC）和碳酸二乙烯酯（DEC）的混合液（体积比 1∶1∶1）溶液为电解液，在充满氩气的手套箱［超级净化手套箱，MIKPROUNA，米开罗那（中国）有限公司］中组装成半电池。采用 CHI860D 电化学工作站（北京科伟永兴仪器有限公司）对组装的电池进行循环伏安（CV）和电化学阻抗谱（EIS）测试。CV 测试的扫描速率为 0.1mV/s，电位扫描范围为 0.01~3.0V。EIS 测试频率为 100kHz~0.01Hz，所用正弦激励交流信号振幅为 5mV，测试电位为工作电极完全充电态下的开路电位。采用新威电池测试系统（型号为 BTS-5V1A）对组装后的电池进行恒电流充放电测试，恒温 25℃，测试的电压范围为 0.01~3.0V，其中 3 个样品循环性能对比测试在 0.5A/g 电流密度下循环 400 圈，S-40 样品的长循环性能测试在 1A/g 电流密度下循环 900 圈。倍率性能测试的电流密度分别为 0.5A/g、1A/g、2A/g、3A/g、4A/g 和 5A/g。

图 6-8 为 S-20、S-30 和 S-40 样品电极在 0.1mV/s 的扫描速率下第 1~4 圈的 CV 曲线。从图 6-8(a) 可以看出，S-20 样品电极第 1 圈负向扫描时在 0.64V 附近出现了一个尖锐的还原峰，其对应 $ZnFe_2O_4$ 中 Zn^{2+}、Fe^{3+} 被还原成单质 Zn、Fe，Zn 与 Li^+ 的合金化反应以及电极液分解生成固体电解质界面膜（SEI 膜）的过程[22]。而图 6-8(b)(c) 所示的 S-30 和 S-40 样品电极的 CV 曲线，由于复合相中 $\alpha\text{-}Fe_2O_3$ 含量的增加，在第 1 圈负向扫描时分别在 0.70V 和 0.81V 左右出现了两个比较强的还原峰。其中 0.70V 附近的还原峰对应于 $ZnFe_2O_4$ 的还原，即 Zn^{2+}、Fe^{3+} 被还原为单质 Zn、Fe，Zn 与 Li^+ 的合金化反应以及电解液分解生成固体电解质界面膜；0.81V 附近的还原峰归因于 $\alpha\text{-}Fe_2O_3$ 中 Fe^{3+} 被还原为单质 Fe[23]。3 个样品在第 1 圈正向扫描过程中均在 1.63V 左右出现了一个较宽的氧化峰，该氧化峰对应单质 Zn、Fe 被氧化成 ZnO、Fe_2O_3 和 Li-Zn 合金的去合金化的可逆过程[24]。从 3 个样品电极第 2 圈、第 3 圈和第 4 圈的 CV 曲线可以看出，3 个样品电极第 2~4 圈 CV 曲线均出现一个还原峰，且还原峰的位置移至 0.97V 左右，这主要是由第一次嵌锂过程中电极活性材料的结构发生了重构造成的；3 个样品第 2~4 圈 CV 曲线的氧化峰轻微移至 1.69V 左右，这可能是由第 1 次嵌/脱锂后导致电极

铁酸锌基电极材料
及储锂性能

结构重排引起的[23,25]；3个样品电极第2~4圈CV曲线能够较好地重叠，这一结果说明3个样品电极都具有良好的电化学反应可逆性。

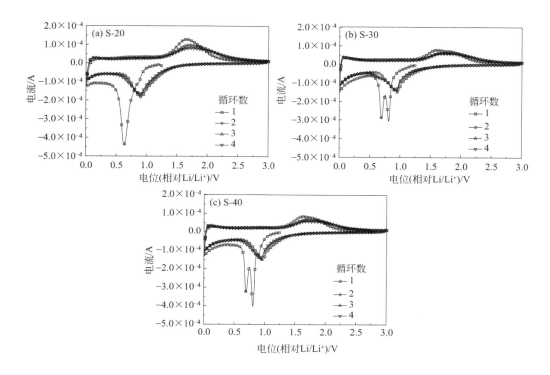

图6-8　S-20、S-30和S-40样品电极在0.1mV/s的扫描速率下第1~4圈循环的CV曲线

图6-9为S-20、S-30和S-40样品电极在0.5A/g的电流密度下的循环性能曲线以及循环不同圈数对应的充放电曲线。从图6-9(a)可以看出，3个样品电极的首次充电和放电比容量分别为767mA·h/g和1180mA·h/g、1064mA·h/g和1677mA·h/g、1028mA·h/g和1523mA·h/g，首圈的库仑效率分别为65%、63%和67%，但是第2圈时它们的充电和放电比容量分别降至697mA·h/g和779mA·h/g、925mA·h/g和1064mA·h/g、964mA·h/g和1058mA·h/g，库仑效率升至86%、87%和91%。可见3个样品电极首圈的比容量损失较大，主要是由于首圈放电过程中在活性材料表面生成了不可逆的SEI膜[26]。3个样品电极在前20圈都经历了比容量的快速衰减过程，20~80圈比容量衰减变缓，这可以归因于充放电循环过程中产生的机械破碎效应和不稳定的SEI膜的形成[27]。80圈之后，随着循环圈数的增加充电和放电比容量逐渐增加，当循环至400圈时，

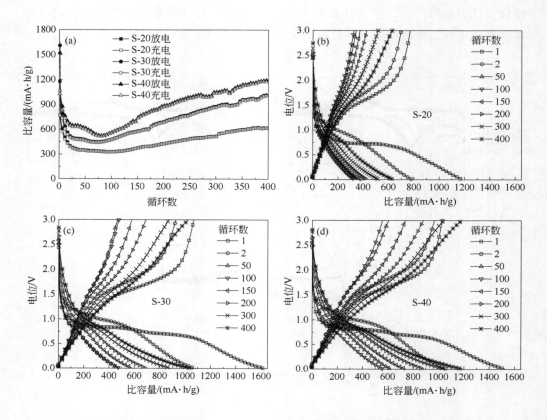

图 6-9　不同氨水用量制备的 S-20、S-30 和 S-40 样品电极在电流密度为 0.5A/g 下的
循环性能曲线（a）和不同循环数对应的充放电曲线（b）~（d）

S-20、S-30 和 S-40 样品电极的充电和放电比容量分别达到 626mA·h/g 和
632mA·h/g、1021mA·h/g 和 1030mA·h/g、1184mA·h/g 和 1196mA·h/g。比
容量的上升可能与纳米颗粒的细化以及电解液分解形成有机聚合物/凝胶层的协同
作用有关[28-30]。通过对比发现，S-40 样品电极的容量和循环性能明显优于 S-20 和
S-30 样品电极。图 6-9（b）~（d）分别给出了 3 个样品电极在 0.5A/g 电流密度下第
1、2、50、100、150、200、300 和 400 圈对应的充放电曲线。比较 3 个样品电极
第 1 圈和第 2 圈的充放电曲线可以看出，经过第 1 圈的充放电后，较长的放电平台
变倾斜了，充放电比容量明显变小，这一结果与 CV 曲线（图 6-8）一致。另外，3
个样品电极在充放电 100 圈之前，充放电平台缩短、极化增加；100 圈之后随着充
放电循环数的增加，充放电平台逐渐变长，极化也逐渐减小。这一结果说明电极
状态和极化程度随着充放电循环数的变化而变化。对比 3 个样品的充放电曲线可

铁酸锌基电极材料
及储锂性能

知，3个样品电极充放电曲线的变化规律基本一致，但是3个样品电极中S-40样品电极的充放电平台相对最长、极化最小、充放电比容量最大，而S-20样品电极的充放电平台相对最短、极化最大、比容量最低。

图6-10是S-20、S-30和S-40样品电极在0.5A/g电流密度下活化250圈后的倍率性能曲线和不同电流密度对应的充放电曲线。从图6-10(a)中可以看出，3个$ZnFe_2O_4/\alpha\text{-}Fe_2O_3$（S-20、S-30和S-40）样品电极的放电比容量随着电流密度的增大而逐渐减少，特别是S-40样品电极的放电比容量受电流密度的影响比较大；经过不同电流密度充放电循环数圈后重新恢复到最初的0.5A/g时，3个样品电极放电比容量恢复能力非常好，说明样品电极具有非常好的容量保持能力；3个样品电极中S-40样品电极的倍率性能最好，S-20样品电极的倍率性能最差。例如，S-40样品电极在0.5A/g、1A/g、2A/g、3A/g、4A/g和5A/g电流密度下放电比容量分别为1075mA·h/g、975mA·h/g、841mA·h/g、726mA·h/g、662mA·h/g和

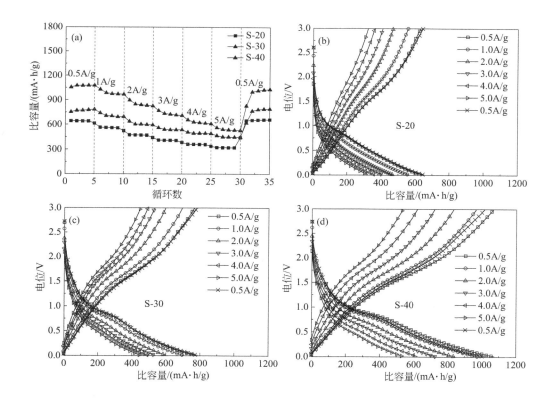

图6-10 不同氨水用量制备的S-20、S-30和S-40样品电极在0.5A/g电流密度下活化250圈后的倍率性能曲线（a）和不同电流密度对应的充放电曲线（b）~（d）

535mA·h/g，可见即使在大电流密度 5A/g 的条件下，该样品的放电比容量仍然高于石墨负极的理论比容量（372mA·h/g）；当电流密度重新回到 0.5A/g 时，该样品电极的放电比容量为 1016mA·h/g，非常接近最初放电比容量（1075mA·h/g）。而 S-20 样品电极在各种电流密度下放电比容量分别为 641mA·h/g、559mA·h/g、470mA·h/g、408mA·h/g、360mA·h/g 和 321mA·h/g，电流密度重新回到 0.5A/g 时，放电比容量恢复至 658mA·h/g，略高于初始值（641mA·h/g）。从图 6-10(b)～(d) 可以看出：3 个样品电极在 0.5A/g 的电流密度下，在 0.8～1V 附近出现了明显的放电平台；在 1.5～1.7V 处出现了明显的充电平台；但是随着电流密度的增大，电极的极化增大，导致 3 个样品电极的充放电平台逐渐缩短、放电电位逐渐降低、充电电位逐渐升高。对比 3 个样品电极在各电流密度下的充放电曲线可知：S-40 样品电极的极化最小，不同电流密度下充放电比容量最高，即使在 5A/g 的大电流密度下，充放电平台仍清晰可见；而 S-20 样品电极的极化最大，不同电流密度下充放电比容量最低，相比之下在 2A/g 的电流密度下，充放电平台已经不是很明显了。另外，3 个样品电极在 0.5A/g 电流密度下两次测定的充放电曲线几乎重合，说明 3 个样品电极的容量恢复能力非常好。

从上述的循环和倍率性能研究发现，3 个样品电极中，氨水用量为 40mL 制备的 $ZnFe_2O_4/\alpha\text{-}Fe_2O_3$ 样品（S-40）电极具有最佳的储锂性能，为此，我们对 S-40 样品电极的储锂机理进行了更深入的研究。图 6-11(a) 显示了 S-40 样品电极循环前和在 0.5A/g 电流密度下经过不同圈数充放电循环后，进行 EIS 测试所得的 Nyquist 曲线。图中每条线都是由高频区至中频区的一个或两个半圆以及低频区的一条斜线组成。其中，高频区至中频区的半圆表示 Li^+ 通过 SEI 膜的迁移电阻和电极/电解液界面的电荷转移电阻（记为 R_{sf+ct}），斜线表示 Li^+ 在电极材料内部扩散过程的 Warburg 阻抗[31-34]。在循环之前，代表 Warburg 阻抗的直线几乎垂直于实轴（电容行为），这表明在制备的新电池的电极活性材料中几乎没有 Li^+ 嵌入。当随着循环圈数逐渐从第 1 圈变为第 100 圈时，代表 Warburg 阻抗的直线逐渐倾斜，最终与实轴成大约 45°角，这表明在电极活性材料内部存在 Li^+ 扩散特征。然而，当循环圈数从第 100 圈逐渐增加至第 400 圈时，代表 Warburg 阻抗的直线变得越来越陡峭，电极材料呈现出赝电容行为特征，这可能源于有机聚合物/凝胶层的可逆生成[35]。用图 6-11(b) 嵌入的等效电路图拟合 Nyquist 曲线，在等效电路图中，R_e、R_{sf} 和 R_{ct} 分别代表溶液阻抗、表面 SEI 膜阻抗和电化学反应阻抗，CPE_1 和 CPE_2 分别对应 R_{sf} 和 R_{ct} 的常相位角元件，W 表示 Warburg 阻抗。图 6-11(b) 展现了 S-40 样品电极循环前和充放电循环不同圈数后计算的 R_{sf+ct} 值。循环前，

S-40 样品电极的 R_{sf+ct} 值为 40Ω。在最初循环的 100 圈内，R_{sf+ct} 值从第 1 圈的 51Ω 增加到 100 圈时的 195Ω；随着循环圈数的继续增加，从 100 圈增加至 300 圈和 400 圈时，R_{sf+ct} 值从 195Ω 减少到 80Ω 和 77Ω。EIS 分析结果能够很好地解释图 6-9（a）所示的 S-40 样品电极的循环性能测试结果，即样品电极在前 80 圈循环过程中，由于 Li$^+$ 扩散过程缓慢、表面 SEI 膜电阻和电化学反应电阻 R_{sf+ct} 逐渐增大（高极化）导致样品电极在前 80 圈循环过程中容量逐渐下降；而在 80~400 圈循环过程中，由于 Li$^+$ 扩散过程的增强、表面 SEI 膜电阻和电化学反应电阻 R_{sf+ct} 逐渐降低（低极化），使得样品电极的容量逐渐增加。

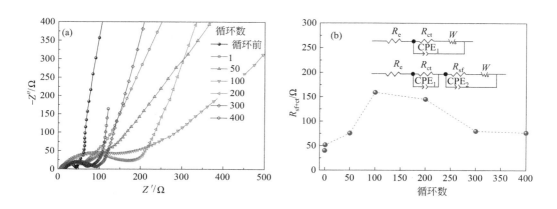

图 6-11　S-40 样品电极循环前和循环不同圈数后的 Nyquist 图（a）和
拟合所用的等效电路图及拟合所得的 R_{sf+ct} 值（b）

图 6-12（a）给出了 S-40 样品电极在 1.0A/g 电流密度下循环 900 圈的循环性能曲线。从图中可以看出，该样品具有非常出色的长循环性能。与先前的研究成果相比，该纳米 ZnFe$_2$O$_4$/α-Fe$_2$O$_3$ 复合电极在可逆放电能力和循环稳定性方面具有更好的电化学性能，如表 6-2 所示。图 6-12（b）（c）是制备的 S-40 样品电极循环前和循环 900 圈后对应的 SEM 图。为了更好地区分电极中的 ZnFe$_2$O$_4$/α-Fe$_2$O$_3$ 活性材料，图 6-12（d）（e）还提供了 S-40 样品电极循环前和循环 900 圈后的背散射图。从图 6-12（b）（d）中可以看出，循环前样品是由相互连接的初级纳米晶粒构成。循环 900 圈后 ［图 6-12（c）（e）］，仍能清晰观察到样品电极中由相互连接的初级纳米晶粒构成的纳米 ZnFe$_2$O$_4$/α-Fe$_2$O$_3$ 复合材料，对比循环前，形貌没有明显的变化，说明该 ZnFe$_2$O$_4$/α-Fe$_2$O$_3$ 纳米复合材料能够很好地缓冲材料在反复充放电过程中的体积膨胀。

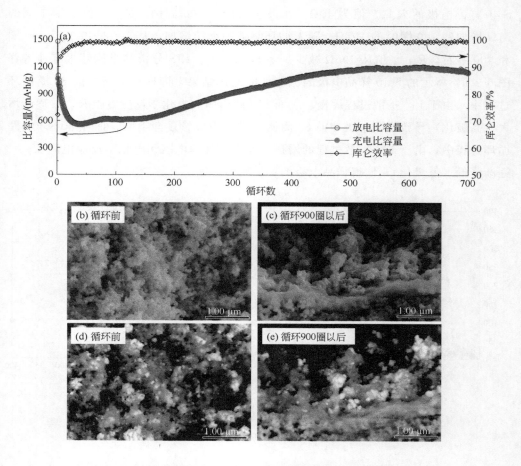

图 6-12　S-40 样品电极在 1.0A/g 电流密度下的循环性能曲线（a）、
循环前和循环 900 圈后的 SEM 图（b）（c）以及对应的背散射图（d）（e）

表 6-2　氨水用量为 40mL 时制备的纳米 $ZnFe_2O_4/\alpha\text{-}Fe_2O_3$ （S-40）复合电极与
先前研究者制备的 $ZnFe_2O_4$ 基电极材料储锂性能的比较

样品	电流密度/(mA/g)	放电比容量/(mA·h/g)	参考文献
$ZnFe_2O_4/C$ 纳米复合材料	200	1090(400 圈)	[36]
介孔 $ZnFe_2O_4$/石墨烯复合材料	1000	870(100 圈)	[37]
纳米 $ZnFe_2O_4$/片状石墨烯复合材料	100	730(100 圈)	[38]
介孔 $ZnFe_2O_4/C$ 复合微球	50	1100(100 圈)	[39]
$ZnFe_2O_4/C$ 纳米盘	100	965(100 圈)	[40]
$ZnFe_2O_4/\gamma\text{-}Fe_2O_3$ 纳米颗粒	500	360(300 圈)	[41]

铁酸锌基电极材料
及储锂性能

样品	电流密度/(mA/g)	放电比容量/(mA·h/g)	参考文献
$ZnFe_2O_4$ 纳米球/石墨烯复合材料	1000	704(50 圈)	[42]
N 掺杂 C 包覆 $ZnFe_2O_4$	1000	700(1000 圈)	[43]
$ZnFe_2O_4$/C 中空球	65	841(30 圈)	[44]
$ZnFe_2O_4$ 纳米八面体	1000	730(300 圈)	[45]
$ZnFe_2O_4$/α-Fe_2O_3 复合材料	1	1000(900 圈)	本研究工作

为了进一步揭示制备的 $ZnFe_2O_4$/α-Fe_2O_3（S-40）样品电极具有优异的储锂性能的原因，我们采用扫描伏安法[46]来研究该样品电极的储锂机理。在该方法中，赝电容效应和 Li^+ 扩散控制过程对总电荷的贡献能够用下面的公式进行定量计算。

$$i(V) = k_1 v + k_2 v^{1/2} \tag{6-1}$$

$$i(V)/v^{1/2} = k_1 v^2 + k_2 \tag{6-2}$$

式中，$i(V)$ 表示固定电位 V 下的总电流响应；v 表示 CV 测试时的扫描速率；$k_1 v$ 和 $k_2 v^{1/2}$ 分别表示赝电容效应的电流响应和扩散控制过程的电流响应；k_1、k_2 为常数。在固定的电压下，通过线性拟合 $v^{1/2}$ 和 $i(V)/v^{1/2}$，根据直线的斜率和截距可以分别计算出 k_1 和 k_2，从而定量计算出 $k_1 v$ 和 $k_2 v^{1/2}$，即区分出赝电容效应和 Li^+ 扩散控制过程对总电荷的贡献。图 6-13（a）给出了不同扫描速率（0.1～2.0mV/s）下 S-40 样品电极的 CV 曲线。随着扫描速率的增加，样品电极的还原峰逐渐向低电位方向移动，氧化峰轻微向高电位方向移动，且氧化峰和还原峰的面积逐渐增大。在测定的扫描速率范围（0.1～2.0mV/s）内，S-40 样品电极的 CV 曲线均能够保持良好的形状，说明该电极的电化学反应具有良好的可逆性。图 6-13（b）～（d）是 S-40 样品电极分别在 0.1mV/s、1.0mV/s 和 2.0mV/s 扫描速率下的赝电容效应产生的电流响应（阴影区域）与总电流响应分布的比较。很明显，赝电容的电荷存储贡献在总电荷容量中占很大比例，特别是在低电位区（0.8～0.01V）的脱锂过程。图 6-13（e）（f）分别为不同扫描速率下赝电容效应和 Li^+ 扩散控制过程对总电荷容量贡献分配和所占百分比。从图 6-13（e）（f）中可以看出，赝电容效应对总存储电荷容量的贡献随着扫描速率的增大而明显增大。例如，当扫描速率为 0.1mV/s 时，S-40 样品电极的赝电容效应对总存储电荷容量的贡献比例为 29%，而当扫描速率逐渐从增大至 1.0mV/s 和 2.0mV/s 时，S-40 样品电极的赝电容效应对总存储电荷容量的贡献比例分别增加至 56％和 64％。类似的研究结果也在纳米级的 NiO 和 Ni(OH)$_2$ 负极材料的研究中报道过[47,48]。赝电容效应产生的明显的表面或近表面电荷存储非常有利于电极活性材料的倍率和循环性能的提升，我们制备的 S-40 样品电极具有优异的储锂性能也与此有非常大的关系。

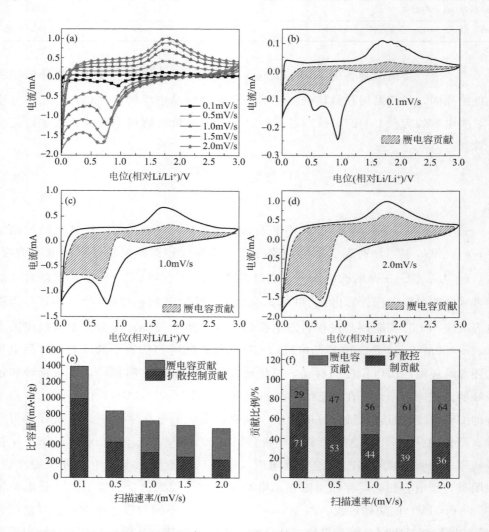

图 6-13　S-40 样品电极在不同扫描速率下的 CV 曲线（a），分别在 0.1mV/s、1.0mV/s 和 2.0mV/s 扫描速率下的赝电容效应电流响应（赝电容贡献，阴影区域）与总电流响应分布的比较（b）~（d）以及不同扫描速率下赝电容效应和 Li$^+$ 扩散控制过程对总电荷容量贡献分配和所占百分比（e）(f)

铁酸锌基电极材料
及储锂性能

综合以上结果分析,我们制备的纳米 $ZnFe_2O_4/\alpha\text{-}Fe_2O_3$(S-40)复合材料优异的锂存储性能可以归因于以下几个方面:①组成 $ZnFe_2O_4/\alpha\text{-}Fe_2O_3$ 的初级纳米晶的扩散距离较短,有利于 Li^+ 和电子的传输,增强其动力学性能;②相互连接的初级纳米粒子之间形成的大量空隙能够降低或消除材料在放电/充电循环过程中因体积变化引起的应变,从而提高其循环性能;③独特的 $ZnFe_2O_4/\alpha\text{-}Fe_2O_3$ 异质结构可以强化 $ZnFe_2O_4$ 和 $\alpha\text{-}Fe_2O_3$ 纳米晶界面的内部电场,在电化学反应过程中可以有效加速电荷转移动力学和提高其倍率能力;④放电/充电过程中显著的赝电容效应也是其具有优异的高倍率性能和长循环稳定性的重要原因。

6.2

柠檬酸铵辅助制备 3D 多孔铁酸锌电极材料

不同柠檬酸铵用量辅助制备 $ZnFe_2O_4$ 纳米材料的具体步骤如下:①测定铁矾渣硫酸浸出液中锌离子(Zn^{2+})和总铁($Fe_总$)的浓度。本研究中采用的原料铁矾渣硫酸浸出液中 Zn^{2+} 的物质的量浓度为 0.045mol/L,$Fe_总$ 的物质的量浓度为 0.12mol/L,除此之外浸出液中还含有少量的 Cu^{2+}、Ca^{2+}、As^{3+} 和 In^{3+}。②量取铁矾渣硫酸浸出液 100mL 放入 500mL 的烧杯中,在常温搅拌下向烧杯中加入 100mL 蒸馏水,使溶液中 $Fe_总$ 的物质的量浓度为 0.06mol/L,然后向溶液中加入 0.4635g 七水合硫酸锌,使溶液中 Zn^{2+} 与 $Fe_总$ 的摩尔比为 1:2。③在 25℃常规搅拌(搅拌速度 350r/min)条件下通过恒压分液漏斗缓慢向步骤②的溶液中滴加 0.94mol/L 的碳酸钠溶液 120mL。滴加完成后,继续搅拌 3h,然后静置陈化 12h。陈化后,进行过滤、洗涤操作(反复操作 3 次以上),收集滤饼。④将滤饼进行冷冻干燥获得铁酸锌前驱体粉体。⑤按柠檬酸铵和前驱体粉体的质量比为 5:1、10:1 和 15:1 的比例分别称取柠檬酸铵(0.5g、1g、1.5g)和前驱体粉体(0.1g、0.1g 和 0.1g)并混合,并用 10mL 乙醇水溶液(乙醇和水的体积比为 1:1)在超声波辅助的情况下将混合物中的柠檬酸铵完全溶解,然后将其转移至马弗炉中,在空气气氛下从室温加热至 800℃,升温速度 5℃/min,在 800℃条件下烧结 2h,得到纳米 $ZnFe_2O_4$ 电极材料。不同柠檬酸铵用量,即柠檬酸铵和前驱体粉体的质量比为 5:1、10:1 和 15:1 制备的 $ZnFe_2O_4$ 样品,分别命名为 S-5、

S-10 和 S-15。

采用荷兰帕纳科公司 PANalytica X^{1}Pert^3 Powder X 射线衍射仪对样品的物相结构进行了分析，测试电流为 40mA，电压为 40kV，采用 Cu 靶射线，$\lambda =$ 0.15406nm。图 6-14 为 S-5、S-10 和 S-15 样品的 XRD 谱图。从图中可以看出，3 个样品的衍射峰均与尖晶石型 ZnFe$_2$O$_4$（JCPDS 82-1049）标准图谱的衍射峰对应，没有其他杂质的衍射峰出现，表明不同柠檬酸铵用量制备的 3 个样品均为 ZnFe$_2$O$_4$ 材料，且纯度较高。另外，3 个样品的衍射峰的强度没有明显的差异。

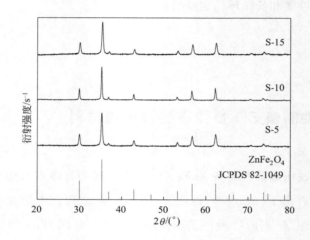

图 6-14　S-5、S-10 和 S-15 样品的 XRD 谱图

采用日本日立 SU5000 型场发射扫描电子显微镜（FESEM）观察了 S-5、S-10 和 S-15 样品的表面形貌，放大倍数分别为 5000 和 60000 倍，如图 6-15 所示。从图中可以看出，3 个样品均为微/纳分级结构，初级纳米颗粒约为 30～50nm，随着柠檬酸铵用量的增加，样品逐渐由卷曲的片状堆积形貌转变为 3D 多孔形貌，说明柠檬酸铵的用量对其形貌有重要影响。

为了更深入的了解制备的 3D 多孔 ZnFe$_2$O$_4$ 纳米材料的结构信息，对 S-15 样品进行了更加系统的物理表征：采用日本 Topologic Systems 公司 MFD-500A 型穆斯堡尔谱测试仪对 S-15 样品室温下的穆斯堡尔谱进行了分析；采用美国麦克仪器公司 ASAP-2010 物理吸附仪对 S-15 样品进行了比表面积分析；采用日本电子株式会社生产的 JEM-2100F 场发射透射电子显微镜（FETEM）对 S-15 样品的表面形貌进行了更细致的观察；采用美国热电公司 ESCALAB 250Xi 型 X 射线光电子能谱仪（XPS）对 S-15 样品的成分及表面元素的价态进行了分析。

铁酸锌基电极材料
及储锂性能

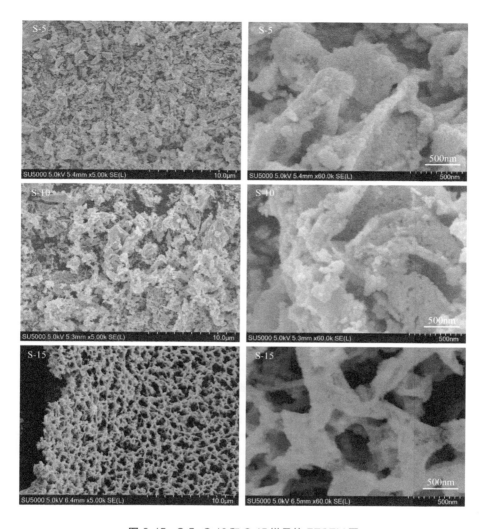

图 6-15　S-5、S-10 和 S-15 样品的 FESEM 图

　　图 6-16(a) 是 S-15 样品在室温条件下的穆斯堡尔谱图，图中的点为实验点，连续曲线为拟合线。表 6-3 给出了相应的穆斯堡尔谱拟合参数：同质异能移位 (IS)、四极矩分裂值（QS）和面积百分比（A）。从图 6-16(a) 可以看出，该材料的穆斯堡尔谱是由两个双线峰构成，其代表具有超顺磁性的 $ZnFe_2O_4$[14,15]。在 $ZnFe_2O_4$ 中，具有较低四极矩分裂值 QS 的双线峰 A（见表 6-3）可以指定为位于四面体位置的 Fe^{3+}[14]，而具有较高四极矩分裂值 QS 的双线峰 B 可以指定为位于八面体位置的 Fe^{3+}，因此依据表 6-3 中的数据可以计算出 S-15 样品晶体中 Zn^{2+} 和

Fe^{3+} 的占位情况为（$Zn_{0.66}Fe_{0.34}$）$_{tet}$ [$Zn_{0.34}Fe_{1.66}$]$_{oct}$ O_4，下标 tet 和 oct 分别代表四面体（A）位和八面体（B）位。该结果说明制备的 S-15 样品不是完美的正尖晶石型 $ZnFe_2O_4$，其晶体内部存在少量的锌铁转置缺陷。图 6-16（b）是 S-15 样品的 BET 吸附等温曲线图。从孔隙分布分析图 [图 6-16（b）插图] 可以看出，该材料的孔隙尺寸主要分布在 5～15nm 之间，为典型的介孔材料。另外，该材料具有 $127.5m^2/g$ 的大比表面积，从而提供更多的活性反应位点，增加了电解液与电极活性材料的接触面积。

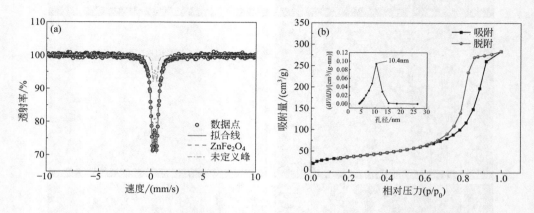

图 6-16　S-15 样品在室温条件下的穆斯堡尔谱（a）和 BET 吸附等温曲线图（b）

表 6-3　S-15 样品的穆斯堡尔谱参数

拟合线	物相或位点	IS/（mm/s）	QS/（mm/s）	A/%
双线峰 A	Fe^{3+}（A）$_{tet}$	0.355	0.351	16.9
双线峰 B	Fe^{3+} [B]$_{oct}$	0.341	0.422	83.1

图 6-17 为 S-15 样品的 EDS 元素分布扫描图。从图中可以看出，样品中 O、Fe 和 Zn 元素分布均匀。图 6-18（a）（b）是 S-15 样品的 TEM 和 HRTEM 图。从图 6-18（a）中可以看出，S-15 样品的 3D 多孔骨架实际上是由平均粒径约为 30nm 的初级纳米颗粒相互连接而成。S-15 样品的 HRTEM 图 [图 6-18（b）] 显示出，组成多孔骨架的初级纳米颗粒以不同方向相互附着，其中晶格条纹间距为 0.482nm 的图像对应的是 $ZnFe_2O_4$ 的（111）晶面，晶格条纹间距为 0.291nm 的图像对应的是 $ZnFe_2O_4$ 的（220）晶面，这与 XRD 的分析结果（图 6-14）一致。这种 3D 多孔分级微/纳结构可以缩短 Li^+ 扩散距离，促进电解液的渗透，减轻充放电过程中的体积变化，是提高电极储锂性能的关键参数。

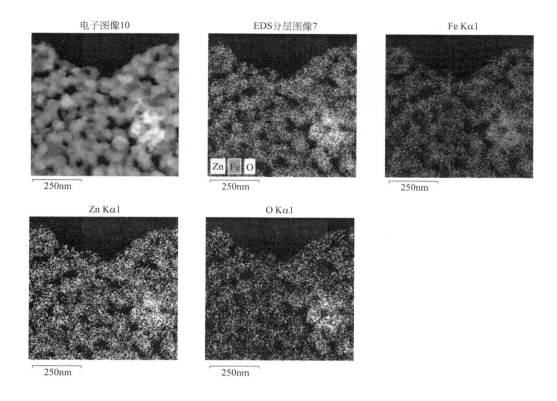

电子图像10

EDS分层图像7

Fe Kα1

250nm

Zn Fe O

250nm

250nm

Zn Kα1

O Kα1

250nm

250nm

图 6-17　S-15 样品的 EDS 元素分布扫描图

采用 XPS 对 S-15 样品的组成和表面元素价态进行了表征，结果如图 6-19 所示。从样品的 XPS 全谱图 [图 6-19（a）] 可以看出，样品中存在 Zn、Fe、O 和 C 元素，其中 C 元素可能来自吸附的 CO_2 和/或碳氢化合物的污染。图 6-19（b）所示的 Fe2p 图谱在 711.2eV 和 724.95eV 显示了两个主峰，分别对应 Fe $2p_{3/2}$ 和 Fe $2p_{1/2}$[49]；而在 719.5eV 的卫星峰对应的是氧化态的 Fe^{3+} 的特征峰[18]。图 6-19（c）所示的 Zn2p 图谱是由位于 1021.4eV 和 1044.5eV 的两个强峰组成，分别对应氧化态的 Zn^{2+} 的 Zn $2p_{3/2}$ 和 Zn $2p_{1/2}$[45]。图 6-19（d）所示的 O 1s 图谱包括三个峰，分别位于 530.1eV、531.4eV 和 532.4eV，这可以归因于 $ZnFe_2O_4$ 纳米材料中的晶格氧和表面吸附的碳氢氧化合物[20]。

将 S-5、S-10 和 S-15 样品 $ZnFe_2O_4$ 材料分别组装成 CR2032 扣式半电池。组装电池和电化学性能测试的方法同 6.1。

图 6-20 为 S-5、S-10 和 S-15 样品电极在 0.1mV/s 的扫描速率下第 1～4 圈的

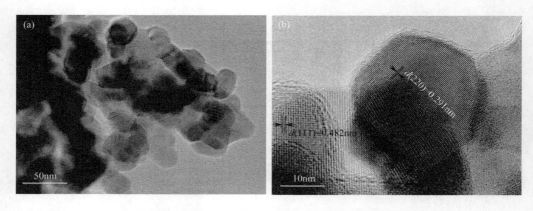

图 6-18 S-15样品的 TEM（a）和 HRTEM（b）图

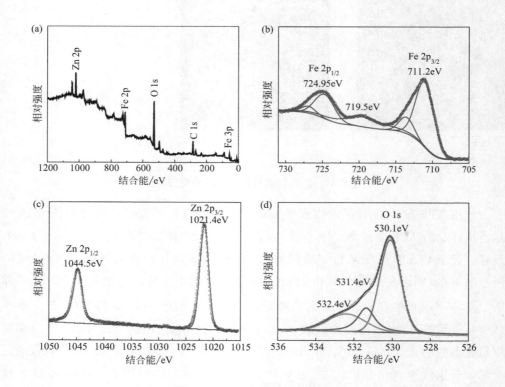

图 6-19 S-15样品的 XPS 谱图

（a）XPS 全谱图；（b）Fe 2p 谱；（c）Zn 2p 谱；（d）O 1s 谱

CV 曲线。从图 6-20 可以看出，3 个样品电极第 1 圈负向扫描时在 0.6～0.75V 范

铁酸锌基电极材料
及储锂性能

围内均出现了一个尖锐的还原峰，其对应 $ZnFe_2O_4$ 中 Zn^{2+}、Fe^{3+} 被还原成单质 Zn、Fe，Zn 与 Li^+ 的合金化反应以及电解液分解生成固体电解质界面膜（SEI 膜）的过程[22,50]。3 个样品在第 1 圈正向扫描过程中均在 1.65V 附近出现了一个较宽的氧化峰，该氧化峰对应单质 Zn、Fe 被氧化成 ZnO、Fe_2O_3 和 Li-Zn 合金的去合金化的可逆过程[49,50]。3 个样品电极第 2～4 圈 CV 曲线均能够较好地重叠，说明 3 个样品电极都具有良好的电化学反应可逆性。相比第 1 圈的 CV 曲线，3 个样品电极第 2～4 圈 CV 曲线的还原峰和氧化峰的位置均发生了正移，这可能是由第 1 次嵌/脱锂后导致电极结构重排引起的[23-25]。另外，3 个样品电极中，S-10 样品电极第 1～4 圈还原峰和氧化峰的面积相对最大，说明其前 4 圈的容量相对最高。

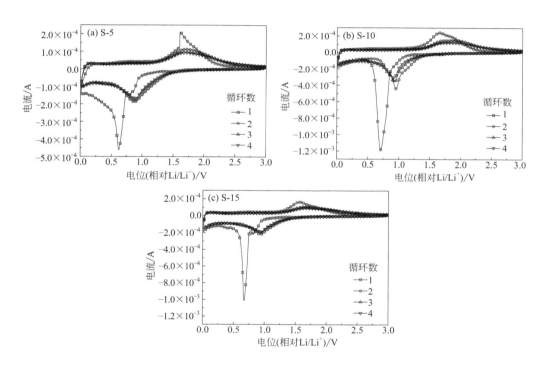

图 6-20　S-5、S-10 和 S-15 样品电极在 0.1mV/s 的扫描速率下第 1～4 圈循环的 CV 曲线

图 6-21(a) 为 S-5、S-10 和 S-15 样品电极在 1.0A/g 的电流密度下的循环性能曲线。从图 6-21(a) 可以看出，3 个样品电极的首次放电和充电比容量分别为 1430mA·h/g 和 1008mA·h/g、1511mA·h/g 和 1060mA·h/g、1477mA·h/g 和 1065mA·h/g，但是第 2 圈时它们的充电和放电比容量分别降至 1001mA·h/g 和 924mA·h/g、1058mA·h/g 和 981mA·h/g、1101mA·h/g 和 1009mA·h/g。

可见 3 个样品电极首圈的容量损失较大，主要是由于首圈放电过程中在活性材料表面生成了不可逆的 SEI 膜[26]。3 个样品电极在前 40 圈都经历了容量的快速衰减过程，这可以归因于充放电循环过程中产生的机械破碎效应和不稳定的 SEI 膜的形成[27]。40～300 圈范围内，随着循环圈数的增加，3 个样品电极的放电和充电容量均迅速增加，其中 S-10 样品电极的比容量最大，S-15 样品电极的比容量最小，当循环至 300 圈时 S-5、S-10 和 S-15 样品电极的放电和充电比容量分别为 1088mA·h/g 和 1077mA·h/g、1129mA·h/g 和 1124mA·h/g、917mA·h/g 和 907mA·h/g。比容量的上升主要由纳米颗粒的细化以及在电极活性材料表面可逆形成有机聚合物/凝胶膜共同引起的[28-30]。然而，随着循环圈数的继续增加（300～400 圈），S-5 和 S-10 样品电极稳定性变差，相反 S-15 样品电极表现出非常稳定的循环性能。图 6-21(b)～(d) 分别给出了 3 个样品电极在 1.0A/g 电流密度下第 1、2、50、100、150、200、300 和 400 圈对应的充放电曲线。比较 3 个样品电极第 1 圈、第 2 圈和第 50 圈的充放电曲线可以看出，经过第 1 圈的充放电后，充放电平台逐渐缩短、极化增加，充放电比容量明显变小。对比 3 个样品电极第 50 圈、第 100 圈、第 150 圈、第 200 圈和第 300 圈的充放电曲线可以看出，随着循环数的增加，3 个样品电极的充放电平台逐渐变长，极化逐渐减小，充放电比容量逐渐增大。然而，对比 3 个样品电极第 300 圈和第 400 圈的充放电曲线可以看出，S-5 和 S-10 样品电极的充放电平台又开始缩短、比容量变低，但是 S-15 样品电极的充放电平台仍继续增长、比容量增大。从充放电曲线的对比来看，S-15 样品电极的循环稳定性相对最好。

图 6-22 是 S-5、S-10 和 S-15 样品电极的倍率性能曲线和不同电流密度对应的充放电曲线。从图 6-22(a) 中可以看出，3 个 $ZnFe_2O_4$（S-5、S-10 和 S-15）样品电极的放电比容量均随着电流密度的增大而逐渐减少。3 个样品电极的倍率性能没有十分显著的差异，仔细观察可以看出，S-10 样品电极在较小的电流密度（0.5A/g、1A/g）下放电比容量较其他两个样品稍大；而在大的电流密度（4A/g、5A/g）下，S-15 样品电极的放电比容量稍大。例如，在电流密度为 0.5A/g 和 1A/g 下，S-10 样品电极的放电比容量分别为 1106mA·h/g 和 825mA·h/g，而 S-5 和 S-15 样品电极的放电比容量分别为 1044mA·h/g 和 1029mA·h/g（0.5A/g）、777mA·h/g 和 802mA·h/g（1A/g）；而在电流密度为 4A/g 和 5A/g 下，S-15 样品电极的放电比容量分别为 460mA·h/g 和 418mA·h/g，S-5 和 S-10 样品电极的放电比容量分别为 454mA·h/g 和 427mA·h/g（4A/g）、415mA·h/g 和 408mA·h/g（5A/g）。3 个样品电极的大倍率性能优异。3 个样品电极经过不同电流密度充放电数圈后重新恢复到最初的 0.5A/g 时，S-15 样品电极的容量恢复能力相对最好，S-5 样

铁酸锌基电极材料
及储锂性能

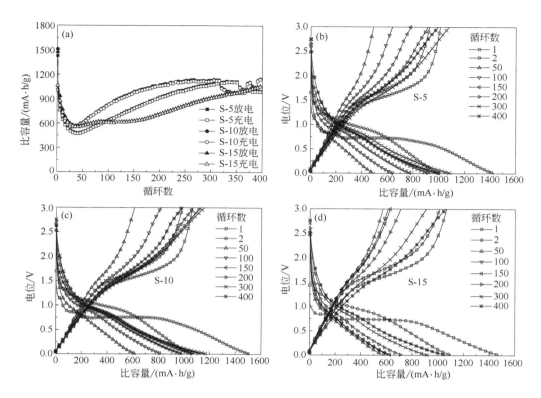

图 6-21　S-5、S-10 和 S-15 样品电极在电流密度为 1.0A/g 下的循环性能曲线（a）
以及不同循环数对应的充放电曲线（b）~（d）

品电极的容量恢复能力相对最差。例如，S-5、S-10 和 S-15 样品电极的放电比容量
分别恢复至 630mA·h/g、736mA·h/g 和 727mA·h/g，相比于最初 0.5A/g 电
流密度下的 1044mA·h/g、1106mA·h/g 和 1029mA·h/g，容量恢复率分别为
60%、67% 和 71%。从 3 个样品电极在不同电流密度下的充放电曲线 [图 6-22(b)~
(d)] 可以看出，3 个样品电极在 0.5A/g 的电流密度下，分别在 0.8~1.0V 和 1.5~
1.7V 范围内出现一个较长的放电平台和充电平台，但是随着电流密度的增大，3 个
样品电极的充放电平台逐渐缩短、放电电位逐渐降低、充电电位逐渐升高，电极
的极化逐渐增大。但是，即使在 5.0A/g 的大电流密度下，3 个样品电极的充放电
平台仍清晰可见，说明 3 个样品电极的大电流倍率性能较出色。另外，3 个样品电
极在 0.5A/g 电流密度下两次测定的充放电曲线相差较大，说明 3 个样品电极的容
量恢复能力不佳，特别是 S-5 样品电极容量恢复能力最差。

　　综合 3 个样品电极的储锂性能可以发现，S-15 样品电极的储锂性能相对优异，

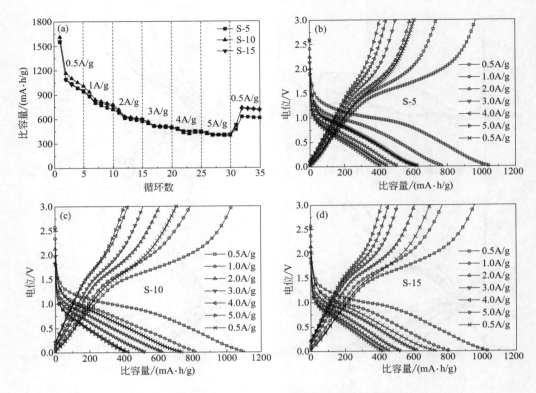

图 6-22 S-5、S-10 和 S-15 样品电极倍率性能曲线（a）
和不同电流密度对应的充放电曲线（b）～（d）

特别是其循环稳定性能。为此，对 S-15 样品电极在 1.0A/g 电流密度下进行了长循环性能测试（700 圈），结果如图 6-23（a）所示。图中可以看出该样品具有非常出色的长循环性能，在 1.0A/g 电流密度下循环 700 圈，可逆放电比容量仍然可以达到 1140mA·h/g。与先前研究者报道的工作相比，我们制备的 3D 多孔 Zn-Fe₂O₄ 电极材料在可逆放电能力和循环稳定性方面具有一定的优势，如表 6-4 所示。图 6-23（b）～（g）是制备的 S-15 样品电极循环前、循环 100 圈和循环 500 圈后对应的 SEM 图。循环前样品 [图 6-23（b）（c）] 是初级纳米颗粒相互连接形成的 3D 多孔骨架形貌；循环 100 圈后 [图 6-23（d）（e）]，样品的 3D 多孔骨架结构消失，取而代之的是均匀的较分散的纳米颗粒；循环 500 圈后 [图 6-23（f）（g）]，样品中的纳米颗粒相互交联形成各种不规则的团聚体。该结果说明样品在反复充放电过程中经历了一系列的结构重排。

铁酸锌基电极材料
及储锂性能

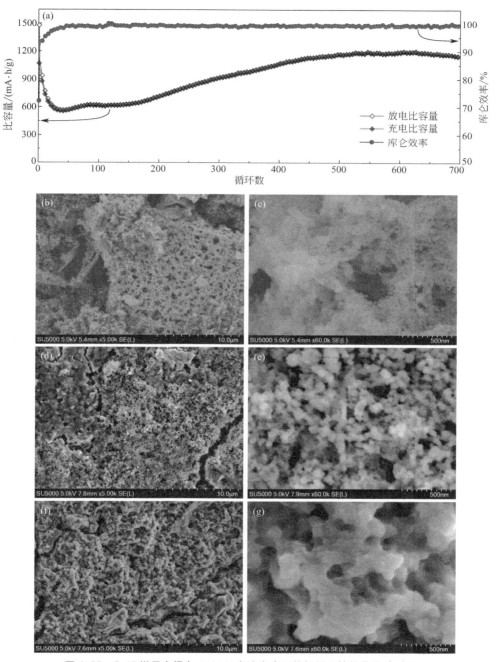

图 6-23　S-15 样品电极在 1.0A/g 电流密度下的长循环性能曲线（a）和

循环前（b）（c）、循环 100 圈后（d）（e）以及循环 500 圈后（f）（g）的 SEM 图

表 6-4　柠檬酸铵和前驱体粉体的质量比为 15∶1 时制备的 3D 多孔 $ZnFe_2O_4$
电极材料（S-15）与先前研究者报道的 $ZnFe_2O_4$ 电极材料储锂性能的比较

电极材料	电流密度/(mA/g)	放电比容量/(mA·h/g)	文献
3D 多孔 $ZnFe_2O_4$ 材料	1000	1140(700 圈)	本研究工作
$ZnFe_2O_4$ 纳米颗粒	120	463(50 圈)	[24]
3D 分级多孔 $ZnFe_2O_4$ 材料	200	280(100 圈)	[49]
$ZnFe_2O_4$ 纳米球	200	1101(120 圈)	[51]
1D $ZnFe_2O_4$ 纳米纤维	200	589(200 圈)	[52]
中空 $ZnFe_2O_4$ 微球	500	533(250 圈)	[53]
多孔 $ZnFe_2O_4$ 纳米棒	5000	456(200 圈)	[54]
三壳 $ZnFe_2O_4$ 中空微球	2000	932(200 圈)	[55]
介孔 $ZnFe_2O_4$ 纳米棒	100	983(50 圈)	[56]
花序穗状 $ZnFe_2O_4$	100	1398(100 圈)	[57]

图 6-24(a) 是不同扫描速率（0.1～2.5mV/s）下 S-15 样品电极的 CV 曲线。随着扫描速率的增加，该样品电极的还原峰逐渐向低电位方向移动，氧化峰轻微向高电位方向移动，氧化峰和还原峰的面积逐渐增大。在测定的扫描速率范围（0.1～2.5mV/s）内，S-15 样品电极的 CV 曲线峰形良好，说明该电极的电化学反应具有良好的可逆性。根据图 6-24(a) 的实验数据，采用扫描伏安法[46] 研究了 S-15 样品电极的储锂机理，即利用式（6-1）和式（6-2）定量计算出赝电容效应和 Li^+ 扩散控制过程对总电荷的贡献。图 6-24(b)～(d) 是 S-15 样品电极分别在 0.1mV/s、1.5mV/s 和 2.5mV/s 扫描速率下的赝电容效应产生的电流响应（阴影区域）与总电流响应分布的比较。很明显，赝电容的电荷存储贡献在总电荷容量中占很大比例。图 6-24(e) 为不同扫描速度下赝电容效应和 Li^+ 扩散控制过程对总电荷容量贡献所占百分比。从图 6-24(e) 中可以看出，赝电容效应对总存储电荷容量的贡献随着扫描速度的增大而明显增大。例如，当扫描速率为 0.1mV/s 时，S-15 样品电极的赝电容效应对总存储电荷容量的贡献比例仅为 29%，而当扫描速率逐渐增大至 1.5mV/s 和 2.5mV/s 时，S-15 样品电极的赝电容效应对总存储电荷容量的贡献比例分别增加至 52% 和 67%，这一结果很好地揭示了该样品电极具有高倍率能力的原因。

铁酸锌基电极材料
及储锂性能

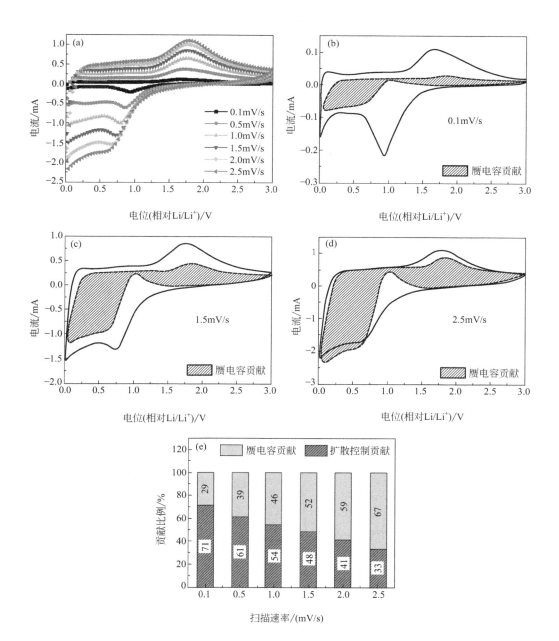

图 6-24　S-15 样品电极在不同扫描速率下的 CV 曲线（a），分别在 0.1mV/s、1.5mV/s 和
2.5mV/s 扫描速率下的赝电容贡献（阴影区域）与总电流响应分布的比较（b~d）
以及不同扫描速率下赝电容效应和 Li⁺ 扩散控制过程对总电荷容量贡献所占百分比（e）

6.3

柠檬酸铵辅助制备纳米铁酸锌/碳复合电极材料

不同柠檬酸铵用量辅助制备的纳米 $ZnFe_2O_4/C$ 复合材料的具体步骤如下：①～④制备铁酸锌前驱体粉体的步骤同 6.2 的①～④步。⑤按柠檬酸铵和前驱体粉体的质量比为 5∶1、10∶1 和 15∶1 的比例分别称取柠檬酸铵（0.5g、1g、1.5g）和前驱体粉体（0.1g、0.1g 和 0.1g）并混合，并用 10mL 乙醇水溶液（乙醇和水的体积比为 1∶1）在超声波辅助的情况下将混合物中的柠檬酸铵完全溶解，然后将其转移至氩气气氛炉中，在氩气气氛下从室温加热至 800℃，升温速率 5℃/min，在800℃条件下烧结 2h，得到纳米 $ZnFe_2O_4/C$ 复合材料。不同柠檬酸铵用量，即柠檬酸铵和前驱体粉体的质量比为 5∶1、10∶1 和 15∶1 制备的纳米 $ZnFe_2O_4/C$ 复合材料分别命名为 SC-5、SC-10 和 SC-15。

采用荷兰帕纳科公司 PANalytica X′Pert^3 Powder X 射线衍射仪对制备的 3 个样品的物相结构进行了分析，测试电流为 40mA，电压为 40kV，采用 Cu 靶射线，λ＝0.15406nm。图 6-25 为 SC-5、SC-10 和 SC-15 样品的 XRD 图谱。从图中可以看出，3 个样品的主要衍射峰均与尖晶石型 $ZnFe_2O_4$（JCPDS 82-1049）标准图谱的衍射峰对应，SC-15 样品除了 $ZnFe_2O_4$ 的衍射峰外，还出现了 $Fe_xZn_{1-x}O$（JCPDS 34-1127）

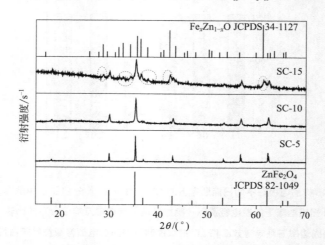

图 6-25　SC-5、SC-10 和 SC-15 样品的 XRD 图谱

铁酸锌基电极材料
及储锂性能

标准图谱的衍射峰，说明在氩气气氛烧结过程中，柠檬酸铵用量增加会导致少量的 Fe^{3+} 还原为 Fe^{2+}。3 个样品的衍射峰中均未发现 C 的衍射峰，这是因为柠檬酸铵在 800℃ 氩气气氛下烧结分解产生的碳为无定形炭。但是，制备的 3 个样品的颜色均为黑色，推测样品里含有碳。

采用日本日立 SU5000 型场发射扫描电子显微镜（FESEM）观察了 SC-5、SC-10 和 SC-15 样品的表面形貌。SEM 背散射图有利于通过成分对比效应检测复合材料中不同相的分布[58-60]。为了更好地区分样品中的 $ZnFe_2O_4$ 和 C，图 6-26 给出了 3 个样品的 SEM 背散射图，放大倍数分别为 10 000 和 60 000 倍。$ZnFe_2O_4/$C 复合材料中，由于 Zn 和 Fe 的原子序数明显大于 C 的原子序数，因此 $ZnFe_2O_4$ 粒子比低原子量的 C 背散射更多的电子，从而产生更亮的图像。对比 3 个样品的 SEM 背散射图可以看出，SC-5 样品的背散射图 [图 6-26(a)(b)] 明显不同于 SC-10 和 SC-15 样品。SC-5 样品是由颗粒大小约为 50～250nm 的不均匀颗粒交联而成，图像中呈现的颗粒都比较光亮，说明 SC-5 样品中无定形 C 的量很少，这主要是因为制备过程中柠檬酸铵用量少的缘故。由 SC-10 和 SC-15 样品的背散射图 [图 6-26(c)～(f)]，可以通过颗粒图像的光亮度分别观察到 $ZnFe_2O_4$ 和 C 的分布情况，图中相对光亮的 $ZnFe_2O_4$ 纳米颗粒均匀分散并嵌入 C 框架中。比较 SC-10 和 SC-15 样品的背散射图可知，随着柠檬酸铵用量的增加，单位面积内 $ZnFe_2O_4$ 纳米颗粒变少，且纳米颗粒尺寸进一步变小。SC-10 样品的颗粒尺寸约为 20～120nm，而 SC-15 样品颗粒尺寸约为 20～80nm。图 6-27 所示的 3 个样品的 EDS 元素分布扫描图可以明显观察出，C、O、Fe 和 Zn 元素均匀地分散在各个样品中。总而言之，由于纳米尺寸的 $ZnFe_2O_4$ 颗粒能够提供更大的比表面积，缩短锂离子的扩散路径，因此有望具有更高的储锂活性[61,62]；另外，C 框架能够有效地阻止 $ZnFe_2O_4$ 纳米颗粒之间的团聚、缓解体积效应、提高复合材料的电子导电性，这些都是提高 $ZnFe_2O_4/$C 复合材料循环稳定性和高倍率能力的关键[63-65]。

为了更深入的解析制备的 $ZnFe_2O_4/$C 纳米复合材料的结构信息，对 SC-10 样品在液氮 4.3K 下进行了穆斯堡尔谱测试（MFD-500A）和热重（TGA，SDTQ600）分析。图 6-28(a) 是 SC-10 样品在液氮 4.3K 下的穆斯堡尔谱图，图中的点为实验点，连续曲线为拟合线。从图 6-28(a) 可以看出，该材料的穆斯堡尔谱由一个六线峰构成，说明该材料的 $ZnFe_2O_4$ 相为正尖晶石结构，不存在四面体（A）位的 Zn^{2+} 和八面体（B）位的 Fe^{3+} 的转置现象[66]。在室温条件下，正尖晶石型 $ZnFe_2O_4$ 的穆斯堡尔谱为典型的双线峰，而在低温 5K 条件下正尖晶石型 Zn-

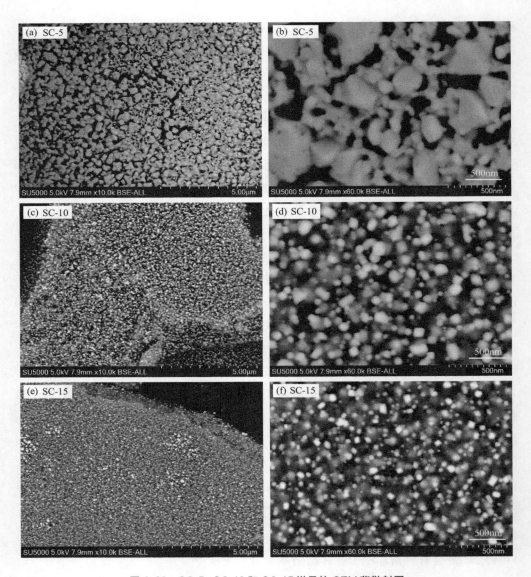

图 6-26　SC-5、SC-10 和 SC-15 样品的 SEM 背散射图

Fe_2O_4 的穆斯堡尔谱却为六线峰[67]。图 6-28（b）是 SC-10 样品在空气气氛下测定的 TGA 曲线。从图中可以看到三个明显的失重平台：第一个在 25～100℃ 之间，质量损失率约 3%，对应于样品中弱吸附水分子的蒸发；第二个在 100～200℃ 之间，质量损失率约 9%，对应于样品中结合水分子的脱除；第三个在 450～550℃ 之间，质量损失率约 49%，对应于样品中无定形炭的燃烧。由此可知制备的 SC-10 样品材料中 C 的复合量大约为 49%（质量分数）。

铁酸锌基电极材料
及储锂性能

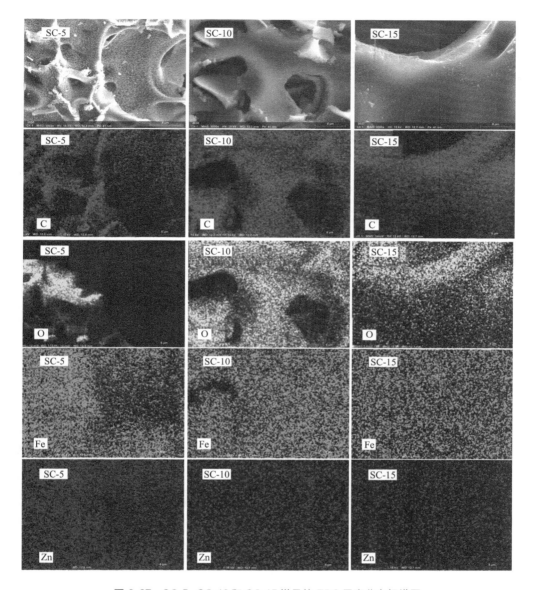

图 6-27　SC-5、SC-10 和 SC-15 样品的 EDS 元素分布扫描图

将 SC-5、SC-10 和 SC-15 样品 $ZnFe_2O_4/C$ 复合材料分别组装成 CR2016 扣式半电池。组装电池和电化学性能测试的方法同 6.1。不同在于，该工作电极的活性材料（$ZnFe_2O_4/C$）、导电剂（Super P 炭黑）和黏结剂（PVDF）的质量比为 7：2：1。工作电极片上活性物质的载量约为 $1.0mg/cm^2$。

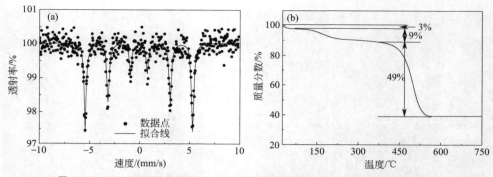

图 6-28　SC-10 样品在液氮 4.3K 下的穆斯堡尔谱图（a）和 TGA 曲线（b）

　　图 6-29 是 SC-5、SC-10 和 SC-15 样品电极的倍率性能曲线和不同电流密度对应的充放电曲线。从图 6-29（a）中可以看出，3 个 $ZnFe_2O_4/C$（SC-5、SC-10 和 SC-15）样品电极的放电比容量均随着电流密度的增大而逐渐减少。3 个样品电极中，SC-10 样品电极具有最好的倍率性能，特别是高电流密度下的倍率性能，其次是 SC-5 样品电极，相对最差的是 SC-15 样品电极。例如当电流密度分别为 0.5A/g、1.0A/g、3.0A/g、5.0A/g、7.0A/g 和 10.0A/g 时，SC-5、SC-10 和 SC-15 样品电极的放电比容量分别为 760mA·h/g、731mA·h/g、604mA·h/g、582mA·h/g、641mA·h/g、479mA·h/g、421mA·h/g、523mA·h/g、340mA·h/g、342mA·h/g、454mA·h/g、271mA·h/g、288mA·h/g、383mA·h/g、225mA·h/g、227mA·h/g、321mA·h/g、181mA·h/g。可见，SC-10 样品电极即使在 7A/g 的高电流密度下，也可获得比石墨负极材料理论比容量（372mA·h/g）更高的放电比容量，这主要与样品的形貌以及复合的 C 提高了其导电性有密切关系。另外，3 个样品电极经过不同电流密度充放电循环 30 圈后再在 0.5A/g 电流密度下再循环 30 圈：SC-10 样品电极表现出最好的容量恢复能力，放电比容量恢复至 731mA·h/g，相比于最初 0.5A/g 电流密度下的 731mA·h/g，容量恢复率达到了 100%；而 SC-5 样品电极的容量恢复能力相对最差，其放电比容量恢复至 581mA·h/g，与最初 0.5A/g 电流密度下的 760mA·h/g 相比，容量恢复率仅为 76%；SC-15 样品的容量恢复率为 91%。从 3 个样品电极在不同电流密度下的充放电曲线［图 6-29（b）～（d）］可以看出，3 个样品电极在 0.5A/g 的电流密度下，分别在 0.9～1.2V 和 1.6～2.0V 范围内出现一个倾斜的放电平台和充电平台；随着电流密度的增大，3 个样品电极的极化逐渐增大，使得 SC-10 样品电极的极化最小，即使在 10A/g 的电流密度下，仍能观察到其充放电平台，说明 SC-10 样品电极大电

铁酸锌基电极材料
及储锂性能

流倍率性能非常出色。另外，3个样品电极在0.5A/g电流密度下两次测定的充放电曲线比较接近，特别是SC-10和SC-15样品电极，说明它们的容量恢复能力较好。

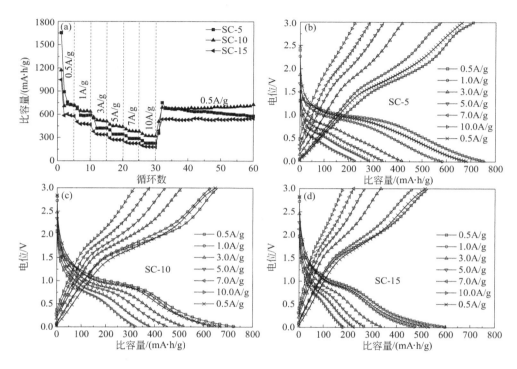

图 6-29 SC-5、SC-10和SC-15样品电极倍率性能曲线（a）
和不同电流密度对应的充放电曲线（b）～（d）

图 6-30(a) 为 SC-5、SC-10 和 SC-15 样品电极在 2.0A/g 的电流密度下的循环性能曲线。从图 6-30(a) 可以看出，SC-5、SC-10、SC-15 样品电极的首次放电和充电比容量分别为 1589mA·h/g 和 778mA·h/g、1558mA·h/g 和 917mA·h/g、1178mA·h/g 和 480mA·h/g，计算得到其首圈库仑效率较低，分别为 49%、59% 和 41%；第 2 圈时它们的充电和放电比容量分别降至 785mA·h/g 和 671mA·h/g、1003mA·h/g 和 825mA·h/g、687mA·h/g 和 555mA·h/g，库仑效率增大，分别为 85%、82% 和 81%。3 个样品电极首圈的容量损失非常大，主要是由于首圈放电过程中在活性材料表面生成了不可逆的 SEI 膜[26]。随后 SC-5、SC-10 和 SC-15 样品电极分别在前 60 圈、90 圈和 90 圈左右经历了比容量的衰减过程，这可以归因于充放电循环过程中产生的机械破碎效应和生成了不稳定的 SEI 膜[27]。然后

SC-5、SC-10 样品电极的比容量随着循环圈数的增加逐渐增加至 400 圈左右趋于稳定；而 SC-15 样品电极前 60 圈经历了比容量的衰减之后比容量迅速增加，至 280 圈之后比容量开始再次衰减。综合对比 3 个样品电极的充放电比容量和循环稳定性可知：SC-10 样品电极的循环稳定性最好，放电和充电比容量最高；而 SC-5 样品电极的长循环稳定性也较好，但比容量较低，例如 SC-10 样品电极在 2A/g 电流密度下循环 1000 圈，放电和充电比容量分别为 644mA·h/g 和 640mA·h/g，而 SC-5 样品电极的放电和充电比容量仅为 350mA·h/g 和 350mA·h/g；S-15 样品电极虽然前 280 圈能够保持最高的充放电比容量，但是随着循环数的继续增加，循环稳定性最差。SC-10 样品电极具有出色的循环稳定性主要是因为材料中无定形 C 框架可以有效降低 $ZnFe_2O_4$ 纳米颗粒在充放电过程中体积膨胀/收缩产生的内应力，同时防止 $ZnFe_2O_4$ 纳米颗粒之间的团聚。图 6-30(b)～(d) 分别给出了 3 个样品电极在 2.0A/g 电流密度下第 1、5、100、250、500、750 和 1000 圈对应的充放

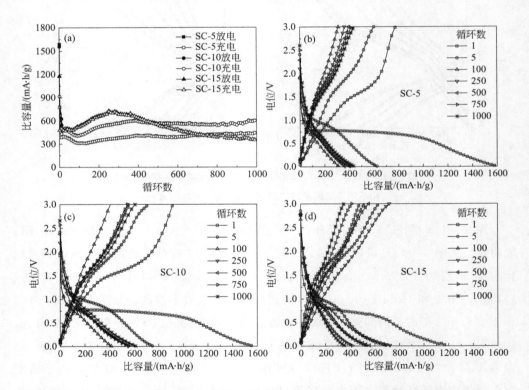

图 6-30　SC-5、SC-10 和 SC-15 样品电极在电流密度为 2.0A/g 下的循环性能曲线（a）

以及不同循环数对应的充放电曲线（b）~（d）

电曲线。通过比较可以看出，SC-5、SC-10 样品电极不同圈数下的充放电曲线的规律性比较一致，即：第 1 圈、第 5 圈和第 100 圈的充放电曲线随着循环圈数的增多，充放电平台逐渐变短、充放电容量明显变小、极化增加；而第 250 圈至第 1000 圈的充放电曲线的极化较小，说明 250 圈以后其循环稳定性变好，且充放电平台也较第 100 圈时明显变长、充放电容量明显变大。但是 SC-5 样品电极不同圈数对应的充放电比容量明显低于 SC-10 样品电极。相较 SC-5、SC-10 样品电极，SC-15 样品电极在前 250 圈的充放电比容量最高，极化最小，但是 250 圈以后，随着循环圈数的增加，其极化现象变得最严重，说明其循环稳定性明显变差。

综合 3 个样品电极的储锂性能可以发现，SC-10 样品电极表现出最大的充放电比容量、最佳的循环稳定性和高倍率性能，明显优于先前研究的其他 $ZnFe_2O_4$ 基电极材料，如表 6-5 所示。为此，我们对 SC-10 样品电极进行了更加深入的储锂机理分析。

表 6-5 柠檬酸铵和前驱体粉体的质量比 10∶1 时制备 $ZnFe_2O_4$/C 纳米复合电极材料（SC-10）与先前研究者制备的 $ZnFe_2O_4$ 基电极材料储锂性能的比较

电极材料	循环性能			倍率性能		文献
	电流密度 /(mA/g)	循环数	放电比容量 /(mA·h/g)	电流密度 /(mA/g)	放电比容量 /(mA·h/g)	
$ZnFe_2O_4$/C 纳米复合材料	2000	1000	644	5000	454	本研究工作
				7000	383	
				10000	321	
3D 分级多孔纳米 $ZnFe_2O_4$	200	100	低于 372	2000	222	[49]
1D $ZnFe_2O_4$ 纳米纤维	200	200	589	3200	86	[52]
介孔 $ZnFe_2O_4$ 纳米棒	100	50	983	2000	483	[56]
$ZnFe_2O_4$ 中空纳米球	1000	400	900	1500	420	[68]
3D 有序大孔 $ZnFe_2O_4$	100	100	1144	3200	286	[69]
1D $ZnFe_2O_4$ 纳米线	200	240	802	10000	51	[70]

电极材料	循环性能			倍率性能		文献
	电流密度/(mA/g)	循环数	放电比容量/(mA·h/g)	电流密度/(mA/g)	放电比容量/(mA·h/g)	
纳米片组装的中空 $ZnFe_2O_4$	500	250	533	2000	476	[71]
碳包覆 $Zn-Fe_2O_4$ 球	500	150	440	2500	237	[72]
$ZnFe_2O_4$/N-掺杂石墨烯气凝胶	100	100	487	1600	77	[73]
S-掺杂 $Zn-Fe_2O_4$ 纳米颗粒	100	60	604	2000	277	[74]
中空 $ZnFe_2O_4$@PANI	300	50	607	1800	410	[75]
分级梭形介孔 $ZnFe_2O_4$ 微	1000	488	542	1500	326	[76]

图 6-31 为 SC-10 样品电极在 0.1mV/s 的扫描速率下第 1～4 圈循环的 CV 曲线。从图 6-31 可以看出，该样品电极第 1 圈负向扫描时在 0.70V 附近出现了一个较强的还原峰，其对应于 $ZnFe_2O_4$ 中 Zn^{2+}、Fe^{3+} 被还原成单质 Zn、Fe，Zn 与 Li^+ 的合金化反应以及固体电解质界面膜（SEI 膜）的生成；在第 1 圈正向扫描过程中在 1.70V 附近出现了一个宽的氧化峰，该氧化峰对应金属 Zn、Fe 被氧化成 Zn^{2+} 和 Fe^{3+} 以及 Li-Zn 合金的去合金化过程[53,77,78]。样品电极第 2～4 圈 CV 曲线均能够较好地重叠，说明该样品电极具有良好的电化学反应可逆性。相比第 1 圈的 CV 曲线，第 2～4 圈 CV 曲线的还原峰和氧化峰的位置均向高电位移动，这可能是由于第 1 次嵌/脱锂后导致电极结构重排引起的[24,77,79]；第 2～4 圈 CV 曲线的峰高和峰面积也明显低于第 1 圈 CV 曲线，说明第 1 圈充放电之后产生了较大的容量损失，这主要是由于活性材料表面 SEI 膜的生成。第 2～4 圈 CV 曲线几乎重叠，表明 Li^+ 在 $ZnFe_2O_4$/C 电极材料中的嵌入和脱出反应具有很高的可逆性。

图 6-32(a) 是 SC-10 样品电极在不同扫描速率（0.1～2.0mV/s）下的 CV 曲线。随着扫描速率的增加，该样品电极的还原峰和氧化峰的高度逐渐增加。通常来说，峰电流（i_p）和扫描速率（v）之间的关系可以用下面方程来描述：

铁酸锌基电极材料
及储锂性能

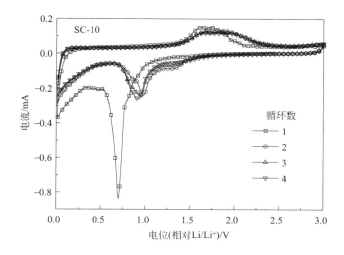

图 6-31　SC-10 样品电极在 0.1mV/s 的扫描速率下第 1~4 圈循环的 CV 曲线

$$i_p = av^b \tag{6-3}$$

$$\lg(i_p) = \lg a + b\lg v \tag{6-4}$$

式中，a 和 b 为可调节的参数，通过 b 值的大小可以确定电荷存储机制的类型。当 b 值接近 1.0，电化学反应由赝电容行为控制；当 b 值接近 0.5，电化学反应主要由离子扩散控制。采用式（6-4）对图 6-32(a) 中的数据进行线性拟合，得到图 6-32(b)，从图中可以获得氧化峰和还原峰的 b 值分别为 0.832 和 0.812，该结果暗示出赝电容效应对总电荷存储具有重要贡献。采用扫描伏安法[46] 利用式（6-1）和式（6-2）可以定量计算出赝电容效应（k_1v）和 Li^+ 扩散控制过程（$k_2v^{1/2}$）对总电荷的贡献。图 6-32(c)～(e) 是 SC-10 样品电极分别在 0.1mV/s、1.0mV/s 和 2.0mV/s 扫描速度下的赝电容效应产生的电流响应（阴影区域）与总电流响应分布的比较。很明显，赝电容的电荷存储贡献在总电荷容量中占很大比例。图 6-32(f) 为不同扫描速率下赝电容效应和 Li^+ 扩散控制过程对总电荷容量贡献所占的百分比。从图 6-31(f) 中可以看出，赝电容效应对总存储电荷容量的贡献随着扫描速率的增大而明显增大。例如，当扫描速率为 0.1mV/s 时，SC-10 样品电极的赝电容效应对总存储电荷容量的贡献比例为 55%，而当扫描速率增大到 1.0mV/s、2.0mV/s 时，SC-10 样品电极的赝电容效应对总存储电荷容量的贡献比例分别增加至 72% 和 85%，说明在高扫描速率下，赝电容对总电荷的存储贡献起主导作用。因为赝电容反应比扩散反应过程具有更快的动力学，所以随着扫描速率的增加，电极反应的赝电容效应也越来越显著[80]。由于表面赝电容过程比扩散控制过程更迅速、更稳定，因此该 $ZnFe_2O_4/C$ 材料电极高的赝电容贡献可以在一定程度上解释该材料电极具有出色的高倍率能力和优异的循环稳定性的根本原因。

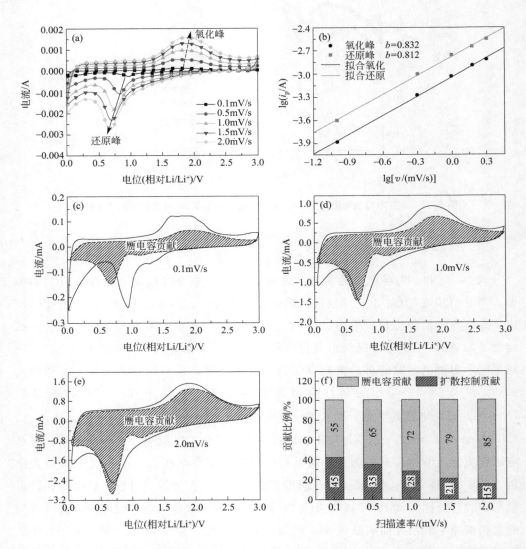

图 6-32　SC-10 样品电极在不同扫描速率下的 CV 曲线（a）， $lg(i_p/A)$ 和 lg ［v /（mV/s） ］ 之间的线性关系（b），分别在 0. 1mV/s、1. 0mV/s 和 2. 0mV/s 扫描速率下的赝电容贡献（阴影区域）与总电流响应分布的比较（c）～（e）和不同扫描速率下赝电容效应和 Li^+ 扩散控制过程对总电荷容量贡献所占百分比（f）

铁酸锌基电极材料
及储锂性能

6.4

总结

① 以铁矾渣硫酸浸出液为原料，采用简单的化学共沉淀法合成了纳米 $ZnFe_2O_4/\alpha\text{-}Fe_2O_3$ 复合电极材料，系统研究了不同氨水加入量（20mL、30mL 和 40mL）对制备的 $ZnFe_2O_4/\alpha\text{-}Fe_2O_3$ 样品（S-20、S-30 和 S-40）的微观结构和储锂性能的影响。对比研究发现：随着氨水用量的增加，制备的复合材料中 $\alpha\text{-}Fe_2O_3$ 含量逐渐升高而 $ZnFe_2O_4$ 的含量逐渐下降，这是由于合成过程中逐渐增多的氨根离子消耗了锌离子导致过量的铁离子逐渐增多；随着氨水用量的增加，由初级纳米颗粒构成的团聚体变得更加松散均匀，特别是氨水用量为 40mL 制备的 S-40 样品电极是由尺寸在 $20 \sim 40nm$ 范围内的 $ZnFe_2O_4$ 和 $\alpha\text{-}Fe_2O_3$ 纳米晶相互连接而成。制备的 3 个样品电极中，氨水用量为 40mL 制备的 S-40 样品电极表现出更高的储锂活性、最佳的循环稳定性和倍率能力。S-40 样品电极在 1A/g 电流密度下循环 900 圈仍可保持 $1000mA \cdot h/g$ 的可逆容量；即使在 5A/g 的高电流密度下，可逆容量仍可达到 $535mA \cdot h/g$，明显高于石墨负极的理论比容量（$372mA \cdot h/g$）。电荷存储机理分析表明，表面赝电容对总电荷容量存储具有重要贡献，这也是其循环过程中锂存储性能增强的重要原因。

② 以铁矾渣硫酸浸出液为原料，首先采用化学共沉淀法合成 $ZnFe_2O_4$ 前驱体，然后向前驱体中加入不同量的柠檬酸铵作为形貌调控剂，高温烧结制备了纳米 $ZnFe_2O_4$ 电极材料，并研究了不同柠檬酸铵加入量对样品微观结构和储锂性能的影响。研究发现：不同柠檬酸铵用量制备的 3 个样品的物相均为 $ZnFe_2O_4$；柠檬酸铵用量对样品的形貌影响较大，随着柠檬酸铵用量的增加，样品由卷曲的片状堆积的微/纳形貌逐渐转变为 3D 多孔微/纳形貌；由于柠檬酸铵和前驱体粉体的质量比为 15∶1 制备的 $ZnFe_2O_4$ 样品（S-15）具有特殊的 3D 多孔结构和显著的赝电容效应，因此该样品电极作为锂离子电池负极材料表现出较高的可逆容量、出色的大倍率性能和循环稳定性。该样品电极在 1A/g 电流密度下循环 700 圈仍可保持 $1140mA \cdot h/g$ 的可逆容量；即使在 5A/g 的高电流密度下，可逆容量仍可达到 $418mA \cdot h/g$。

③ 以铁矾渣硫酸浸出液为原料，首先采用化学共沉淀法合成 $ZnFe_2O_4$ 前驱

体，然后向前驱体中加入不同量的柠檬酸铵作为形貌调控剂和碳源，在氩气气氛下烧结制备了 $ZnFe_2O_4/C$ 纳米复合电极材料，并研究了不同柠檬酸铵用量对样品微观结构和储锂性能的影响。研究发现：不同柠檬酸铵用量制备的 3 个样品的主要物相为 $ZnFe_2O_4/C$ 复合相，但随着柠檬酸铵用量的增加，样品中出现了少量的 $Fe_xZn_{1-x}O$ 相，即少量的 Fe^{3+} 被还原为 Fe^{2+}；制备的 3 个样品均为 $ZnFe_2O_4$ 纳米颗粒嵌入 C 框架中，但随着柠檬酸铵用量的增加，单位面积内 $ZnFe_2O_4$ 颗粒逐渐变少且尺寸逐渐变小；作为锂离子电池负极材料，柠檬酸铵和前驱体粉体的质量比为 10：1 制备的 SC-10 样品电极表现出优异的大倍率性能和循环稳定性。该样品电极在 2A/g 电流密度下循环 1000 圈仍可保持 644mA·h/g 的放电比容量，即使在 10A/g 的高电流密度下，可逆容量仍可达到 321mA·h/g。电荷存储机理分析发现，该复合材料的电荷存储主要来自于赝电容的贡献。该样品电极具有优异的储锂性能可以归因于其独特的复合纳米结构，其中分散较好的 $ZnFe_2O_4$ 纳米颗粒提供了高的锂存储活性，碳框架提供了良好的电子导电性，同时缓冲了活性材料在反复充放电循环中的体积效应。

该研究为以铁矾渣浸出液为原料合成高性能过渡金属氧化物负极材料提供了一种简便、经济、易于规模化的方法，具有良好的社会效益和经济效益。

参考文献

[1] 蓝碧波,刘晓英,刘丽华.铁矾渣综合利用技术研究[J].矿产综合利用,2013,(6):54-58.
[2] 黎氏琼春,刘超,巨少华,等.铁矾渣微波硫酸化焙烧水浸液的深度除铁[J].工程科学学报,2015,37(9):1138-1142.
[3] Kendall D S. Toxicity characteristic leaching procedure and iron treatment of brass foundry waste [J]. Environmental Science & Technology,2003,37(2):367-371.
[4] Pappu A,Saxena M,Asolekar S R. Jarosite characteristics and its utilization potentials [J]. Science of the Total Environment,2006,359(1-3):232-243.
[5] 李志强,王新文,张鸿烈,等.西北铅锌冶炼厂铁矾渣酸洗工业实践[C]//中国有色金属学会.全国"十二五"铅锌冶金技术发展论坛暨驰宏公司六十周年大庆学术交流会论文集.云南曲靖,2010:281-288.
[6] 刘超,巨少华,张利波,等.用微波硫酸化焙烧—水浸新工艺从铁矾渣中回收有价金属[J].湿法冶金,2016,35(1):36-39.
[7] 陈永明,唐谟堂,杨声海.NaOH分解含铟铁矾渣新工艺[J].中国有色金属学报,2009,19(7):1322-1330.
[8] 薛佩毅,巨少华,张亦飞,等.焙烧—浸出黄钾铁矾渣中多种有价金属[J].过程工程学报,2011,11(1):56-60.
[9] 王继鑫,翁孙贤,郑祖阳,等.铁矾渣制备 α-Fe_2O_3 及其降解石化废水性能研究[C]//中国化学会,中国可再生能源学会.第十三届全国太阳能光化学与光催化学术会议论文集.武汉,2012:49.
[10] 阳征会,龚竹青,李宏煦,等.用黄钠铁矾渣制备复合镍锌铁氧体[J].中南大学学报(自然科学版),2006,37(4):685-690.

铁酸锌基电极材料
及储锂性能

[11]　候新刚,魏继业,苏瑞娟. 利用黄钾铁矾渣制备软磁锰锌铁氧体工艺研究[J]. 中国有色冶金,2012, B(4):72-76.

[12]　Pailhé N,Wattiaux A,Gaudon M,et al. Correlation between structural features and vis-NIR spectra of α-Fe₂O₃ hematite and AFe₂O₄ spinel oxides（A＝Mg,Zn）[J]. Journal of Solid State Chemistry,2008,181 (5):1040-1047.

[13]　Lazarevicet Z Ž,Jovalekic C,Ivanovski V N,et al. Characterization of partially inverse spinel ZnFe₂O₄ with high saturation magnetization synthesized via soft mechanochemically assisted route [J]. Journal of Physics & Chemistry of Solids,2014,75(7):869-877.

[14]　Amir M,Gungunes H,Baykal A,et al. Effect of annealing temperature on magnetic and mössbauer properties of ZnFe₂O₄ nanoparticles by sol-gel approach [J]. Journal of Superconductivity and Novel Magnetism, 2018,15:1-10.

[15]　Yao J,Li X,Pan L,et al. Enhancing physicochemical properties and indium leachability of indium-bearing zinc ferrite mechanically activated using tumbling mill [J]. Metallurgical & Materials Transactions B,2012, 43(3):449-459.

[16]　Qiao L,Wang X H,Qiao L,et al. Single electrospun porous NiO-ZnO hybrid nanofibers as anode materials for advanced lithium-ion batteries [J]. Nanoscale,2013,5(7):3037-3042.

[17]　Yang T B,Zhang W X,Li L L,et al. In-situ synthesized ZnFe₂O₄ firmly anchored to the surface of MWC-NTs as a longlife anode material with high lithium storage performance [J]. Applied Surface Science,2017, 425:978-987.

[18]　Zhao D,Xiao Y,Wang X,et al. Ultrahigh lithium storage capacity achieved by porous ZnFe₂O₄/α-Fe₂O₃ micro-octahedrons [J]. Nano Energy,2014,7:124-133.

[19]　Guo X,Zhu H J,Si M S,et al. ZnFe₂O₄ nanotubes:microstructure and magnetic properties [J]. Journal of Physical Chemistry C,2016,118(51):30145-30152.

[20]　Lu X J,Xie A,Zhang Y,et al. Three dimensional graphene encapsulated ZnO-ZnFe₂O₄ composite hollow microspheres with enhanced lithium storage performance [J]. Electrochimica Acta,2017,249:79-88.

[21]　Zhang L H,Wei T,Yue J M,et al. Ultra-small and highly crystallized ZnFe₂O₄ nanoparticles within double graphene networks for super-long life lithium-ion batteries [J]. Journal of Materials Chemistry A,Materials for Energy and Sustainability,2017,5(22):11188-11196.

[22]　Ding Y,Yang Y F,Shao H X. High capacity ZnFe₂O₄ anode material for lithium ion batteries [J]. Electrochimica Acta,2011,56(25):9433-9438.

[23]　Zhang Y M,Pelliccione C J,Brady A B,et al. Probing the Li insertion mechanism of ZnFe₂O₄ in Li ion batteries:a combined X-ray diffraction,extended X-ray absorption fine structure,and density functional theory study [J]. Chemistry of Materials,2017,29(10):4282-4292.

[24]　Yao J H,Li Y W,Song X B,Zhang,et al. Lithium storage performance of zinc ferrite nanoparticle synthesized with the assistance of triblock copolymer P123 [J]. Journal of Nanoence & Nanotechnology,2018,18 (5):3599-3605.

[25]　Zhou D,Jia H,Rana J,et al. Local structural changes of nano-crystalline ZnFe₂O₄ during lithiation and de-lithiation studied by X-ray absorption spectroscopy [J]. Electrochimica Acta,2017,246:699-706.

[26]　Reddy M V,Subba Rao G V,Chowdari B V. Metal oxides and oxysalts as anode materials for Li ion batteries [J]. Chemical Reviews,2013,113(7):5364-5457.

[27]　Sun H,Xin G,Hu T,et al. High-rate lithiationinduced reactivation of mesoporous hollow spheres for long-lived lithium-ion batteries [J]. Nature Communications,2014,5:4526.

[28]　Hassan M F,Guo Z,Chen Z,et al. α-Fe₂O₃ as an anode material with capacity rise and high rate capability for lithium-ion batteries [J]. Materials Research Bulletin,2011,46(6):858-864.

[29]　Rai A K,Kim S,Gim J,et al. Electrochemical lithium storage of a ZnFe₂O₄/graphene nanocomposite as an anode material for rechargeable lithiumion batteries [J]. RSC Advances,2014,4(87):47087-47095.

[30]　Wang M Y,Huang Y,Chen X F,et al. Synthesis of nitrogen and sulfur co-doped graphene supported hollow ZnFe₂O₄ nanosphere composites for application in lithium-ion batteries [J]. Journal of Alloys & Compounds,2017,691:407-415.

[31]　Kong H,Lv C,Yan C,et al. Engineering mesoporous single crystals co-doped Fe₂O₃ for high-performance lithium ion batteries [J]. Inorganic Chemistry,2017,56(14):7642-7649.

[32] Lee D, Wu M, Kim D K, et al. Understanding the critical role of the Ag nanophase in boosting the initial reversibility of transition metal oxide anodes for lithium-ion batteries [J]. ACS Applied Materials & Interfaces, 2017, 9(26): 21715-21722.

[33] Li Y W, Pan G L, Xu W Q, et al. (2016). Effect of Al substitution on the microstructure and lithium storage performance of nickel hydroxide [J]. Journal of Power Sources, 2017, 307: 114-121.

[34] Wang S, Xiao C, Xing Y, et al. Carbon nanofibers/nanosheets hybrid derived from cornstalks as a sustainable anode for Li-ion batteries [J]. Journal of Materials Chemistry A, 2015, 3(13): 6742-6746.

[35] Laruelle S, Grugeon S, Poizot P, et al. On the origin of the extra electrochemical capacity displayed by Mo/Li cells at low potential [J]. Journal of the Electrochemical Society, 2002, 149(5): A627-A634.

[36] Lin Z, Jiang B, Han C, et al. In-situ crafting of $ZnFe_2O_4$ nanoparticles impregnated within continuous carbon network as advanced anode materials [J]. ACS Nano, 2016, 10(2): 2728-2735.

[37] Yao X, Kong J H, Zhou D, et al. Mesoporous zinc ferrite/graphene composites: Towards ultrafast and stable anode for lithium-ion batteries [J]. Carbon, 2014, 79: 493-499.

[38] Yao L, Hou X H, Hu S J, et al. An excellent performance anode of $ZnFe_2O_4$/flake graphite composite for lithium ion battery [J]. Journal of Alloys & Compounds, 2014, 585: 398-403.

[39] Yao L, Hou X H, Hu S J, et al. Green synthesis of mesoporous $ZnFe_2O_4$/C composite microspheres as superior anode materials for lithium-ion batteries [J]. Journal of Power Sources, 2014, 258: 305-313.

[40] Jin R C, Liu H, Guan Y S, et al. $ZnFe_2O_4$/C nanodiscs as high performance anode material for lithiumion batteries [J]. Material Letter, 2015, 158: 218-221.

[41] Bourrioux S, Wang L P, Rousseau Y, et al. Evaluation of electrochemical performances of $ZnFe_2O_4$/γ-Fe_2O_3 nanoparticles prepared by laser pyrolysis [J]. New Journal of Chemistry, 2017, 41(17): 9236-9243.

[42] Shi J J, Zhou X Y, Liu Y, et al. One-pot solvothermal synthesis of $ZnFe_2O_4$ nanospheres/graphene composites with improved lithium-storage performance [J]. Materials Research Bulletin, 2015, 65: 204-209.

[43] Yue H, Wang Q X, Shi Z P, et al. Porous hierarchical nitrogen-doped carbon coated $ZnFe_2O_4$ composites as high performance anode materials for lithium ion batteries [J]. Electrochimica Acta, 2015, 180: 622-628.

[44] Deng Y, Zhang Q, Tang S, et al. Onepot synthesis of $ZnFe_2O_4$/C hollow spheres as superior anode materials for lithium ion batteries [J]. Chemical Communications, 2011, 47(24): 6828-6830.

[45] Xing Z, Ju Z, Yang J, et al. One-step hydrothermal synthesis of $ZnFe_2O_4$ nano-octahedrons as a high capacity anode material for Li-ion batteries [J]. Nano Research, 2012, 5(7): 477-485.

[46] Wang J, Polleux J, Lim J, et al. Pseudocapacitive contributions to electrochemical energy storage in TiO_2 (anatase) nanoparticles [J]. The Journal of Physical Chemistry C, 2007, 111(40): 14925-14931.

[47] Zheng Y Y, Li Y W, Yao J H, et al. Facile synthesis of porous tubular NiO with considerable pseudocapacitance as high capacity and long life anode for lithium-ion batteries [J]. Ceramics International, 2018, 44(2): 2568-2577.

[48] Li Y W, Xu W Q, Zheng Y Y, et al. Hierarchical flower-like nickel hydroxide with superior lithium storage performance [J]. Journal of Materials Science Materials in Electronics, 2017, 28(22): 17156-17160.

[49] Feng D, Yang H, Guo X. 3-Dimensional hierarchically porous $ZnFe_2O_4$/C composites with stable performance as anode materials for Li-ion batteries [J]. Chemical Engineering Journal, 2019, 355: 687-696.

[50] Zou F, Hu X, Li Z, et al. MOF-derived porous ZnO/$ZnFe_2O_4$/C octahedra with hollow interiors for high-rate lithium-ion batteries [J]. Adv Mater, 2014, 26(38): 6622-6628.

[51] Yu M, Huang Y, Wang K, et al. Complete hollow $ZnFe_2O_4$ nanospheres with huge internal space synthesized by a simple solvothermal method as anode for lithium ion batteries [J]. Applied Surface Science, 2018, 462: 955-962.

[52] Bao R Q, Zhang Y R, Wang Z L, et al. Core-shell N-doped carbon coated zinc ferrite nanofibers with enhanced Li-storage behaviors: a promising anode for Li-ion batteries [J]. Materials Letters, 2018, 224: 89-91.

[53] Fang Z, Zhang L, Qi H, et al. Nanosheet assembled hollow $ZnFe_2O_4$ microsphere as anode for lithium-ion batteries [J]. Journal of Alloys and Compounds, 2018, 762: 480-487.

[54] Mao J, Hou X, Chen H, et al. Facile spray drying synthesis of porous structured $ZnFe_2O_4$ as high-performance anode material for lithium-ion batteries [J]. Journal of Materials Science: Materials in Electronics, 2017, 28(4): 3709-3715.

[55] Hwang H, Shin H, Lee W J. Effects of calcination temperature for rate capability of triple-shelled $ZnFe_2O_4$

铁酸锌基电极材料
及储锂性能

hollow microspheres for lithium ion battery anodes [J]. Scientific reports, 2017, 7: 46378.

[56] Zhong X B, Yang Z Z, Wang H Y, et al. A novel approach to facilely synthesize mesoporous $ZnFe_2O_4$ nanorods for lithium ion batteries [J]. Journal of Power Sources, 2016, 306: 718-723.

[57] Hou X, Wang X, Yao L, et al. Facile synthesis of $ZnFe_2O_4$ with inflorescence spicate architecture as anode materials for lithium-ion batteries with outstanding performance [J]. New Journal of Chemistry, 2015, 39 (3): 1943-1952.

[58] Sridhar VandPark H. Hollow SnO_2@carbon core-shell spheres stabilized on reduced graphene oxide for high-performance sodium-ion batteries [J]. New Journal of Chemistry, 2017, 41(2): 442-446.

[59] Le S, Li Y, Xiao S, et al. Enhanced reversible lithium storage property of $Sn_{0.1}V_2O_5$ in the voltage window of 1.5-4.0 V [J]. Solid State Ionics, 2019, 341: 115028.

[60] Liu C, Yao J, Zou Z, et al. Boosting the cycling stability of hydrated vanadium pentoxide by Y^{3+} pillaring for sodium-ion batteries [J]. Materials today energy, 2019, 11: 218-227.

[61] Wu L C, Chen Y J, Mao M L, et al. Facile synthesis of spike-piece-structured $Ni(OH)_2$ interlayer nano-plates on nickel foam as advanced pseudocapacitive materials for energy storage [J]. ACS applied materials & interfaces, 2014, 6(7): 5168-5174.

[62] Zheng M, Tang H, Li L, et al. Hierarchically nanostructured transition metal oxides for lithium-ion batteries [J]. Advanced Science, 2018, 5(3): 1700592.

[63] Yi T F, Wei T T, Li Y, et al. Efforts on enhancing the Li-ion diffusion coefficient and electronic conductivity of titanate-based anode materials for advanced Li-ion batteries [J]. Energy Storage Materials, 2020, 26: 165-197.

[64] Yang T, Liu Y, Zhang M. Improving the electrochemical properties of $Cr-SnO_2$ by multi-protecting method using graphene and carbon-coating [J]. Solid State Ionics, 2017, 308: 1-7.

[65] Zhang M, Uchaker E, Hu S, et al. CoO-carbon nanofiber networks prepared by electrospinning as binder-free anode materials for lithium-ion batteries with enhanced properties [J]. Nanoscale, 2013, 5 (24): 12342-12349.

[66] Singh J P, Srivastava R C, Agrawal H M, et al. [57]Fe Mössbauer spectroscopic study of nanostructured zinc ferrite [J]. Hyperfine Interactions, 2008, 183(1-3): 221-228.

[67] Thomas J J, Shinde A B, Krishna P S R, et al. Temperature dependent neutron diffraction and Mössbauer studies in zinc ferrite nanoparticles [J]. Materials Research Bulletin, 2013, 48(4): 1506-1511.

[68] Ren P, Wang Z, Liu B, et al. Highly dispersible hollow nanospheres organized by ultra-small $ZnFe_2O_4$ sub-units with enhanced lithium storage properties [J]. Journal of Alloys and Compounds, 2020, 812: 152014.

[69] Kim J G, Noh Y, Kim Y, et al. Formation of ordered macroporous $ZnFe_2O_4$ anode materials for highly reversible lithium storage [J]. Chemical Engineering Journal, 2019, 372: 363-372.

[70] Hou L, Bao R, kionga Denis D, et al. Synthesis of ultralong $ZnFe_2O_4$@polypyrrole nanowires with enhanced electrochemical Li-storage behaviors for lithium-ion batteries [J]. Electrochimica Acta, 2019, 306: 198-208.

[71] Li Y, Huang Y, Zheng Y, et al. Facile and efficient synthesis of α-Fe_2O_3 nanocrystals by glucose-assisted thermal decomposition method and its application in lithium ion batteries [J]. Journal of Power Sources, 2019, 416: 62-71.

[72] Yao L, Su Q, Xiao Y, et al. Facial synthesis of carbon-coated $ZnFe_2O_4$/graphene and their enhanced lithium storage properties[J]. Journal of Nanoparticle Research, 2017, 19(7): 261.

[73] Yao L, Deng H, Huang Q A, et al. Three-dimensional carbon-coated $ZnFe_2O_4$ nanospheres/nitrogen-doped graphene aerogels as anode for lithium-ion batteries[J]. Ceramics International, 2017, 43(1): 1022-1028.

[74] Nie L, Wang H, Ma J, et al. Sulfur-doped $ZnFe_2O_4$ nanoparticles with enhanced lithium storage capabilities [J]. Journal of Materials Science, 2017, 52(7): 3566-3575.

[75] Wang K, Huang Y, Wang D, et al. Preparation and application of hollow $ZnFe_2O_4$@PANI hybrids as high performance anode materials for lithium-ion batteries[J]. RSC Advances, 2015, 5(130): 107247-107253.

[76] Hou L, Hua H, Lian L, et al. Green Template-Free Synthesis of Hierarchical Shuttle-Shaped Mesoporous $ZnFe_2O_4$ Microrods with Enhanced Lithium Storage for Advanced Li-Ion Batteries [J]. Chemistry-A European Journal, 2015, 21(37): 12817-12817.

[77] Yao W, Xu Z, Xu X, et al. Two-dimensional holey $ZnFe_2O_4$ nanosheet/reduced graphene oxide hybrids by

self-link of nanoparticles for high-rate lithium storage [J]. Electrochimica Acta, 2018, 292: 390-398.

[78] Li Z, Xiang Y, Lu S, et al. Hierarchical hybrid ZnFe$_2$O$_4$ nanoparticles/reduced graphene oxide composite with long-term and high-rate performance for lithium ion batteries [J]. Journal of Alloys and Compounds, 2018, 737: 58-66.

[79] Yao J, Zhang Y, Yan J, et al. Nanoparticles-constructed spinel ZnFe$_2$O$_4$ anode material with superior lithium storage performance boosted by pseudocapacitance [J]. Materials Research Bulletin, 2018, 104: 188-193.

[80] Qi H, Cao L, Li J, et al. High pseudocapacitance in FeOOH/rGO composites with superior performance for high rate anode in Li-ion battery [J]. ACS Applied Materials & Interfaces, 2016, 8(51): 35253-35263.

铁酸锌基电极材料
及储锂性能